Agiles Innovationsmanagement

Gunther Wobser

Agiles Innovations-management

Dilemmata überwinden, Ambidextrie beherrschen und mit Innovationen langfristig erfolgreich sein

Springer Gabler

Gunther Wobser
Lauda Dr. R. Wobser GmbH & Co. KG
Lauda-Königshofen, Deutschland

ISBN 978-3-662-64514-7 ISBN 978-3-662-64515-4 (eBook)
https://doi.org/10.1007/978-3-662-64515-4

Die Deutsche Nationalbibliothek verzeichnet diese Publikation in der Deutschen Nationalbibliografie; detaillierte bibliografische Daten sind im Internet über http://dnb.d-nb.de abrufbar.

Springer Gabler

Lektorat: Christine Sheppard
Springer Gabler ist ein Imprint der eingetragenen Gesellschaft Springer-Verlag GmbH, DE und ist ein Teil von Springer Nature.
Die Anschrift der Gesellschaft ist: Heidelberger Platz 3, 14197 Berlin, Germany

Vorwort

Es ist eine schmerzhafte Erfahrung, Dilemmata zwar zu erkennen, aber selbst in ihnen stecken zu bleiben. Beginn meiner persönlichen Reise waren mehrere Besuche im Silicon Valley, die in einen einjährigen Aufenthalt zusammen mit meiner Familie in den Jahren 2017/2018 mündeten. In dieser Phase stellte mir Charles O'Reilly 2015 in einem Kurs an der Stanford Graduate School of Business zum ersten Mal das Innovator's Dilemma von Clayton M. Christensen vor. Ich war regelrecht schockiert, dass Unternehmen eines Tages verschwinden werden, obwohl deren Manager augenscheinlich alles „richtig gemacht" hatten. Dieser Widerspruch motivierte mich, weitere Erkenntnisse zu sammeln, mit Gleichgesinnten zu überdenken und im eigenen Familienunternehmen LAUDA umzusetzen. Zwischenstopp war mein vielfach beachtetes Buch „Neu erfinden", das Ende 2020 veröffentlicht wurde.

In zahlreichen, teilweise intensiven Diskussionen innerhalb und außerhalb des Unternehmens stellte ich Zwischenergebnisse auf den Prüfstand. Schließlich eröffneten mir die Einschränkungen der Corona-Pandemie ein ungeahntes Zeitfenster. Ich empfand die Synthese kluger Gedanken internationaler Autoren wie ein heilsames Zwiegespräch in einer anstrengenden, monotonen Zeit. Die intensive Studie relevanter Literatur, Berichte und Dialoge auf LinkedIn und meine eigenen Erfahrungen führten schließlich zu dem vorliegenden Buch „Agiles Innovationsmanagement", das nun einen Gesamtüberblick über den aktuellen Wissensstand mit Hinweisen für die praktische Umsetzung ermöglicht. In einem weiteren Schritt – das steht heute schon fest – möchte ich die Inhalte im Rahmen meiner Lehrtätigkeit mit Studierenden weiterentwickeln und durch neue Fallstudien aus dem deutschsprachigen Raum überprüfen.

Ich möchte mich bei einigen Personen für die kritische Durchsicht bedanken. Zunächst Danke an meine Kollegen in der LAUDA Geschäftsführung, Dr. Mario Englert und Dr. Marc Stricker, unsere Leiterin der Assistenz, Susanne Kilb, sowie Birgit Dillmann, Geschäftsführerin unserer Innovationstochter new.degree, mit ihren Mitarbeitern Christan Müller und Robert Tietze. Weitergebracht haben mich die umfangreichen, motivierenden Hinweise von Lisa Straub, der Geschäftsführerin meiner Firma Brainstation, die den historischen Bahnhof meiner Heimatstadt in ein lebendiges Innovationszentrum verwandeln wird. Danke für die Hinweise an Catharina Stamm, Jann Swyter, Martin Maitz und Maximilian Venohr. Sehr wichtige Impulse erhielt ich von Dr. Barbara Hoisl, Marcel Pfeiffer sowie den beiden Unternehmerinnen Anna Janska und Valerie Mohr, wobei Letztgenannte fachlich überaus versiert die Grafiken erstellt hat. Meinem Bruder, dem Journalisten Jochen Wobser, habe ich spürbare sprachliche Verbesserungen zu verdanken. Schließlich bedanke ich mich bei Anette Villnow für das Lektorat und bei Sabine Bernatz und Christine Sheppard von Springer Gabler für die Betreuung. Eine besondere Würdigung gilt meiner Frau Manuela und unserem Sohn Magnus, verdient durch ihr Verständnis für meine zahlreichen Projekte, die zum Teil auch unsere Projekte geworden sind.

Widmen möchte ich dieses Buch meiner wunderbaren Mutter Inge, der mein Bruder und ich so unendlich viel zu verdanken haben. Sie wird stolz auf mich sein, aber auch fragen, ob ich mir da nicht zu viel zumute. Ich hoffe, dass Sie dieses Buch zu vielen innovativen Ideen inspiriert und insgesamt einen Beitrag für die fachliche Weiterentwicklung des agilen Innovationsmanagements leisten kann.

Lauda-Königshofen, Deutschland Gunther Wobser
September 2021

Inhaltsverzeichnis

1 Innovation sichert Gegenwart und Zukunft

Innovation, insbesondere verstanden als erfolgreiche Vermarktung neuartiger Ideen, ist ein schwieriges Geschäft. Unbestritten ist die Bedeutung für den langfristigen Erfolg von Unternehmen und Organisationen bis hin zu ganzen Volkswirtschaften. Bei der erfolgreichen Umsetzung kommt den Führungskräften von Unternehmen und Organisationen eine große Verantwortung zu. Während das Umfeld wegen zunehmender Komplexität immer schwerer eingeschätzt werden kann, müssen gerade in unsicheren Zeiten wichtige Zukunftsentscheidungen gefällt werden. Dieses Kapitel legt die Grundlagen für die wirksame Ausgestaltung der Unternehmensprozesse im Sinne eines agilen Innovationsmanagements.

1.1 Führungskräfte unter Druck

Führungskräfte haben es nicht leicht in der heutigen Zeit. Sie sind mit umfassenden und grundlegenden Einflüssen konfrontiert, die zu einer zunehmenden Unsicherheit und herausfordernden Situation führen.[1] Diese Einflüsse werden zutreffend durch einen von General Eric G. Kail geprägten, ursprünglich militärischen Begriff beschrieben, den vier Buchstaben VUCA, und können anhand der in ihrer globalen Auswirkung außergewöhnlichen Corona-Pandemie illustriert werden:[2]

[1] Vgl. Nowotny (2016), S. 247–267.

[2] Vgl. Übersicht in Bennett, Lemoine (2014), S. 2; Moskaliuk (2019), S. 1–3. Vgl. die vierteiligen Originalaufsätze Kail (2010), S. 2–4; Kail (2010), S. 2–4; Kail (2010), S. 2–4; Kail (2011), S. 2–4.

G. Wobser, *Agiles Innovationsmanagement*,
https://doi.org/10.1007/978-3-662-64515-4_1

- **Volatilität** (Volatility). Zeitverläufe haben immer höhere Ausschläge, z. B. Aktienkurse, aber auch Ereignisse wie der in seiner Dimension zunächst unterschätzte weltweite Ausbruch der Corona-Pandemie.
- **Unsicherheit** (Uncertainty). Die Zukunft ist immer schwerer einschätzbar. Eigene Erfahrungen passen nicht mehr, verwertbare Informationen sind nicht bekannt oder gar nicht vorhanden. So gibt es sicherlich kaum jemanden, der die Corona-Pandemie mit ihren drastischen Folgen erwartet und eingeplant hätte.
- **Komplexität** (Complexity). Zusammenhänge werden von immer mehr Einflussgrößen bestimmt, die untereinander in einer Abhängigkeit stehen. Dies ist nicht nur kompliziert, sondern komplex, denn es kann nicht vereinfacht werden. Ein komplexer Sachverhalt ist beispielsweise der durch die Corona-Pandemie in den Mittelpunkt gerückte Zusammenhang aus Shutdown, Staatshilfen, Impfstoff, Rohstoffknappheit und der damit verbundenen Wirtschaftsleistung.
- **Mehrdeutigkeit** (Ambiguity). Situationen und Informationen sind zwar vorhanden, aber mehrdeutig und schwer auf den Punkt zu bringen. Alleine die schwer deutbare Mimik hinter einer medizinischen Schutzmaske oder der starre Blick eines Teilnehmers während einer Videokonferenz führt zu unklaren Zusammenhängen, Missdeutungen und Fehlinterpretationen.

Das Konstrukt VUCA wird von neuesten Entwicklungen wie dem erhöhten Tempo von Veränderungen, der gestiegenen Dichte von Interaktionsbeziehungen und dem globalen Charakter von Veränderungen überlagert und beeinflusst.[3] Darüber hinaus ist seit dem Aufkommen der Internettechnologie die digitale Transformation der entscheidende Treiber für Veränderungsprozesse.[4] So sind viele Geschäftsmodelle ohne das Internet gar nicht vorstellbar, was sich z. B. durch die Bedeutung der Sozialen Medien zeigt. Die weltumspannende Technologie fördert die weitergehende Globalisierung, indem Unternehmen mit einem Schlag der weltweite Markt offensteht und die Standardisierung (Commoditization) von Produkten und Dienstleistungen ermöglicht.[5]

Der Führungskraft von heute wird besonders viel abverlangt. Allein das Kerngeschäft am Laufen zu halten, bringt bereits viele an ihre Leistungsgrenze. Doch nicht nur das: Überall wird betont, wie wichtig Innovation in allen Facetten für die Zukunft sei. Doch die Fokussierung auf größere Innovationsschritte löst nicht die Probleme im Kerngeschäft und kann deshalb fatale Folgen haben. „It is difficult to grow your way out of trouble. Companies whose core businesses are under attack

[3] Vgl. Alamir (2020), S. 90.

[4] Vgl. z. B. Kreutzer (2017), S. 34–37.

[5] Vgl. Morris (2017), S. 62–71.

should be thinking above all about earning the right to grow."[6] Sogar in der Tagespresse liest man vermehrt von Start-ups, die mit unglaublichen Bewertungen scheinbar mühelos an traditionellen Unternehmen vorbeiziehen. Über allem schwebt das Damoklesschwert des digitalen Darwinismus, der ganze Industriezweige wegfegen wird.[7] Doch ist die Unternehmenskultur für die Königsdisziplin Innovation gerüstet? Vor allem, wenn die Innovation als Wirbelsturm der Disruption aus einer Richtung weht, von woher man sie überhaupt nicht vermutet hätte?

Im Zusammenhang mit Innovation ist viel von Agilität als neumodischem und positiv besetztem Begriff die Rede. Jeder will selbstverständlich „agil" sein, doch weder die Bedeutung noch die genaue Umsetzung dieses attraktiven Wortes sind geklärt. Umso schwerwiegender ist, dass agile Methoden nicht nebeneinanderstehen, sondern in ihrer Wirkung im Idealfall aneinander anknüpfen, sich aber auch überlappen und somit teilweise redundant sind. Diese Wirkungszusammenhänge sind schwer zu durchschauen und erfordern nicht nur intensives theoretisches Arbeiten, sondern wiederholtes Ausprobieren und Experimentieren.

Durch die Herausforderungen der Corona-Pandemie erleben Beschäftigte der Unternehmen neue Formen der Zusammenarbeit, z. B. durch die vermehrte Nutzung digitaler Kommunikationskanäle.[8] Ebenso verändern sich die Ansprüche der Generationen. Die Generation Z der zwischen 1990 und 2000 Geborenen hat hohe Anforderungen an ein ausgeglichenes Verhältnis von Arbeit und Freizeit.[9]

Was können Sie nun von den in diesem Buch präsentierten Inhalten erwarten?

Zunächst erfolgt eine Verortung des agilen Innovationsmanagements in die konzeptionelle Ausgangssituation. So werden nach der Beschreibung der Ausgangssituation die Entscheidungskonflikte der Führungskräfte durch Dilemmata beschrieben. Im Gegensatz zu vielen anderen Veröffentlichungen stellt dieses Buch darauf aufbauend nicht nur Ansätze der agilen Innovation vor, sondern ordnet sie ein und verweist auf die Ursprungsquellen. Es ist überraschend, wie aktuell einige Ansätze sind, obwohl sie schon vor einiger Zeit entstanden sind. Das heute immens wichtige, vielfach zitierte und für viele Arbeiten grundlegende Innovator's Dilemma von Clayton M. Christensen stammt bereits aus dem Jahre 1997.[10] Das Konzept der Ambidextrie von Charles A. O'Reilly und Michael L. Tushman wurde

---

[6] Baghai, Coley, White (1999), S. 44.

[7] Vgl. Kreutzer, Neugebauer, Pattloch (2017), S. 2–19.

[8] Vgl. Berg (2021), S. 11.

[9] Vgl. Nowotny (2016), S. 35–38.

[10] Vgl. Christensen (2016), S. 3–237.

bereits 2004 bzw. von Julian Birkinshaw bereits 2008 vorgestellt, Open Innovation von Henry W. Chesbrough bereits 2003 und der Lean-Startup-Ansatz von Eric Ries, der auf den ersten Ausführungen von Steve Blank aus dem Jahr 2003 basiert, im Jahre 2011.[11] Der besondere Einfluss digitaler Technologien wird durch ein eigenes Kapitel zur digitalen Revolution besonders gewürdigt.

Dieses Buch ist anwendungsbezogen und wird im Rahmen der Durchführung nach der ausführlichen Diskussion des konkreten Bezugsrahmens der Unternehmen eine praktische Vorgehensweise vorstellen. Dies erfolgt anhand von drei Aufgabenpaketen wie Portfolio-Management, Geschäftsentwicklung und Ideenmanagement. Das Buch soll ein Impulsgeber für Unternehmenspraktiker, Selbstständige, Berater und am Wirtschaftsleben allgemein Interessierte sein, aber auch für Studierende und Lehrende in akademischen Einrichtungen, denen der Praxisbezug wichtig ist.

Eine Befragung von 454 ehemaligen Beschäftigten der Strategieberatung Roland Berger zeigt als Ergebnis die größten Mängel der akademischen Ausbildung bei den Themen Entrepreneurship und Innovation. 74 Prozent der Befragten stimmen dieser Kritik zu – der mit Abstand höchste Wert aller Fragestellungen nach den Defiziten des betriebswirtschaftlichen Studiums.[12] Genau hier setzt dieses Buch an.

Schwerpunkte dieses Buches sind:

- Kap. 1: Beschreibung der Ausgangssituation für das Innovationsmanagement
- Kap. 2: Erklärung wichtiger Dilemmata als Entscheidungszwickmühlen
- Kap. 3: Umfassende Darstellung des wichtigen Innovator's Dilemma
- Kap. 4: Überblick der aus Praxissicht wichtigsten agilen Methoden mit Begriffsklärungen sowie deren Kombinationsmöglichkeiten
- Kap. 5: Besondere Dynamik der digitalen Revolution mit Möglichkeiten und Herausforderungen
- Kap. 6: Konzepte der Umsetzung der drei wichtigen voneinander abgrenzbaren Aufgaben Portfolio-Management, Geschäftsentwicklung und Ideenmanagement
- Kap. 7: Zusammenfassende Bewertung mit Ausblick

Die Erstellung fußt auf einer umfassenden Sichtung und Verarbeitung vorhandener Quellen ohne Berührungsängsten vor populärer Managementliteratur. Englischsprachige Quellen sind im Original verarbeitet und entscheidende Be-

[11] Vgl. O'Reilly, Tushman (2004), S. 1–8; Raisch, Birkinshaw (2008), S. 375–403; Chesbrough (2003), S. XVII–216; Ries (2011), S. 1–307.

[12] Vgl. Schenker et al. (2021), S. 23–24.

griffe in deutsche Sprache, unabhängig von eventuell bestehenden deutschen Veröffentlichungen, übersetzt. Dabei wird der englische Originalbegriff aufgrund der nicht immer eindeutigen Übersetzung in Klammern genannt. Auf die Ausführung bereits publizierter Praxisbeispiele wird bewusst verzichtet, da diese in den angegebenen Quellen hinreichend nachlesbar sind.

Was dieses Buch leider nicht schafft:

- Eine fundierte und vollständige wissenschaftliche Abwägung der verschiedenen Betrachtungsweisen, Weiterentwicklungen und Vor- und Nachteile. Ziel ist dennoch eine kritische Betrachtungsweise. Die notwendige Differenzierung ergibt sich bei Interesse aus dem weiteren Studium der angegebenen Originalquellen zum Thema.
- Eine umfassende rezeptartige Erklärung aller agilen Methoden einschließlich Checklisten. An dieser Stelle sei auf die sorgfältig ausgewählten Literaturhinweise zum weiteren Nachlesen und eigenen Umsetzen verwiesen.
- Eine komplette Anleitung zum Umsetzen. Bei den Methoden beschränkt sich die Ausarbeitung auf das Wichtigste, weil es für die konkrete Umsetzung gute Handbücher gibt. Zusammenhänge zwischen den Methoden sind so neuartig, dass weder ganzheitlich erprobte Erfolgsgeschichten noch umfassende wissenschaftliche Betrachtungen existieren. Insofern ist der aktive Leser Teil des Diskurses und herzlich zur Erprobung und Validierung eingeladen.

Ich wünsche viel Freude bei der rastlosen Exkursion durch das Abenteuerland Innovation. Beim Lesen gehen wir den Weg zusammen, haben das Ziel des Überlebens durch umfassendes, agiles Innovationsmanagement im Visier und mit diesem Buch ein Fortbewegungsmittel mit Hinweisschildern, das uns die Richtung weist. Dennoch sind Abzweigungen unabdingbar und Teil der Reise. Die für den Einzelnen passende Route muss jeder für sich selbst auswählen.

1.2 Innovation als Überlebensstrategie

Der öffentlichen Diskussion und der Literatur mangelt es nicht an Beschreibungen der Herausforderungen von Unternehmen, denn es ist unbestritten, wie wichtig ganzheitliche Innovation zum Überleben ist. Sicher können Unternehmen ohne neue Produkte kurzfristig weiterexistieren, aber mittel- und langfristig wird es der Markt regeln und Innovationsverweigerer verschwinden lassen. Die Dynamik ist spürbar. Nur rund 60 der ursprünglich 500 Anfangsunternehmen des vor rund 50 Jahren etablierten US-amerikanischen Aktienindex S&P Fortune 500 sind dort noch heute vertreten. Das Durchschnittsalter der in diesem Index vertretenen Konzerne beträgt gerade einmal 30 Jahre.[13]

Familienunternehmen weisen im Gegensatz zu börsennotierten Konzernen oftmals eine beeindruckende Beständigkeit vor. Faszinierend ist das älteste Unternehmen der Welt, das auch heute noch von der Familie geführt wird. Das japanische Hotel „Nishiyama Onsen Keiunkan" wurde bereits im Jahre 705 nach Christus eröffnet und wird heute in der 52. Generation geleitet.[14] Eines Tages bemerkte ein Journalist, dass es in Japan mit rund 130 Millionen Einwohnern rund 90.000 Adoptionen jährlich gibt, in Deutschland mit über 82 Millionen jedoch gerade einmal 3800. Erstaunlicherweise finden die meisten Menschen in Japan in einem durchaus reiferen Alter von 25 bis 30 Jahren eine neue Familie. Die Erklärung ist frappierend: Um die Führung der Unternehmen innerhalb der Familie zu halten, werden die interessierten Nachfolger einfach vom Eigentümer adoptiert. Oftmals heiraten sie auch noch eines der Kinder, um den familiären Neuanfang perfekt zu machen.

Aus der Konzernwelt werden häufig Beispiele wie Kodak, Blockbuster und Nokia zitiert. Allen gemein ist die Tatsache, dass sie einmal große bekannte Marken waren, die durch Marktumwälzungen zu Fußnoten der Wirtschaftsgeschichte degradiert wurden. Über die Gründe sind sich alle Autoren einig: Ganzheitliche Innovation wurde nicht beherrscht. Genauer betrachtet, wurden Veränderungen des Marktes bzw. der dadurch verbundene Aufstieg von Konkurrenzunternehmen nicht oder zu spät erkannt. Der Fokus lag auf der schrittweisen inkrementellen Weiterentwicklung des bestehenden Programms zu Ungunsten des Erkundens neuer Umsatzpotenziale im Sinne einer diskontinuierlichen Innovation. „Inkrementelle Innovationen verlängern die Lebensdauer bestehender Produkte, verfeinern eingespielte Routinen, machen diese effizienter oder erschließen neue Kundensegmente, um das Umsatzwachstum zu fördern. [...] Im Gegensatz dazu verhelfen diskontinuierliche Innovationen Unternehmen bei der Entwicklung neuer Fähigkeiten, Produkte und Services, die einen bislang nicht gesehenen Kundennutzen abzudecken vermögen und damit bisherige Lösungen substituieren können bzw. ein ganz neues Marktsegment entstehen lassen."[15]

Erfolgreiche Innovationen sind für die mittel- und langfristige Überlebensstrategie elementar. Der weitaus überwiegende Teil empirischer Studien belegt den grundsätzlich positiven Zusammenhang zwischen Innovationstätigkeit und Unternehmenserfolg, die eher kritischen Studien weisen auf die Risiken großer

[13] Vgl. Anthony, Viguerie, Waldeck (2016), S. 6.

[14] Vgl. Rau (2018), S. 1–4.

[15] Schumacher, Wimmer (2020), S. 11. Vgl. zum Begriff der diskontinuierlichen Innovation Ellermann (2010), S. 16–28.

Innovationsschritte hin.[16] Der Erfinder der in Abschn. 4.4.3 vorgestellten Stage-Gate-Methode, Robert G. Cooper, hat seit den 1980er-Jahren 2000 Innovationsprojekte von mehreren Hundert Firmen analysiert und belegt den Zusammenhang zwischen wirtschaftlichem Erfolg und einem ausgezeichneten Innovationsmanagement. Er kam zu der Erkenntnis, dass die erfolgreichen 20 Prozent der untersuchten Unternehmen besondere Merkmale aufweisen und sich klar von den am Ende rangierenden 20 Prozent abgrenzen:[17]

- 36,3 Prozent der Verkäufe werden durch neue Produkte erzielt, die in den letzten drei Jahren eingeführt wurden, im Vergleich zu 10,0 Prozent der Schlussgruppe
- 79,5 Prozent der Entwicklungsprojekte sind erfolgreich im Vergleich zu 37,6 Prozent der Schlussgruppe
- 70,1 Prozent der neu eingeführten Produkte haben die Ergebnisziele erreicht oder übertroffen im Vergleich zu 30,0 Prozent der Schlussgruppe
- 79,4 Prozent der Projekte hielten den Zeitplan ein im Vergleich zu 20,5 Prozent der Schlussgruppe
- Nur 17,2 Prozent sind zeitlich verzögert im Vergleich zum Wert der Schlussgruppe von 44,3 Prozent

Diese Ergebnisse zeigen eindrucksvoll, dass erfolgreiche Unternehmen ein besonders gutes Innovationsmanagement aufweisen.

1.3 Wirtschaftliche Bedeutung von Innovation

Bei der wirtschaftlichen Bedeutung werden die Unternehmens-Ebene (Mikroebene) und die Unternehmensumfeld-Ebene (Makroebene) unterschieden. Auf Unternehmens-Ebene ist Innovation weder Technologie noch die Erfindung an sich. Beides sind Vorstufen, denn eine Innovation muss auf den Markt gerichtet sein und dort ihren Erfolg beweisen.[18] Eine Meta-Studie, welche die Ergebnisse von 153 empirischen Studien zusammenfasst, belegt einen positiven Zusammenhang zwischen Innovationsgrad und unternehmerischem Erfolg durch

[16] Vgl. Hauschildt et al. (2016), S. 24–25; Vahs, Brem (2015), S. 8.

[17] Vgl. Cooper (2017), S. 14–15. Die hier als Schlussgruppe bezeichneten Unternehmen sind spiegelbildlich die schlechtesten 20 Prozent der untersuchten Unternehmen.

[18] Vgl. Sawhney, Wolcott, Arroniz (2006), S. 75–77.

Verbesserung der Marktposition, des finanziellen Ergebnisses und letztendlich des Unternehmenswerts.[19]

Der Erfolg der Unternehmen hat unmittelbare volkswirtschaftliche Auswirkungen. Schumpeter beschrieb schon im Jahre 1912 das Wesen der Innovation als „Durchsetzung neuer Kombinationen“, die durchweg diskontinuierlich auftritt.[20] Im Mittelpunkt steht der „dynamische Unternehmer“, der durch seine Persönlichkeit auf Unternehmensumfeld-Ebene, unterstützt durch die weitere wichtige Rolle des Geldgebers, eine „schöpferische Zerstörung“ verursacht, bei der die bestehenden Produkte und Verfahren durch Neuerungen abgelöst werden. Durch eine Innovation kann unter Umständen eine monopolähnliche Situation entstehen, die aber durch Wettbewerbseinflüsse verschwinden wird. Anschließend pendelt sich die Volkswirtschaft auf einem für alle günstigen höheren Niveau ein. Basisinnovationen, z. B. die Dampfmaschine, waren in der Geschichte Auslöser für lange, auf den Wissenschaftler Kondratieff zurückgehende Konjunkturzyklen, die durch eine lang anhaltende Aufschwungsphase gekennzeichnet sind. Aktuell befinden wir uns in dem Zyklus der Informations- und Kommunikationstechnologie.

Die Bedeutung der Innovationsfähigkeit für die deutsche Volkswirtschaft wird von der Politik erkannt, die sowohl auf Bundes- als auch auf Landesebene immer mehr Geld für Innovation zur Verfügung stellt. Die aktuellen Ergebnisse sind, wie die folgenden Untersuchungen zeigen, allerdings fraglich. Beim Global Innovation Index belegt Deutschland wiederholt den neunten Platz hinter Nationen wie den Niederlanden, Dänemark und Finnland. Die Schweiz liegt hier an erster Stelle.[21] Deutschland verlor bei der digitalen Wettbewerbsfähigkeit an Boden und fiel in der Rangliste vom 17. Platz im Vorjahr auf den 18. Platz von 63 Ländern zurück.[22] In der Europäischen Union belegt Deutschland von 27 betrachteten Ländern nur den zwölften Rang.[23] In der neuesten Aufstellung der 100 wertvollsten Unternehmen der Welt ist mit dem Softwarehersteller SAP nur noch ein einziges deutsches Unternehmen vertreten.[24] Bei der Betrachtung der Attraktivität der für die deutsche Wirtschaft so wichtigen Familienunternehmen ist Deutschland im Vergleich von 21 Industrienationen gegenüber 2018 um drei Plätze auf Rang 17 abgerutscht. Das ist der schlechteste Rang seit 2006, dem ersten Jahr dieses Indexes. Auf den vordersten

---

[19] Vgl. Rubera, Kirca (2012), S. 130–145.

[20] Vgl. zum Folgenden Vahs, Brem (2015), S. 2–8.

[21] Vgl. Dutta, Lanvin, Wunsch-Vincent (2020), S. 380.

[22] Vgl. IMD (2020), S. 41; o. V. (2020), 1–2.

[23] Vgl. European Commission (2020), S. 14.

[24] Vgl. Sommer (2020), S. 2.

Plätzen liegen die USA, Großbritannien und die Niederlande.[25] Es besteht folglich großer Handlungsbedarf. Mit der Setzung des richtigen Rahmens und von Handlungsfeldern in Politik und Unternehmen könnte im Rahmen einer „kreativen Erneuerung“ durch Innovation das deutsche Wirtschaftswachstum innerhalb weniger Jahre verdoppelt werden.[26]

1.4 Vorteile des agilen Innovationsmanagements

Agile Vorgehensweisen sind geeignet, Organisationen wirkungsvoll auf die Komplexität des Umfelds auszurichten. Eine umfassende empirische Studie belegt die positive Wirkung agiler Methoden auf den Projekterfolg in allen drei untersuchten Dimensionen: Effizienz, Zufriedenheit der Beteiligten und Wahrnehmung der Produktleistung.[27] Für Erfolg ist grundsätzlich nicht eine einzelne Methode, sondern ist vielmehr ein möglichst umfassendes Verständnis der verschiedenen komplexen Zusammenhänge von Akteuren, Methoden und Wirkungsweisen entscheidend.[28]

Unternehmen müssen grundsätzlich wachsen, um z. B. wegen steigender Kosten langfristig existieren zu können und durch Gewinne die Zahlungsfähigkeit sicherzustellen.[29] Das gilt für Familienunternehmen genauso wie für börsennotierte Konzerne, wenn auch in unterschiedlichem Maße. Agiles Innovationsmanagement bezieht sich durch einen verfolgten beidhändigen Ansatz sowohl auf das Kerngeschäft als auch auf Potenziale außerhalb des Kerngeschäfts.[30] Diese erweiterte Wachstumsperspektive öffnet den Blick für neue, zusätzliche Möglichkeiten der Unternehmensgestaltung. Im selben Atemzug bietet das agile Innovationsmanagement geeignete organisatorische Formen, Methoden und Ansätze, um von den unzähligen Möglichkeiten die vielversprechenden auszuwählen und mit kalkuliertem Risiko zu einem frühen Zeitpunkt auf ihre Erfolgswahrscheinlichkeit zu testen.

---

[25] Vgl. Stiftung Familienunternehmen (2021), S. 99–102.

[26] Vgl. Fröndhoff (2021), S. 1–3; Windhagen, Petersen (2021), 4–7.

[27] Vgl. Serrador, Pinto (2015), S. 1040–1051.

[28] Vgl. Höbig, Kubsch (2020), S. 6–8.

[29] Vgl. zum Zielsystem eines Unternehmens z. B. Macharzina, Wolf (2018), S. 224–229; Straub (2020), S. 43. Zum Konzept von wachstumsneutralen Unternehmen vgl. Liesen, Dietsche, Gebauer (2013), S. 10–29.

[30] Vgl. Bosch, Hentschel, Kramer (2018), S. 70–71.

Neue Technologien und die Digitalisierung verschieben die althergebrachten Wettbewerbskräfte und mischen das Wettbewerbsumfeld ordentlich durch. „Unternehmen können digitale Technologien sowohl nutzen, um in neue Märkte einzudringen, wie auch ihre eigene Position im Markt zu festigen und zu verteidigen; gleichzeitig besteht das Risiko, dass sie durch Konkurrenten ‚digital überholt' werden oder sich ihre Märkte gänzlich ändern."[31] Veränderungen setzen nicht nur bei den Produkten und ihren Leistungen an. Ebenso greift eine reine Ergänzung um digitale Dienstleistungen zu kurz. Vielmehr müssen die in der Vergangenheit erfolgreichen Geschäftsmodelle völlig neu überdacht, verändert, ersetzt oder ergänzt werden. Diese Entwicklung ist besonders eindrucksvoll an der Verlagsbranche festzumachen. So erzielen digitale Angebote heute etwa drei Viertel des Gewinns (EBITDA) von Axel Springer.[32]

Im Sinne eines agilen Innovationsmanagements müssen Bedrohungen durch neue Methoden sorgfältig analysiert und bewertet werden. Eine besondere Gefahr geht von Unternehmen aus, die bewusst oder unbewusst etablierte Unternehmen verdrängen oder gar disruptieren. Disruption wird im engeren Sinne verstanden als gezielte Aktivierung von Nicht-Verwendern oder vernachlässigten Verwendern einer Produktkategorie (siehe Abschn. 3.1). Durch geeignete, später vorgestellte Methoden müssen diese Entwicklungen erkannt werden. Doch das reicht nicht. Wichtig ist, diesen Attacken zu begegnen, diese idealerweise durch proaktives Verhalten gar nicht aufkommen zu lassen oder als Angriffsstrategie im Sinne einer Wachstumsstrategie selbst für sich zu nutzen.

In Unternehmen ist der effiziente Ressourceneinsatz wichtig. Neue Innovationsaktivitäten benötigen zusätzliche Kapazität. Deshalb müssen zunächst die bestehenden Unternehmensabläufe möglichst effizient erfolgen. Etwas überraschend trifft das Gebot der Effizienz auch auf die von vielen Personen eher als kreativ eingestuften, in Kap. 4 vorgestellten, Innovationsansätze zu. Werden beispielsweise durch eine Aktion besonders viele Ideen generiert, muss eine effiziente Auswahl sicherstellen, dass die vorhandenen knappen Ressourcen nur in die erfolgversprechendsten Ideen gesteckt und schnell auf möglichen Erfolg geprüft werden. Agile Methoden wie z. B. Scrum können hierbei den Entwicklungsprozess eines Produktes erheblich verkürzen.[33] Die agilen Ansätze Kanban, Scrum und Lean Startup beziehen sich in ihrem Ursprung explizit auf die Reduzierung von Verschwendung in japanischen Produktionssystemen.[34] Ebenso trägt der Ansatz Open

[31] Schröder (2019), S. 42.

[32] Vgl. Kreutzer, Neugebauer, Pattloch (2017), S. 98–101.

[33] Vgl. Sutherland, Sutherland (2014), S. 7–10.

[34] Vgl. Ries (2011), S. 18–20; Sutherland, Sutherland (2014), 107–108.

Innovation dazu bei, nicht genutzte Ressourcen nicht zu verschwenden, weil Ideen von außen gesucht werden, auf denen aufgesetzt wird.[35] Bei den beiden wichtigen Methoden Design Thinking und Scrum sind die Dimensionen Zeit und Aufwand im Sinne einer maximalen effizienten Nutzung besonders wichtig.[36]

Eine agile Vorgehensweise zielt auf die Beteiligung von verschiedenen, über die normale Forschung und Entwicklung sowie Marketing hinausgehenden Personengruppen, z. B. Kunden, aber auch die eigenen Beschäftigten. Diese Maßnahmen können eine stärkere Kundenbindung sowohl bei Innovationsprojekten als auch bei der Vermarktung des bestehenden Produktprogramms bewirken. Intern resultiert die aktive Beteiligung von Mitarbeitern bei richtiger Vorgehensweise in einer höheren Motivation der Beschäftigten und dem Aufbau der viel beschworenen Innovationskultur eines Unternehmens. „From the internal perspective, actively soliciting inputs also helps to build and strengthen the culture necessary to support your innovation efforts."[37] Außerdem ist es schlicht nicht mehr möglich, dass Führungskräfte in einer hierarchischen Organisation das Unternehmen von oben aus steuern. Die Aufgabe der Führungskräfte besteht heute vielmehr darin, einen strategischen Rahmen zu schaffen und zusammen mit der Belegschaft in weitgehend selbstverantwortlichen Teamstrukturen die Herausforderungen zu meistern.

Durch Umsetzung eines agilen Innovationsmanagements entstehen bei entsprechender Kommunikation eine positive Außenwirkung und eine positive Veränderung der Firmen- und Markenreputation, was wiederum neue Ideen von außen bringt. „Externally, being known as an innovative organization can benefit your brand and reputation, encourage input to your innovation process and strengthen relationships with your customers, partners and suppliers."[38] Ein innovatives Image zieht wiederum Mitarbeiter mit geeigneten Qualifikations- und Persönlichkeitsprofilen an, was nicht nur die einschränkenden Fachkräfteprobleme der Unternehmen lindert, sondern zusätzlich eine verstärkende qualitative Wirkung hat.

[35] Vgl. Chesbrough (2020), S. 91–93.

[36] Vgl. Brown (2008), S. 3; Seitz (2017), S. 26–38; Sutherland, Sutherland (2014), S. 81–83.

[37] Brazil (2020), S. 29. Vgl. auch Serrador, Pinto (2015), S. 1048–1049.

[38] Brazil (2020), S. 29.

1.5 Begriffsklärungen

Vor allem die Begriffe „agil" und „Innovation" sind sehr populär und in ihrer Unbestimmtheit problembehaftet.[39] Auf der anderen Seite erzeugen sie Interesse und können, richtig verstanden und definiert, einen wertvollen, in der unternehmerischen Praxis funktionsfähigen Bezugsrahmen für ein erfolgreiches Innovationsmanagement liefern. Im Folgenden sollen deshalb pragmatische Arbeitsdefinitionen abgeleitet werden.

Der Begriff „agil" entstammt dem lateinischen Adjektiv „agilis", was im Zusammenhang mit Personen „schnell, gewandt" und auch „eifrig" bedeutet. Im Zusammenhang mit Gegenständen wird es eher mit „leicht beweglich" übersetzt und kann so als Gegensatz von starr, statisch und unbeweglich interpretiert werden.[40] Agilität wurde im wirtschaftlichen Kontext bereits erstmals Mitte der 1980er-Jahre populär und durch eine Bewegung in der Softwareindustrie verbreitet, die im sogenannten Agilen Manifest mündete.[41] Heute wird Agilität zwar weiterhin im engeren Sinne für die Softwareentwicklung konserviert und, wofür hier plädiert wird, allgemein auf die wichtigsten modernen Methoden und Prozesse der Innovation erweitert.[42]

Für die hier vorgeschlagene Begriffsdefinition ist wichtig, dass damit solche Formen bezeichnet werden, die unter Effizienzgesichtspunkten der durchweg dynamischer werdenden Umwelt in besonderem Maße Rechnung tragen und so den Unternehmenserfolg sichern.

▶ **Definition 1** *Mit **agil** werden Methoden, Prozesse und Organisationsformen bezeichnet, die flexible, interaktive und iterative Elemente beinhalten und deshalb in einem dynamischen Umfeld für den Unternehmenserfolg maximal wirksam sind.*

Der populäre Begriff der Innovation ist im allgemeinen und wissenschaftlichen Zusammenhang ebenfalls problembehaftet, da er durch seine Ableitung vom lateinischen Wort „innovare" (erneuern) zwar immer einen Neuigkeitsgrad impliziert,

---

[39] Vgl. Thomaschewski, Völker (2019), S. 15–20.

[40] Vgl. Termer, Nissen (2014), S. 2–32; Weber, Fischer, Eireiner (2018), S. 28–33.

[41] Vgl. Altherr (2019), S. 416; de Raedemaecker (2020), S. 2–5. Vgl. auch Darstellung in Cooper (2017), S. 186. Vgl. zu Ansätzen von agilen Konzepten und deren Entwicklung Förster, Wendler (2012), S. 22–31. Zum Agil-Schema des Soziologen Parsons vgl. Kühl (2020), S. 93–94.

[42] Vgl. Rigby, Sutherland, Takeuchi (2016), S. 2–5.

jedoch keine Aussage über die Höhe des Neuigkeitsgrades trifft.[43] Oftmals wird der Neuigkeitsgrad durch die Begriffe inkrementelle, radikale und disruptive Innovationen unterschieden, wobei inkrementelle Innovationen eher kleine und kontinuierliche Schritte und radikale Innovationen größere technologische Sprünge und/oder völlig neue Märkte beinhalten.[44] Disruptive Innovationen verursachen im weiteren Sinne sogar Veränderungen des gesamten Marktmechanismus.[45] Eine zusätzliche, auch im deutschen Sprachraum populäre Sichtweise ist die Unterscheidung zwischen „Exploitation" und „Exploration", die ursprünglich auf ganze Organisationen bezogen wurde. „Exploration includes things captured by terms such as search, variation, risk taking, experimentation, play, flexibility, discovery, innovation. Exploitation includes such things as refinement, choice, production, efficiency, selection, implementation, execution."[46] Diese Betrachtung kann sehr gut auf Innovationen angewendet werden.[47] Dabei umfasst Exploitation, neben der Optimierung des Bestehenden, Innovationen im Kerngeschäft und Exploration beinhaltet Innovationen über das aktuelle Kerngeschäft hinaus.

Für dieses Buch wird für eine offene Auslegung des Innovationsbegriffes plädiert. Einzig dem Attribut „neu" im Sinne einer erstmaligen Vorstellung in einem für das Unternehmen relevanten Markt wird eine wichtige Bedeutung zugestanden. Dabei ist es unerheblich, ob die Innovation aus interner Sicht vom Unternehmen oder aus externer Sicht vom Markt aus betrachtet als neu angesehen wird.[48]

▶ **Definition 2** ***Innovationen*** *sind intern oder extern neu wahrgenommene Produkte und Dienstleistungen, die erstmalig in einem relevanten Markt eingeführt werden.*

Innovationen dürfen nicht in den Vorstufen der Erfindung oder Invention verharren, sondern müssen im Sinne einer Geschäftsinnovation (Business Innovation)

[43] Vgl. zu dieser Diskussion Cooper (2017), S. 25–28; Hauschildt et al. (2016), S. 3.

[44] Vgl. Vahs, Brem (2015), S. 66–68. Vgl. zur Bestimmung des Neuigkeitsgrades Hauschildt et al. (2016), S. 17–25, zum Begriff der radikalen Innovation Lettl (2007), S. 53–55.

[45] Vgl. Vahs, Brem (2015), S. 23; Christensen (2016) S. 232–234.

[46] March (1991), S 71.

[47] Vgl. Greve (2007), S. 4–6.

[48] Im Sinne dieses Buches müssen Innovationen auf einen Markt zielen. Prozessinnovationen sind zwar ebenso wichtig, hier aber nicht beinhaltet. Ebenso wird von einem erweiterten Produktbegriff ausgegangen, sodass z. B. komplette Geschäftsmodelle explizit beinhaltet sind.

Kundennutzen stiften.[49] Das dafür notwendige Innovationsmanagement „[…] muss die nachhaltige Gestaltung des Innovationssystems von Unternehmen im Fokus haben“.[50] Das umfassende Management der Unternehmenslenker und aller im Unternehmen für die Durchführung verantwortlichen Personen ist folglich entscheidend.[51] Aus dem Unternehmenskontext muss der Einsatz der Mittel effizient geschehen, um in der Wirkungsdimension durch zufriedene, idealerweise regelmäßig kaufende Kunden letztendlich auf lange Sicht ein möglichst gutes finanzielles Ergebnis zu erwirtschaften. Der effiziente Ressourceneinsatz schließt den Einbezug externer Institutionen mit ein, allerdings nur, wenn dies zur Erreichung des Effizienzziels beiträgt.[52] Zusammenfassend wird die folgende Definition vorgeschlagen:

▶ **Definition 3** ***Innovationsmanagement*** *ist die Steuerung des optimalen Einsatzes der Produktionsfaktoren eines Unternehmens, um mit Produkten und Dienstleistungen durch eine optimale Befriedigung von Kundenbedürfnissen langfristig den größtmöglichen wirtschaftlichen Erfolg zu erreichen.*

Literatur

Alamir, F. M. (2020). VUKA und kein Ende. Ein Paradigma auf dem Prüfstand. *OrganisationsEntwicklung*, 39(4), S. 90–94.

Altherr, M. (2019). Die Organisation der Selbstorganisation. In Kels, P., & Kaudela-Baum, S. (Hrsg.), *Experten führen. Publikationen der SGO Stiftung* (S. 411–426). https://doi.org/10.1007/978-3-658-23028-9_20. Zugegriffen: 29. Mai 2021.

Anthony, S. D., Viguerie, P., & Waldeck, A. (2016). *Corporate Longevity: Turbulence ahead for large organizations*. o. O.: Innosight.

Baghai, M., Coley, S., & White, D. (1999). *The alchemy of growth. Kickstarting and sustaining growth in your company*. London: Orion Business.

Bennett, N, & Lemoine, G. J. (2014). What VUCA really means for you. *Harvard Business Review*. https://hbr.org/2014/01/what-vuca-really-means-for-you?autocomplete=true. Zugegriffen: 30. Mai 2021.

Berg, M., Nowotny, V., & Weissmann, K. (2021). *Corporate Innovation Mindset. Das Redesign Ihrer Unternehmens-DNA*. Stuttgart: Schaeffer-Poeschel.

[49] Vgl. Sawhney, Wolcott, Arroniz (2006), S. 75–81.

[50] Hauschildt et al. (2016). S. 24.

[51] Vgl. zu den Aufgaben des Innovationsmanagements Vahs, Brem (2015), S. 28.

[52] Hierbei umfasst Effizienz auch die Output-Dimension i. S. eines guten Ergebnisses.

Bosch, U., Hentschel, S., & Kramer, S. (2018). *Digital Offroad. Erfolgsstrategien für die digitale Transformation*. Freiburg: Haufe-Lexware.

Brazil, T. (2020). *Agile innovation management system. Using the agile innovation master plan framework*. o. O.: Thomas Brazil.

Brown, T. (2008). Design Thinking. *Harvard Business Review*. https://hbr.org/2008/06/design-thinking. Zugegriffen: 30. Mai 2021.

Chesbrough, H. (2003). *Open innovation. The new imperative for creating and profiting from technology*. Boston: Harvard Business School Publishing.

Chesbrough, H. (2020). *Open innovation results. Going beyond the hype & getting down to business*. Oxford: Oxford University Press.

Christensen, C. M., Hall, T., Dillon, K, & Duncan, D. S. (2016). *Competing against luck. The story of innovation and customer choice*. New York: HarperCollins.

Cooper R. G. (2017). *Winning at new products. Creating value through innovation* (5. Aufl.). New York: Basic Books.

Dutta, S., Lanvin, B., & Wunsch-Vincent, S. (2020). *Global Innovation Index 2020. Who will finance innovation?* (13. Aufl.). Ithaca, Fointainebleau, Geneva: Cornell University, INSEAD, WIPO.

Ellermann, L. (2010). *Organisation von diskontinuierlicher Innovation*. Wiesbaden: Gabler.

European Commission (2020). *Digital economy and society index (DESI) 2020. Thematic chapters*. https://digital-strategy.ec.europa.eu/en/policies/desi. Zugegriffen: 12. Juni 2021.

Förster, K., & Wendler, R. (2012). *Theorien und Konzepte zu Agilität in Organisationen. Dresdner Beiträge zur Wirtschaftsinformatik. Nr. 63/12*. Dresden: Die Professoren der Fachgruppe Wirtschaftsinformatik.

Fröndhoff, B. (2021). „Adrenalin für Innovationen“: Sechs Hebel für eine Verdopplung des Wirtschaftswachstums. *Handelsblatt*. https://www.handelsblatt.com/unternehmen/industrie/mckinsey-studie-adrenalin-fuer-innovationen-sechs-hebel-fuer-eine-verdoppelung-des-wirtschaftswachstums/27354102.html. Zugegriffen: 4. Juli 2021.

Greve, H. R. (2007). Exploration and exploitation in product innovation. *Industrial and Corporate Change*, 16(5), S. 1–31.

Hauschildt, J., Salomo, S., Schultz, C., & Kock, A. (2016). *Innovationsmanagement*. München: Verlag Franz Vahlen.

Höbig, M., & Kubsch, C. (2020). Die Entwicklung eines agilen Mindsets in Unternehmen als Basis für organisatorische Agilität. In Dahm, M. H., & Thode, S. (Hrsg.), *Digitale Transformation in der Unternehmenspraxis* (S. 3–25). Wiesbaden: Springer Gabler.

IMD (2020). *IMD World digital competitiveness ranking 2020*. o. O.: IMD.

Kail, E. G. (2010). Leading effectively in a VUCA Environment: V is for volatility. *Harvard Business Review*. https://hbr.org/2010/11/leading-in-a-vuca-environment. Zugegriffen: 3. Juni 2021.

Kail, E. G. (2010). Leading effectively in a VUCA Environment: U is for uncertainty. *Harvard Business Review*. https://hbr.org/2010/11/leading-in-a-vuca-environment-1. Zugegriffen: 3. Juni 2021.

Kail, E. G. (2010). Leading effectively in a VUCA Environment: C is for complexity. *Harvard Business Review*. https://hbr.org/2010/12/leading-effectively-in-a-vuca. Zugegriffen: 3. Juni 2021.

Kail, E. G. (2011). Leading effectively in a VUCA Environment: A is for ambiguity. *Harvard Business Review*. https://hbr.org/2011/01/leading-effectively-in-a-vuca-1. Zugegriffen: 3. Juni 2021.

Kreutzer, R. T., Neugebauer, T., & Pattloch, A. (2017). *Digital Business Leadership. Digitale Transformation – Geschäftsmodell-Innovation – agile Organisation – Change-Management*. Wiesbaden: Springer Gabler.

Kühl, S. (2020). Wie Praktiker das Wort ‚agil' missverstehen. Die überraschende Renaissance eines verstaubten soziologischen Konzepts. *Führung + Organisation*, 89(2), S. 93–95.

Kühl, N., Goutier, M., Hirt, R., & Satzger, G. (2020). Machine Learning in Artificial Intelligence: Towards a common understanding. *arXiv Preprint*. https://arxiv.org/abs/2004.04686. Zugegriffen: 2. Juli 2021.

Lettl, C. (2007). User involvement competence for radical innovation. *Journal of Engineering and Technology Management*, 24(1-2), S. 53–75.

Liesen, S., Dietsche, C., & Gebauer, J. (2013). *Wachstumsneutrale Unternehmen. Pilotstudie zur Unternehmensperspektive im Postwachstumsdiskurs*. Berlin: Institut für ökologische Wirtschaftsforschung.

Macharzina, K., & Wolf, J. (2018). *Unternehmensführung. Das internationale Managementwissen Konzepte – Methoden – Praxis* (10. Aufl.). Wiesbaden: Springer Gabler.

March, J. G. (1991). Exploration and Exploitation in organizational learning. *Organization Science*, 2(1), S. 71–87.

Morris, L. (2017). *The agile innovation master plan*. o. O.: Futurelab Press.

Moskaliuk, J. (2019). *Beratung für gelingende Leadership 4.0*. Wiesbaden: Springer.

Nowotny, V. (2016). *Agile Unternehmen. Nur was sich bewegt, kann sich verbessern*. Göttingen: Business Village.

o. V. (2020). Deutschland fällt im digitalen Wettbewerb weiter zurück. *Wirtschaftswoche*. https://www.wiwo.de/technologie/digitale-welt/ranking-zur-wettbewerbsfaehigkeit-deutschland-faellt-im-digitalen-wettbewerb-weiter-zurueck/26235682.html. Zugegriffen: 5. Juni 2021.

O'Reilly, C. A., & Tushman, M. L. (2004). The ambidextrous organization. *Harvard Business Review*. https://hbr.org/2004/04/the-ambidextrous-organization. Zugegriffen: 5. Juni 2021.

de Raedemaecker, S., Handscomb, C., Jautelat, S., Rodriguez, M., & Wienke, L. (2020). Lean management or agile? The right answer may be both. *McKinsey & Company*. https://www.mckinsey.com/business-functions/operations/our-insights/lean-management-or-agile-the-right-answer-may-be-both. Zugegriffen: 3. Juni 2021.

Raisch, S., & Birkinshaw, J. (2008). Organizational Ambidexterity: Antecedents, outcomes, and moderators. *Journal of Management*. https://doi.org/10.1177/0149206308316058. Zugegriffen: 5. Juni 2021.

Rau, K. (2018). Warum in Japan erwachsene Männer adoptiert werden. *Wirtschaftswoche*. https://www.wiwo.de/erfolg/trends/nachfolge-in-unternehmen-warum-in-japan-erwachsene-maenner-adoptiert-werden/12180978.html. Zugegriffen: 12. Juni 2021.

Ries, E. (2011). *The lean startup. How today's entrepreneurs use continuous innovation to create radically successful businesses*. New York: Currency.

Rigby, D. K., Sutherland, J., & Takeuchi, H. (2016). The secret history of agile innovation. *Harvard Business Review*. https://hbr.org/2016/04/the-secret-history-of-agile-innovation. Zugegriffen: 5. Juni 2021.

Rubera, G., & Kirca, A. H. (2012). Firm innovativeness and its performance outcomes: a meta-analytic review and theoretical integration. *Journal of Marketing*, 76(4), S. 130–147.

Sawhney, M., Wolcott, R. C., & Arroniz, I. (2006). Ways for companies to innovate. *MIT Sloan Management Review*, 47(3), S. 75–81.

Schenker, B., Albers, A., Ballwieser, W., Raffel, T., & Weißenberger B. E. (2021). *Erfolgsfaktor Betriebswirtschaftslehre. Was sie leistet und warum wir sie brauchen.* München: Verlag Franz Vahlen.

Schröder, M. (2019). Strategie und Agilität. In Thomaschewski, D., & Völker, R. (Hrsg.), *Agiles Management* (S. 39–78). Stuttgart: W. Kohlhammer.

Schumacher, T., & Wimmer, R. (2020). Widersprüchlichkeit gestalten. Zum Management von Kern- und Innovationsgeschäft in der ambidextren Organisation. *OrganisationsEntwicklung*, 39(4), S. 10–15.

Seitz, T. (2017). *Design Thinking und der neue Geist des Kapitalismus. Soziologische Betrachtungen einer Innovationskultur.* Bielefeld: transcript Verlag.

Serrador, P., & Pinto, J. K. (2015). Does agile work? – A quantitative analysis of agile project success. *International Journal of Project Management*, 33(5), S. 1040–1051.

Sommer, U. (2020). Die 100 wertvollsten Unternehmen der Welt. *Handelsblatt*. https://www.handelsblatt.com/unternehmen/management/rangliste-nach-boersenwert-die-100-wertvollsten-unternehmen-der-welt/26733568.html?ticket=ST-10869871-vIpUJGSnbRBCedqsJ4aU-ap5. Zugegriffen: 6. Juni 2021.

Stiftung Familienunternehmen (2021). *Länderindex Familienunternehmen* (8. Aufl.). München: Stiftung Familienunternehmen.

Straub, T. (2020). *Einführung in die Allgemeine Betriebswirtschaftslehre* (3. Aufl.). München: Pearson.

Sutherland, J., & Sutherland, J. J. (2014). *Scrum. The art of doing twice the work in half the time.* New York: Currency.

Termer, F., & Nissen, V. (2014). *Zum Begriff der Agilität. Betrachtungen und Implikationen aus etymologischer Perspektive. Ilmenauer Beiträge zur Wirtschaftsinformatik.* Ilmenau: Technische Universität Ilmenau.

Thomaschewski, D., & Völker R. (2019). Agilität und Agilitätsmanagement – eine Einführung. In Thomaschewski, D., & Völker R. (Hrsg.), *Agiles Management* (S. 15–28). Stuttgart. W. Kohlhammer.

Vahs, D., & Brem, A. (2015). *Innovationsmanagement. Von der Idee zur erfolgreichen Vermarktung* (5. Aufl.). Stuttgart: Schäffer-Poeschel.

Weber, I., Fischer, S., & Eireiner C. (2018). Wissenschaftliche Grundlagen für ein agiles Reifegradmodell. In Häusling, A. (Hrsg.), *Agile Organisationen. Transformationen erfolgreich gestalten – Beispiele agiler Pioniere* (S. 27–45). Freiburg: Haufe-Lexware.

Windhagen, E., Petersen, G. (2021). *Deutschland 2030 – Kreative Erneuerung.* o. O.: McKinsey & Company.

2 Der Teufelskreis sich selbst verstärkender Dilemmata

Dieses Kapitel beschreibt Problemfälle, die für das Innovationsmanagement typisch sind. Ein Dilemma bezeichnet eine Zwickmühle, eine Entscheidungssituation, in der man gezwungen ist, sich zwischen zwei gleichermaßen in der Regel unangenehmen oder ungünstigen Dingen zu entscheiden. Insofern ist eine Situation streng genommen nur dann ein Dilemma, wenn der Betroffene die andere Handlungsoption kennt. Falls nicht, muss die Situation nicht per se als unangenehm empfunden werden, was aber durch die Dynamik der Unternehmenswelt nur mit fahrlässiger Ignoranz erklärbar ist. Sie wird spätestens dann unangenehm, wenn die negativen Folgen des Nichthandelns eintreten. Dann ist es aber meistens zu spät.

Es ist bereits ein großes Managementproblem, wenn die dargestellten, zunächst als ausweglos erscheinenden Dilemmata einzeln für sich isoliert wirken. Doch es verhält sich weitaus komplexer: Sie stehen als Poly- oder Multilemmata in einem Wirkungszusammenhang und verstärken sich selbst.

Ausgehend von der Führungskraft muss zunächst der als CEO-Dilemma beschriebene Problemkreis überwunden werden. Die im Exponentialdilemma geschilderten, grundsätzlich linearen Denkrichtungen der Menschen führen zu zweierlei Problemen. Erstens fällt es Führungskräften ebenfalls schwer, die exponentiellen Effekte von Technologien wie Künstlicher Intelligenz oder Wachstumspfade von Plattformunternehmen einzuschätzen. Zweitens besteht für eine gewisse Zeit anfangs ein scheinbar beruhigender Zustand, dass sowohl Technologien als auch Unternehmen, wie z. B. Start-ups, den etablierten Gegenspielern tatsächlich unterlegen sind. Diese Betrachtungsweise ist gefährlich, denn im Schnittpunkt überholen Technologien und die darauf spezialisierten Firmen die Etablierten und sind aufgrund der exponentiellen Wachstumsverläufe kaum mehr einzuholen.

G. Wobser, *Agiles Innovationsmanagement*,
https://doi.org/10.1007/978-3-662-64515-4_2

Werden endlich unter einer großen Dringlichkeit neue Lösungsansätze gesucht, können Innovationstrichter das Aufspüren „großer Ideen" strukturell verhindern und bei einer unzureichenden Umsetzung zu Frustration bei den mit der Durchführung beauftragten Personen und den Ideengebern sowie schließlich auch beim Management führen. Das Scheitern ist vorprogrammiert.

Durch bestimmte, nachfolgend beschriebene Maßnahmen können Dilemmata aber im Sinne dieses Buches aufgelöst und deren Folgen vermieden oder zumindest abgemildert werden.

2.1 Das CEO-Dilemma verführt zum Weitermachen

Das CEO-Dilemma entsteht aus einem unguten Gefühl des Nicht-Handelns und einer Art Ohnmacht des möglichen Handelns, was die Entscheidung sehr schwierig macht. „Das Unbekannte ermuntert manche Unternehmen zum organisierten Stillstand. Weiter wie bisher. Sicher ist sicher …"[1]

Mit dem CEO-Dilemma wird nicht eine methodische, sondern die persönliche Konfliktsituation einer Führungskraft beschrieben. Im weiteren Sinne betrifft es alle Menschen, die in Gewohntem verharren. Es klingt scheinbar trivial, dass Unternehmenslenkern durch die intensive Beschäftigung mit dem Kerngeschäft wenig Zeit für Neues bleibt. Dieses bekannte Phänomen wird durch dynamische Marktbedingungen einschließlich unerwarteter Krisen, wie z. B. die weltweite Corona-Pandemie, tendenziell verstärkt.[2]

Ringt sich der Manager dann dazu durch, sein Wissen zu erweitern, wirft ihn eine Armada unbestimmter und widersprüchlicher Begrifflichkeiten oftmals in einer frühen Phase wieder auf den Ausgangspunkt zurück. So hat Design Thinking heute erst einmal wenig mit dem Berufsbild des Designers und dem Designen von Produkten zu tun, obwohl die Ursprünge dort zu verorten sind und der schnelle Bau eines ersten Modells dazugehört. Es ist keine einfache Kreativtechnik wie Brainstorming und folgt wie auch Scrum einem für viele überraschend engen Zeitkorsett. Der Begriff Lean Startup weist aufgrund der Analogie zu Lean Production erst einmal auf die Produktionswelt und nicht auf eine spezifische Methode der Geschäftsmodellentwicklung hin. Der Lean-Startup-Methode inhärente Begriffe wie das Minimum Viable Product (MVP) werden häufig mit Bedeutungen der alten

[1] Abeglen (2018), S. 21.

[2] Die weltweite Corona-Krise zwingt aber tatsächlich zur Beschäftigung mit Neuem, wie Videokonferenzen, Homeoffice, und für einige Branchen sogar mit der grundlegenden Frage nach Innovation.

Innovationswelt gleichgesetzt. So ist ein MVP eben kein klassischer Prototyp. Pain Points sind zudem weder aus Unternehmenssicht definierte Produkteigenschaften, die einen vermeintlichen Bedarf beim Anwender erfüllen, noch klassische artikulierte Bedürfnisse der Zielgruppe. Die weitverbreitete Auffassung, dass ein MVP funktions- und verkaufsfähig sein sollte, setzt den Fokus auf die technischen Aspekte einer Innovation und kann bei späteren Änderungen oder gar dem Scheitern des Konzeptes zu kostspieligen Fehleinschätzungen führen.[3]

Schließlich der Modebegriff Disruption, der für alle Arten von mehr oder weniger gewaltigen Marktveränderungen verwendet wird – und eben nicht nur für Impulse aus den unteren Segmenten des Marktes im Sinne des Wirtschaftswissenschaftlers Clayton M. Christensen.[4] Das Konzept der Open Innovation beinhaltet irgendwie alles, was die Pioniere der Innovationsforschung sich selbst ankreiden.[5] Die Wissenschaft lässt eine saubere Klärung schmerzlich vermissen, schlimmer noch: Anstatt eine Systematik oder empirische Studien abzuliefern, werden neue Begriffe in die Welt gesetzt. Die Flucht nach vorne ist wohl einfacher als eine gründliche Auseinandersetzung mit der Gegenwart.

Das Chaos wird in der Praxis noch verstärkt: Manager schmücken sich mit diesen modernen Begriffen und wollen „dazugehören", was die Kakofonie verstärkt und Begriffe von ihren ohnehin schon vagen Bedeutungsinhalten weiter entfremdet. Diese Irritationen schlagen sich auch auf das mittlere Management durch. Es übernimmt die Begriffe und entfernt sich, ohne es zu merken, in einer Art Ohnmacht nicht nur begrifflich, sondern auch inhaltlich wie bei der „Stillen Post" immer mehr von der ursprünglichen Bedeutung und damit leider meistens auch von der erfolgreichen Anwendung.

Ist ein gewisser Erkenntnisgewinn eingetreten, werden das Umsetzen und Austarieren der verschiedenen Möglichkeiten zu einer weiteren schwierigen Disziplin dieser Art Mehrkampf. So werden vollständig agile, iterative Prozesse wie Design Thinking und Lean Startup im selben Atemzug wie eher rigide verlaufende Prozesse, etwa der populäre Stage-Gate-Prozess, diskutiert und gelebt, wo doch deren inhaltliche Verknüpfung sehr viel hilfreicher wäre. Auch wichtige neue Ansätze wie die Ambidextrie, die Beidhändigkeit des modernen Managements, machen zwar die parallele, scheinbar widersprüchliche Vorgehensweise begrifflich deutlich, geben aber keine praxisnahen Hinweise der richtigen Balance. Außerdem sind Innovationen außerhalb des Kerngeschäfts per se erst einmal ineffizient, weil sie

[3] Diese schmerzhafte Erfahrung durfte der Autor bei dem ersten Innovationsprojekt außerhalb des Kerngeschäfts in seinem Unternehmen selbst machen.

[4] Vgl. zu dieser Diskussion z. B. Gans (2016), S. 13–31.

[5] Vgl. Chesbrough, Bogers (2014), S. 20.

woanders dringend benötigte Ressourcen beanspruchen und viele Ideen nicht direkt verwertet werden können.[6] Schließlich macht die unbestrittene Notwendigkeit der Digitalisierung und der digitalen Transformation Manager blind für die eigentlich wichtige, zusätzliche Aufgabe: das Finden neuer, digitaler Geschäftsmodelle. „[…] all too often, business leaders of incumbent companies spend way too much money on digital transformation efforts that fail to take the new economics and business models of digital disruptors into account. Automating old business models is nothing more than that – it doesn't do a thing to help your company benefit from the disruptive price/performance ratios that digital tools can foster."[7]

Eine weitere Gefahr ist die Verständnisillusion, nämlich die Tendenz von Managern, aufgrund einer Selbstüberschätzung zu meinen, etwas zu verstehen und komplexe Zusammenhänge begriffen zu haben, obwohl dies in der Realität allenfalls rudimentär vorliegt.[8] Außerdem sind Manager meistens erfolgreich, sonst wären sie, so eine weitverbreitete Meinung, nicht da, wo sie heute sind. Aber der Erfolg der Vergangenheit steht dem Erfolg der Zukunft wie Scheuklappen im Weg. „Selbstzufriedenheit und mangelnde Akzeptanz – typische Konsequenzen früherer Erfolge – machen die Sache noch komplizierter. Schon das kleinste bisschen Zufriedenheit mit dem Status quo versetzt Menschen in den Glauben, es seien keine großartigen Neuerungen mehr notwendig, und führt dazu, dass sie sich jeglichen Veränderungen widersetzen und das Bestehende ausquetschen."[9] Das Gefühl der Dringlichkeit muss zunächst bei der Führungskraft selbst entstehen und muss dann die Organisation entfesseln, gerade auch in Zeiten, in denen es dem Unternehmen gut geht – noch gut geht.[10]

Projekte mit hohem Innovationsgrad bringen bekanntermaßen ein hohes Flop-Risiko mit sich. Umso wichtiger ist es, durch gezielte Experimente grundlegende Annahmen gemeinsam mit möglichen Kunden zu überprüfen. Doch diese Konfrontation kann im Gegensatz zu kleineren Innovationsschritten unbequem sein, insbesondere dann, wenn Kunden diese Annahmen zunächst ablehnen. Um sich die nächste Blamage zu ersparen, wird dann zu spät oder überhaupt nicht mehr gefragt. Oder es entsteht ein Teufelskreis, denn um unangenehme Begegnungen außerhalb der Komfortzone zu vermeiden, entscheidet der CEO lieber weiterhin allein oder allenfalls unter Einbezug seiner internen Informationsquellen. „Ironically, this fear drives up the risk because testing doesn't occur until the vision is

[6] Vgl. O'Reilly, Tushman (2016), S. 175.

[7] Gunther McGrath (2020), S. 33.

[8] Vgl. Steiniger (2015), S. 36–38; Ridely (2020), S. 365–368.

[9] Kotter (2015), S. 7.

[10] Kotter (2015), S. 84–87.

fully represented. However, by that time it is often too late to pivot because funding is running out. To avoid this fate, entrepreneurs need to face their fears and be willing to fail, often in a public way."[11]

Große Missverständnisse entstehen bei Managern auch durch die postulierte Fehlerkultur, die ganz und gar im Widerspruch zu der Reputation deutscher Unternehmen für exakte Planung, hohe Qualität und Präzision steht.[12] Fehler und gar das Scheitern (Failure) gehören aber zum Umsetzungsprozess von Innovation dazu.[13] Allerdings sollten Fehler in einer möglichst frühen Phase passieren und idealerweise durch Einsatz entsprechender Methodik, wie z. B. der Lean-Startup-Methode, durch bewusste Veränderungen (Pivot) heilbar sein.[14] Darüber hinaus muss eine Innovationskultur geschaffen werden, die Fehler und Scheitern nicht nur als etwas Negatives, sondern als Teil einer wichtigen Lernerfahrung mit den entsprechenden Rückschlüssen zum zukünftig besseren Gelingen beinhaltet.[15]

Aus einer betriebswirtschaftlichen Perspektive bestimmen knappe Ressourcen den unternehmerischen Alltag. Das geforderte „Growth Mindset" steht dazu erst einmal in einem Widerspruch. Im Spannungsfeld zwischen dem „Hier und Jetzt" und dem „Morgen" entscheiden sich Manager tendenziell für die Probleme der Gegenwart.[16] Oftmals sind auch nicht diejenigen, die das Risiko tragen, die unmittelbaren Nutznießer der Innovation, sondern ihre Nachfolger, was die Übernahme der Risiken zum aktuellen Zeitpunkt aus opportunistischer Sicht irrational macht.[17] Dabei wäre in der Praxis eine ausgeglichene, strategisch abgeleitete Mittelverteilung das Beste, was aber oftmals nicht umgesetzt wird.[18] Besonders schwierig zu rechtfertigen sind große Innovations-Investitionen in Phasen des Erfolgs. „The tyranny of success seems to hold most firms hostage of their past."[19] Zwänge ergeben sich insbesondere bei einer Börsennotierung mit kurzfristigen Berichtszyklen oder hohen Gewinnerwartungen der Gesellschafter eines Unternehmens. Das Diktat des Shareholder Value verhindert grundsätzlich Innovationen mit naturgemäß

[11] Ries (2011), S. 162.

[12] Vgl. Dudas (2019), S. 20–21.

[13] Vgl. Ridely (2020), S. 317–323.

[14] Vgl. Ries (2011), S. 149–150.

[15] Vgl. Birkinshaw, Haas (2016), S. 4–7; Taylor (2018), S. 25–33. Vom Scheitern als etwas ausschließlich Positivem hält der Autor nicht viel.

[16] Vgl. Zabiegalski (2019), S. 59–60.

[17] Vgl. Chesbrough, Tucci (2020), S. 16.

[18] Vgl. zur Frage des „trade off" von Exploitation und Exploration March (1991), S. 71. Vgl. auch Duwe (2018), S. 25–27.

[19] O'Reilly, Tushman (2016), S 193.

längerfristiger Perspektive.[20] Nach einer Studie hat nur ein Drittel von fast 2000 untersuchten Konzernen in den letzten zehn Jahren ein wirklich neues Geschäftsfeld ausgewiesen. Doch die Studie sagt auch aus, dass dieser Mut belohnt wird, denn Unternehmen, die Neues wagen, bringen ihren Aktionären eine höhere Dividende als die Firmen, die sich nur auf ihr Stammgeschäft konzentrieren.[21] Ist das Unternehmen erst einmal zu einer gewissen Größe angewachsen, sind niedrigere Margen oder kleinere Märkte nicht mehr attraktiv genug und ein großes Hemmnis für Innovation sowie neue, anfänglich kleine Märkte mit Zukunftspotenzial.[22] Bei Einführung einer disruptiven Technologie erweisen sich oft die Aspekte, welche diese Technologie im etablierten Markt uninteressant machen, als jene Kriterien, die ihren Mehrwert im neu entstehenden Markt definieren. Dabei beginnen Disruptionen naturgemäß klein, sodass Nutzerzahlen oder Finanzparameter keine guten Indikatoren für neue Gefahren sind. Vielmehr sollte nach dem Auftreten bestimmter Muster Ausschau gehalten werden, was wiederum Wissen und Erfahrung voraussetzt.[23] Gerade bei innovativen Produkten werden Dauer und Aufwand bis zum Erfolg oftmals unterschätzt, was Entscheidungsträger vor eine schwierige Geduldsprobe stellt.

Schließlich ist in der unternehmerischen Praxis eine viel diskutierte Frage, ob Innovationen eher eng oder eher abseits vom Kerngeschäft angesiedelt werden sollen. Auf organisatorischer Ebene stellt sich sofort die Frage, ob dann Innovationseinheiten eher in der Kernorganisation integriert oder eher als separate Einheit mit hohen Freiheitsgraden etabliert werden sollen. Gerade eigenständige Innovation Labs im Silicon Valley wie die berühmten Bell Labs oder Xerox PARC wurden nach ihrer Blütezeit in den 1960er-Jahren allesamt geschlossen, was auch aktuell ein sich wiederholender Trend sein könnte, wie es sich z. B. im Verkauf von Lab1886, dem Innovationslabor von Daimler, zeigte.[24] Als großer umspannender Bogen vernebelt der noch allgemein unbestimmte Kulturbegriff letztlich auch die an sich förderliche Debatte. Ist eine lebendige Innovationskultur die Voraussetzung oder eher das Ergebnis eines ganzheitlichen Innovationsmanagements? Oder ist Kultur die beliebteste Ausrede, gar nicht erst anzufangen?

Diese illustrativen Überlegungen sollen eines verdeutlichen: Der Manager von heute befindet sich in einem Käfig mit neuen, teilweise widersprüchlichen

[20] Vgl. Denning (2018), S. 163–179. Eine Ausnahme ist sicherlich Tesla.

[21] Vgl. Kapalschinski, Knitterscheidt, Kröner (2021), S. 1–5.

[22] Vgl. Christensen, Raynor (2003), S. 185–187.

[23] Vgl. Christensen, Raynor (2003), S. 244–246.

[24] Vgl. zum Innovationslabor Xerox PARC Chesbrough (2003), S. 1–8; Baghai, Coley, White (1999), S. 25–26. Vgl. zum Verkauf von Lab 1886 z. B. Seyerlein (2020), S. 1–2.

Herausforderungen, aus dem es sich bestmöglich zu befreien gilt. Der Ausgang ist schwer zu finden. Nur den Ausgang zu kennen reicht nicht. Die Tür muss geöffnet und durchschritten werden.

Aufgelöst werden kann das CEO-Dilemma durch Wissenszuwachs, um relevante Sachverhalte einschätzen zu können und die Initialzündung des richtigen Handelns zu erreichen. Dazu will dieses Buch seinen Beitrag leisten, muss aber zunächst durch Beschreibung des Dilemmas bewusst eine Situation der Überforderung erzeugen.

2.2 Überfordert durch das Exponentialdilemma

Das Exponentialdilemma entsteht aus einer Unterschätzung der exponentiellen, im Zeitverlauf zunehmend stärker werdenden Entwicklung von Märkten und Technologien und der in einem späteren Verlauf schweren bzw. unmöglichen Partizipation.

Digitale Wertschöpfungsketten ermöglichen im Gegensatz zu eher linearen Entwicklungen im hergebrachten Geschäft exponentielle Geschäftsverläufe.[25] In konventionellen Märkten muss z. B. über die Anzahl von Verkaufsstellen oder Verkäufern und die damit einhergehende Marktbearbeitung die Erhöhung der Verkäufe proportional geplant werden. Bei digitalen Geschäftsmodellen sind die Verkaufserlöse von diesen Faktoren weitgehend unabhängig. So kann auf Knopfdruck ohne eine eigene Verkaufsperson über einen E-Shop ein weltweites Vertriebssystem in Sekundenschnelle aufgebaut werden. Beim digitalen Handel mit physischen Produkten übernehmen Dienstleister wie Amazon den weltweiten Vertrieb einschließlich Versand, Fakturierung und Zollabwicklung.

Noch offensichtlicher werden die exponentiellen Effekte bei Plattform-Geschäftsmodellen, bei denen die Nutzer ein wesentlicher Teil der Wertschöpfung sind. Plakatives Beispiel ist Facebook, bei dem Nutzer Inhalte bereitstellen und konsumieren, und im Besonderen eBay, bei dem auf einem virtuellen Marktplatz Privatpersonen und inzwischen auch Unternehmen Waren über eine Auktion austauschen, direkt verkaufen und kaufen. „Its success depends primarily on the network effects that make it the premier destination for both buyers and sellers to transact business. Sellers want the marketplace with the highest number of potential customers. Buyers want the marketplace with the most competition among sellers, which leads to the greatest availability of products and the lowest prices.“[26] Die Attraktivität von Plattform-Geschäftsmodellen hängt folglich stark von der

[25] Vgl. Kollmann (2020), S. 67–70.

[26] Ries (2011), S. 117.

Anzahl der Nutzer auf der Angebots- und Nachfrageseite ab.[27] Nach einem eher langsamen Beginn nimmt ab einer bestimmten Nutzerschwelle der Geschäftserfolg rasant zu. „This starts slowly and is often underestimated, but as soon as the market adopts the business model there is exponential growth […].“[28]

Führungskräfte einzelner Branchen haben das exponentielle Wachstum von Plattform-Geschäftsmodellen unterschätzt und wurden teilweise unwiederbringlich abgehängt.[29] Gerade in der weltweiten Corona-Pandemie hat der Betreiber Amazon als inzwischen wertvollste Marke der Welt enorm an Marktmacht gewonnen.[30] Im Vergleich zum Vorjahresquartal ist der Umsatz von Amazon im dritten Quartal 2020 um fast 40 Prozent von rund 70 Mrd. US-Dollar auf über 96 Mrd. US-Dollar gestiegen.[31] Die Dominanz von Amazon verschärft die ohnehin schon schwierige Situation vieler Einzelhändler und kleinerer E-Commerce-Plattformen.

In nächster Zeit wird mit einem enormen Geschäftssterben bis hin zu einem Veröden der Innenstädte gerechnet.[32] Über das exponentielle Wachstum hinaus wird Plattformen eine Marktmacht zugesprochen, die das Aufkommen potenzieller Konkurrenten erschwert und so zu einem das Wachstum weiter begünstigenden Quasi-Monopol führen kann, was auch das Kartellamt auf den Plan gerufen hat. Einige Plattformbetreiber haben ihre Marktmacht in den Augen der Kunden und der politischen Institutionen zum Ausbau des Geschäfts bereits missbraucht.[33] Im Jahr 2018 wurden 50 Millionen Facebook-Nutzerprofile illegal an das Datenanalyseunternehmen Cambridge Analytica weitergegeben.[34] Obwohl in der Öffentlichkeit heftig kritisiert, steigen die Nutzerzahlen von Facebook nach Entschuldigungsbotschaften allerdings bereits wieder kräftig an.[35] Die Welt verändert sich nicht nur, Technologien beschleunigen sich exponentiell.[36]

[27] Eine historische Reminiszenz ist das Telefon, dessen Durchsetzung sehr stark von der Anzahl der Nutzer abhing. Vgl. Hoisl (2019), S. 35.

[28] Linz, Müller-Stewens, Zimmermann (2021), S. 31.

[29] Vgl. Kollmann (2020), S. 67–68.

[30] Vgl. hierzu Heinemann (2018), S. 295–297.

[31] Vgl. Rabe (2021), S. 1.

[32] Vgl. Bunzel, Kühl (2020), S. 23–25.

[33] Vgl. Kollmann (2020), S. 19 f; Schwenn (2021).

[34] Vgl. Cadwalladr, Graham-Harrison (2018).

[35] Vgl. Studie in Ayaburi, Treku (2020), S. 171–181. Zu den steigenden Nutzerzahlen vgl. https://de.statista.com/statistik/daten/studie/37545/umfrage/anzahl-der-aktiven-nutzer-von-facebook/.

[36] Vgl. Kotter (2015), S. 131–132; Chima, Gutman (2020), S. 2–8.

Aus der Perspektive der sich rasant verändernden Technologien basiert das hier als Exponentialdilemma vorgestellte Phänomen auf Überlegungen der US-amerikanischen Denkschule der Singularity University (siehe Abb. 2.1).[37] Die Grundannahme ist, dass Technologie exponentiell wächst, während die Anpassungsfähigkeit des Menschen nur annähernd linear verläuft.

Als Referenz für exponentielle Technologie wird die unglaubliche Leistungssteigerung der Computer herangezogen, die sich an dem seit Jahrzehnten gültigen Mooreschen Gesetz zeigen lässt.[38] Der Mitbegründer des Chipherstellers Intel, Gordon E. Moore, postulierte im Jahre 1965, dass sich, bei nahezu gleichen Kosten, die Komplexität integrierter Schaltkreise alle zwölf bis 24 Monate verdoppelt. Dies wird mit der Leistung von Prozessoren in Verbindung gebracht, sodass sich das Mooresche Gesetz nach dem heutigen Verständnis auf die Leistung von Computern bezieht und bis heute erstaunlicherweise anhält. Daraus ergibt sich eine exponentielle Leistungssteigerung, die für den Menschen schwer vorstellbar ist. Dieser denkt nämlich eher linear und misst Fortschritt in kleineren, inkrementellen Schritten.

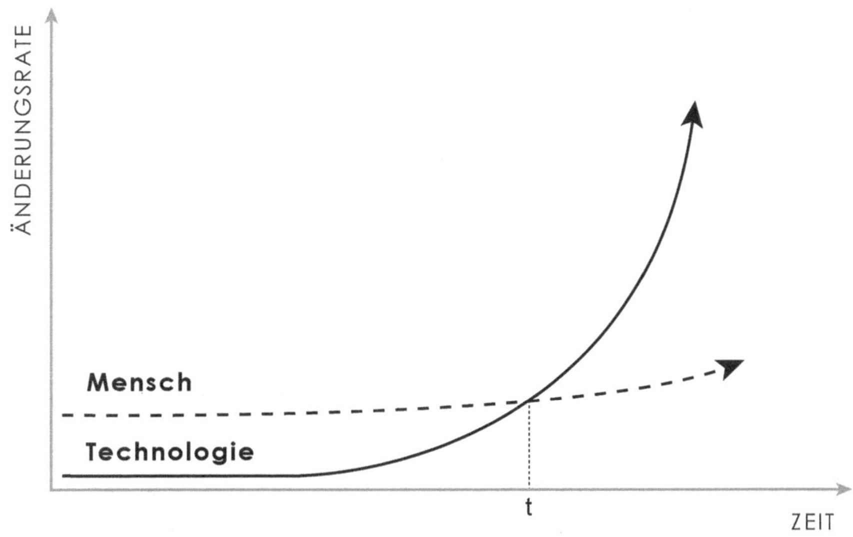

Abb. 2.1 Zusammenhang menschliche Anpassungsfähigkeit und Technologieentwicklung (nach Nail (2018), S. 2, eigene Darstellung)

[37] Vgl. Nail (2018), S. 2–4.

[38] Vgl. Hoisl (2019), S. 99–110; Diamandis, Kotler (2020), S. 27–32; Rifkin (2015), S. 95–97.

Aus einem Gedankenspiel, für das zur besseren Anschaulichkeit Computerleistung durch die Leistungsfähigkeit der Künstlichen Intelligenz (KI) ersetzt werden soll, ergeben sich zwei wichtige Überlegungen. Wenn nämlich zum einen bis zum Zeitpunkt t die Leistung der KI unter der Fähigkeit des Menschen liegt, besteht die Gefahr, dass sich der Mensch zunächst zurücklehnt. Der zweite Aspekt wird gefährlich: Wenn sich die KI exponentiell weiter verbessert, wird sie eines Tages ab dem Zeitpunkt t die Leistungsfähigkeit des Menschen überholen. Dann wird es für den Menschen unmöglich, die KI einzuholen. Das gilt in vergleichbarer Form für die Leistungsfähigkeit von Unternehmen, die nur sehr schwer mit der Leistungsfähigkeit der KI Schritt halten werden können.

Die Exponentialkurve der KI wird viel steiler sein als bei E-Commerce und Mobilfunktechnologie.[39] Die Verfechter der Denkschule der Singularity University postulieren, dass dieser Wendepunkt (Zeitpunkt t) bereits da ist bzw. in naher Zukunft erreicht werden wird. Ein Verharren und eine Ignoranz wichtiger Technologien, wie sie die KI in besonderem Maße verkörpert, werden also zu einem Dilemma, aus dem man nicht so einfach herauskommt.

In diesem Zusammenhang ist es sinnvoll, den Siegeszug der Digitalkameras, oftmals als Beispiel für das Innovator's Dilemma zitiert, ebenso als Beispiel für das Exponentialdilemma anzuführen. Der junge Kodak-Ingenieur Steven J. Sasson baute als Prototyp bereits 1974 die erste Digitalkamera der Welt. Kodak profitierte zwar durch Zahlungen für das daraus entstandene Patent, verschlief aber durch eine verfehlte Produktpolitik den rasanten Übergang von Film zu digital und meldete 2012 Insolvenz an.[40] Ebenso erfanden Ingenieure bei Polaroid eine digitale Bildbearbeitungstechnologie, die jedoch vom Management unter Verschluss gehalten und nicht kommerziell verwertet wurde.[41] Von etablierten Kameraherstellern wie z. B. Leica wurde das Aufkommen der Digitalkameras lange ignoriert, sodass das Traditionsunternehmen in eine finanzielle Schieflage kam und weiter Arbeitsplätze abbaut.[42]

Ein anderer Blick auf das Exponentialdilemma kann aus dem dargestellten exponentiellen Wachstum der Technologie und den geringen Auswirkungen auf die Produktivitätssteigerung der Unternehmen abgeleitet werden. „It's an Exponential Paradox. Technology is accelerating, while productivity growth and incomes are declining and stagnant."[43] Es ist nicht unbedingt, wie von vielen Ökonomen be-

---

[39] Vgl. Schrader (2017), S. 20–37.

[40] Vgl. Cooper (2017), S. 374; Pitzke (2015), 1–6.

[41] Vgl. O'Reilly, Tushman (2016), S. 93–94.

[42] Vgl. Obertreis (2014), S. 1; o. V. (2019), S. 1–2.

[43] Chesbrough (2020), S. 10.

hauptet, vorrangig ein Messproblem, weil z. B. die Vorteile eines leistungsfähigen günstigen Smartphones sich nicht in der Leistungsbilanz widerspiegeln. Zusätzlich kann argumentiert werden, dass für eine Produktivitätssteigerung neue Technologien weitverbreitet und umgesetzt sein müssen. Das ist noch nicht der Fall. So nutzt z. B. nur ein Fünftel der in einer Studie befragten Firmen Künstliche Intelligenz. Es geht deshalb um die Veränderung von Prozessen, wobei nicht nur Unternehmen, sondern auch die gesamte Gesellschaft gefordert ist. „Creating useful knowledge and disseminating [verbreiten] that useful knowledge are necessary to restore productivity growth in the society. But the final item needed to restore that growth is investments in the human society to enable people to absorb, apply, and transform that useful knowledge.“[44]

Aufgelöst werden kann das Exponentialdilemma durch Wissenszuwachs, um relevante Sachverhalte einschätzen zu können und die Initialzündung des Handelns zu erreichen. Dazu müssen Markt- und Technologieentwicklungen genau analysiert und vorweggenommen werden, damit durch für das Unternehmen geeignete Handlungen daran partizipiert werden kann.

2.3 Das Trichterdilemma der kleinen Ideen

Das Trichterdilemma entsteht aus einem zu frühen Filtern von Ideen durch Personengruppen. Es werden tendenziell vor allem solche Ideen weiterverfolgt, die einfach zu qualifizieren sind und denen durch die Nähe zum bestehenden Kerngeschäft eine schnellere Verwertbarkeit zugesprochen wird. Ideen, die höheren Aufwand, aber auch größere Innovationsschritte ermöglichen, bleiben so sehr früh im Innovationstrichter hängen.

Das Trichterdilemma ist mit den bereits beschriebenen Dilemmata im Zusammenhang zu sehen und zum Teil eine direkte Folge aus diesen. Im akademischen und unternehmensspezifischen Umfeld wird im Rahmen des Innovationsmanagements und insbesondere der eingangs notwendigen Ideenfindung zumeist von einem Innovationstrichter (Innovation Funnel) gesprochen.[45] Dabei werden alle Ideen in einen Trichter hineingegeben, durch dessen engen Auslass aufgrund der Ideenbewertung nur die vermeintlich Erfolg versprechenden Ideen hindurchkommen.[46] Bei der Bewertung der Ideen im Innovationstrichter gibt es in der Praxis häufig aus Unternehmenssicht zwei Problemkreise. Werden die Ideen durch eine

[44] Chesbrough (2020), S. 24.

[45] Vgl. Hauschildt et al. (2016), S. 149.

[46] Vgl. Vahs, Brem (2015), S. 326.

unabhängige Jury bewertet, fehlt oftmals der Bezug zum Unternehmenskontext mit entsprechendem Erfahrungswissen und Fingerspitzengefühl. Die Erkennung von Potenzialen ist so weitgehend dem Zufall überlassen und folgt häufig nicht einmal festen, vorher vereinbarten Regeln. Werden dennoch im Vorfeld Bewertungskriterien durch das Management festgelegt, orientieren sich diese eng am bestehenden Geschäft. Ebenso problematisch ist der andere Weg der direkten Bewertung durch das interne Management, insbesondere durch die Leiter der für die Umsetzung verantwortlichen Geschäftseinheiten. In diesem Fall werden die Manager des Unternehmens Ideen auswählen, die ihnen besser gefallen, z. B. weil sie einfacher umzusetzen sind oder besser zum Kerngeschäft passen und damit einen kurzfristigen Effekt für den Erfolg der spezifischen Geschäftseinheit versprechen.[47] „Midlevel managers play a crucial role in every company's innovation process. [...] Middle managers typically hesitate to throw their weight behind new product concepts whose market is not assured. [...] Where does this evidence come from, given that the product hasn't yet been fully developed? It typically comes from existing customers and markets for similar products that have been successful in the past."[48] Die wirklich großen Ideen mit Potenzial bleiben gleich am Anfang unwiederbringlich im Filter hängen, weil dafür keine Kapazität vorhanden ist und die zukünftigen Erträge vage und schwer einzuschätzen sind – von einer notwendigen Fehlerkultur ganz zu schweigen.

Sind die Systeme der Bewertung und Auswahl nicht effektiv organisatorisch oder prozessual im Unternehmen verankert, blockieren oftmals zu viele Ideen die vorhandenen Ressourcen. Es bilden sich Engpässe. Beliebte Ideenfindungsevents wie interne Ideenwettbewerbe, Hackathons[49] oder Kreativworkshops potenzieren das Problem. Zusätzlich entsteht in der Ideenbearbeitung nicht nur Frust bei den damit beauftragten Personen, sondern auch bei den meistens sehr motivierten Teilnehmern, wenn ihre Ideen nicht wertgeschätzt werden, die Auswahl nicht nach objektiven Kriterien erfolgt und im schlimmsten Fall die Ideengeber gar keine Informationen mehr bekommen, was aus ihren Ideen geworden ist.

Eine kritische Stelle ist die Markteinführung der Idee als letzte, für die erfolgreiche Umsetzung entscheidende Stufe des Innovationstrichters. Ist das einzige

---

[47] Vgl. O'Reilly, Tushman (2016), S. 131–132; Baghai, Coley, White (1999), S. 64.

[48] Christensen, Raynor (2003), S. 10.

[49] Vgl. Kollmann (2020), S. 132–133. Ein Hackathon ist im ursprünglichen Sinne eine Veranstaltung, bei der eine oftmals heterogene Gruppe von Menschen in einem kurzen Zeitraum eine Programmieraufgabe lösen muss. Heute wird dieses Format mit abweichenden Bezeichnungen auf für vielfältige Problemstellungen und die Ideengewinnung eingesetzt. Vgl. auch Herger (2017), S. 308–313.

Kriterium die Vermarktung durch die eigene Organisation z. B. in dafür zuständigen Geschäftseinheiten, kann sich die Gefahr ähnlich wie bei der Ideenauswahl wiederholen. Es wird bei Ablehnung durch den zuständigen Manager suggeriert, dass es keinen relevanten Markt gibt, was wiederum neue Ideen ausschließt.[50]

Aufgelöst werden kann das Trichterdilemma durch eine frühzeitige Qualifizierung aller Ideen, ohne sofort auszusieben. Darüber hinaus muss die erwünschte Innovationshöhe festgelegt werden. Zu dieser Strategie gehört auch die Bereitstellung von Ressourcen, um sich mit vom Kerngeschäft entfernten, methodisch anspruchsvoll zu bewertenden Ideen beschäftigen zu können.

Literatur

Abeglen, C. (2018). *Unternehmen neu erfinden. Das Denk- und Arbeitsbuch gegen organisierten Stillstand. Das St. Galler Konzept praktisch umgesetzt.* Frankfurt: FAZIT Communication.

Ayaburi, E. W., & Treku D. N. (2020). Effect of penitence on social media trust and privacy concerns: the case of Facebook. *International Journal of Information Management*, 50(2), S. 171–181.

Baghai, M., Coley, S., & White, D. (1999). *The alchemy of growth. Kickstarting and sustaining growth in your company*. London: Orion Business.

Birkinshaw, J., & Haas. M. (2016). Increase your return on failure. *Harvard Business Review*. https://hbr.org/2016/05/increase-your-return-on-failure. Zugegriffen: 30. Mai 2021.

Bunzel, A., & Kühl, C. (2020). *Stadtentwicklung in Coronazeiten – eine Standortbestimmung. Sonderveröffentlichung*. Berlin: Deutsches Institut für Urbanistik.

Cadwalladr, C., & Graham-Harrison, E. (2018). Revealed: 50 million Facebook profiles harvested for Cambridge Analytica in major data breach. *The Guardian*, 17, S. 22.

Chesbrough, H. (2003). *Open innovation. The new imperative for creating and profiting from technology*. Boston: Harvard Business School Publishing.

Chesbrough, H. (2020). *Open innovation results. Going beyond the hype & getting down to business*. Oxford: Oxford University Press.

Chesbrough, H., & Bogers, M. (2014). Explicating Open Innovation. Clarifying an emerging paradigm for understanding innovation. In Chesbrough, H., Vanhaverbeke, W., & West, J. *New frontiers in Open Innovation* (S. 3–28). Oxford: Oxford University Press.

Chesbrough, H., & Tucci, C. L. (2020). The interplay between Open Innovation and Lean Startup, or, why large companies are not large versions of startups. *Strategic Management Review*. https://www.nowpublishers.com/article/Details/SMR-0013. Zugegriffen: 3. Juni 2021.

Chima, A., & Gutman. R. (2020). What it takes to lead through an era of exponential change. *Harvard Business Review*. https://hbr.org/2020/10/what-it-takes-to-lead-through-an-era-of-exponential-change. Zugegriffen: 3. Juni 2021.

[50] Vgl. zu diesem Problem Praxisbeispiel bei Munich Re in Dietl (2020), S. 26–27.

Christensen, C. M., & Raynor M. E. (2003). *The innovator's solution. Creating and sustaining successful growth*. Boston: Harvard Business Review Press.

Cooper R. G. (2017). *Winning at new products. Creating value through innovation* (5. Aufl.). New York: Basic Books.

Denning, S. (2018). *The age of agile. How smart companies are transforming the way work gets done*. New York: AMACOM.

Diamandis, P. H., & Kotler, S. (2020). *The future is faster than you think. How converging technologies are transforming business, industries, and our lives*. New York: Simon & Schuster.

Dietl, W. (2020). Im Auge des Wirbelsturms. Ambidextrie bei Munich Re. *Organisations-Entwicklung*, 39(4), S. 21–27.

Dudas, S. (2019). Fehlerkultur: Scheitern kann nur, wer sich etwas (zu)traut. *Wissensmanagement*, 21(6), S. 20–21.

Duwe, J. (2018). *Beidhändige Führung. Wie Sie als Führungskraft in großen Organisationen Innovationssprünge ermöglichen*. Wiesbaden: Springer Gabler.

Gans, J. (2016). *The disruption dilemma*. Cambridge: The MIT press.

Gunther McGrath, R. (2020). The new disrupters. *MIT Sloan Management Review*, 61(3), S. 28–33.

Hauschildt, J., Salomo, S., Schultz, C., & Kock, A. (2016). *Innovationsmanagement*. München: Verlag Franz Vahlen.

Heinemann, G. (2018). Disruptive Transformation – eine Lösung für das Dilemma „digitale Disruption oder Transformation" im Handel. In Keuper, F., Schomann, M., Sikora, L. I., & Wassef, R. (Hrsg.), *Disruption und Transformation Management. Digital Leadership – Digitales Mindset – Digitale Strategie* (S. 291–234). Wiesbaden: Springer Gabler.

Herger, M. (2017). *Das Silicon Valley Mindset. Was wir vom Innovationsweltmeister lernen und mit unseren Stärken verbinden können*. Kulmbach: Plassen.

Hoisl, B. (2019). *Produkte digital-first denken. Wie Unternehmen software-basierte Produktinnovation erfolgreich gestalten*. Wiesbaden: Springer Gabler.

Kapalschinski, C., Knitterscheidt, K., & Kröner, A. (2021). Amazon macht es vor: Diversifizierung bringt mehr Rendite. *Handelsblatt*. https://www.handelsblatt.com/technik/forschung-innovation/unternehmensstrategie-amazon-macht-es-vor-diversifizierung-bringt-mehr-rendite/26685350.html. Zugegriffen: 4. Juni 2021.

Kollmann, T., Jung, P. B., Kleine-Stegemann, L., Ataee, J., & Cruppe, K. de (2020). *Deutscher Startup Monitor 2020. Innovation statt Krise*. o. O.: Bundesverband Deutsche Startups e. V.

Kotter, J. P. (2015). *Accelerate. Strategischen Herausforderungen schnell, agil und kreativ begegnen*. München: Verlag Franz Vahlen.

Kühl, N., Goutier, M., Hirt, R., & Satzger, G. (2020). Machine Learning in Artificial Intelligence: Towards a common understanding. *arXiv Preprint*. https://arxiv.org/abs/2004.04686. Zugegriffen: 2. Juli 2021.

Linz, C., Müller-Stewens, G., & Zimmermann, A. (2021). *Radical business model transformation. How leading organizations have successfully adapted to disruption* (2. Aufl.). London: Kogan Page.

March, J. G. (1991). Exploration and Exploitation in organizational learning. *Organization Science*, 2(1), S. 71–87.

Nail, R. (2018). *Singularity University at ten years: The SU Mission.*https://su.org/blog/singularity-university-at-ten-years-the-su-mission/. Zugegriffen: 4. Juni 2021.

o. V. (2019). Kamerahersteller Leica baut 80 Stellen ab. *Die Welt.* https://www.welt.de/regionales/hessen/article200276246/Kamerahersteller-Leica-baut-80-Stellen-ab.html

O'Reilly, C. A., & Tushman, M. L. (2016). *Lead and disrupt. How to solve the innovator's dilemma.* Stanford: Stanford University Press.

Obertreis, R. (2014). Kamera-Hersteller Leica lebt wieder auf. Von der Fast-Pleite zum Rekord-Umsatz. *Tagesspiegel.* https://www.tagesspiegel.de/wirtschaft/kamera-hersteller-leica-lebt-wieder-auf-von-der-fast-pleite-zum-rekord-umsatz/9942228.html. Zugegriffen: 5. Juni 2021.

Pitzke, M. (2015). Der Mann, der die Zukunft erfand. *Der Spiegel.* https://www.spiegel.de/geschichte/digitalkamera-erfinder-steve-sasson-ueber-kodaks-pleite-a-1057653.html. Zugegriffen: 12. Juni 2021.

Rabe, L. (2021). Umsatz von Amazon weltweit vom 1. Quartal 2007 bis zum 1. Quartal 2021. https://de.statista.com/statistik/daten/studie/197099/umfrage/nettoumsatz-von-amazon-com-quartalszahlen/. Zugegriffen: 4. Juni 2021.

Ridely, M. (2020). *How innovation works.* London: 4th Estate.

Ries, E. (2011). *The lean startup. How today's entrepreneurs use continuous innovation to create radically successful businesses.* New York: Currency.

Rifkin, J. (2015). *The zero marginal cost society. The internet of things, the collaborative commons, and the eclipse of capitalism.* New York: St. Martin's Griffin.

Schrader, M. (2017). *Transformationale Produkte. Der Code von digitalen Produkten, die unseren Alltag erobern und die Wirtschaft revolutionieren* (2. Aufl.). Hamburg: Next Factory.

Schwenn, K. (2021). Gegen große Digitalkonzerne. *Frankfurter Allgemeine Zeitung.* https://www.faz.net/aktuell/wirtschaft/neues-gesetz-gegen-grosse-digitalkonzerne-17146318.html. Zugegriffen: 5. Juni 2021.

Seyerlein, C. (2020). Warum Daimler seine Zukunftsschmiede Lab1886 verkauft. *Automobilindustrie.* https://www.automobil-industrie.vogel.de/warum-daimler-seine-zukunfts-schmiede-lab1886-verkauft-a-984259/. Zugegriffen: 5. Juni 2021.

Steiniger, J. (2015). Komplexität kaschieren: Die Verständnisillusion im Change Management. *OrganisationsEntwicklung*, 34(4), S. 36–38;

Taylor, C. (2018). *Oops! Innovation ist kein Zufall* (2. Aufl.). Bern: Editions Weblaw.

Vahs, D., & Brem, A. (2015). *Innovationsmanagement. Von der Idee zur erfolgreichen Vermarktung* (5. Aufl.). Stuttgart: Schäffer-Poeschel.

Zabiegalski, E. D. (2019). *The rise of the ambidextrous organization. The secret revolution happening right under your nose.* o. O.: Eric Zabiegalski.

3 Gefangen im Innovator's Dilemma

Die grundlegende Theorie des Innovator's Dilemma des ehemaligen Harvard-Professors Clayton M. Christensen hat in letzter Zeit enorm an Popularität gewonnen. Der Begriff Innovator bezieht sich auf etablierte Unternehmen, die im Sinne ihrer Aufgaben grundsätzlich alles richtig machen, dadurch aber neuen Angreifern machtlos gegenüberstehen. Dabei sind disruptive Entwicklungen besonders gefährlich. Das Phänomen existiert in seinen Grundzügen bereits seit rund 25 Jahren, bekommt jedoch aufgrund der besonderen Dynamik durch digitale Technologien z. B. bei Plattformen im Zusammenhang mit einem agilen Innovationsmanagement eine besondere Relevanz – sowohl für die etablierten Unternehmen als auch für Angreifer, z. B. Start-ups. Durch die Erweiterungen des Autors besteht das grundlegende Dilemma zwar weiter, kann jedoch durch geeignete Maßnahmen in gewissem Maße aufgelöst werden, sodass es, das ist die gute Nachricht vorab, doch Auswege aus der scheinbar unvermeidbaren Zwickmühle geben kann.

3.1 Grundprinzipien des Innovator's Dilemma

Das Innovator's Dilemma des am 23. Januar 2020 verstorbenen Clayton M. Christensen ist im Innovationskontext besonders bedeutend.[1] Der US-amerikanische Wissenschaftler beschreibt in seiner bereits 1997 veröffentlichten Theorie eine Situation, in der Unternehmenslenker zwar aus ihrer Perspektive vollkommen

[1] Vgl. Christensen (2016), S. 3–229. Zur Würdigung seines Lebenswerks vgl. Piper (2020), S. 1–2.

G. Wobser, *Agiles Innovationsmanagement*,
https://doi.org/10.1007/978-3-662-64515-4_3

richtig handeln, aber trotzdem von neu gegründeten Wettbewerbern bedroht und im schlimmsten Fall weggefegt werden.[2] Dieses an sich rationale, in seiner Folge jedoch verheerende Verhalten beruht vor allem auf den erzielten Erfolgen der Vergangenheit. „Successful firms that are disrupted are not complacent or poorly managed. Instead, they continue on the path that brought them to success."[3]

Durch den zunehmenden Kostendruck versuchen Unternehmen, in eher kleinen Innovationsschritten immer höherwertigere Produkte zu entwickeln und zu vermarkten, um so gemäß den Erwartungen der Anteilseigner einen attraktiven Gewinn auszuweisen (Resource Dependence).[4] Das Hinzufügen von immer mehr Funktionen führt zu einer Übersättigung der Kunden (Performance Oversupply) und einer Verschiebung der Kaufmotive von Funktionalität (Functionality) zu Ausfallsicherheit (Reliability) über Annehmlichkeit (Convenience) schließlich zum Preis (Price). Durch diese Marktentwicklung vernachlässigen Hersteller Einstiegssegmente, die dann von neuen Firmen mit neuen Technologien, die nicht mit klassischer Marktforschung erkannt werden können, besetzt werden. Ein weiterer Angriffspunkt sind einfachere Produkte für bisherige Nicht-Konsumenten (Nonconsumers). Diese Produkte entwickeln sich weiter und ziehen später Verwender der etablierten Unternehmen ab.

Interessanterweise haben die etablierten Unternehmen die neuen Technologien der Eindringlinge oft als Erste entwickelt, entscheiden sich jedoch gegen eine Markteinführung, weil die bestehenden Kunden die neue Technologie nicht wertschätzen und die erhofften Umsätze und Erträge zu klein sind.[5] Wenn die Eindringlinge diese unbearbeiteten, günstigen Segmente besetzen, werden sie die etablierten Unternehmen eines Tages in ihren Kernsegmenten angreifen und diese gegebenenfalls aus dem Markt drängen (siehe Abb. 3.1). Christensen charakterisiert Technologieverläufe als typische S-Kurve, die S-förmig zunächst durch einen schwachen, dann einen starken und dann in der Reifephase des Technologie-Lebenszyklus wieder einen schwachen Umsatzanstieg verläuft.[6] In der Dilemmazone taucht die neue, sich im Aufschwung befindliche Technologie 2 plötzlich in dem Markt des etablierten Unternehmens auf. Die Führungskräfte befinden sich in einem Dilemma, da sie nicht wissen, ob und wie sie darauf reagieren sollen. Im

---

[2] Vgl. Christensen (2016), S. 97–100.

[3] Gans (2016), S. 30.

[4] Vgl. zum Folgenden Christensen, Raynor (2003), S. 43–55.

[5] Vgl. Christensen, Bower (1996), S. 207–211.

[6] Vgl. Christensen (2016), S. 39–42. Vgl. zur zugrunde liegenden Fallstudie Christensen (1992), S.334–354. Zum S-Kurvenverlauf von Technologien vgl. Rogers (2003), S. 272–287; Janke, Burkhardt (2018), S. 13.

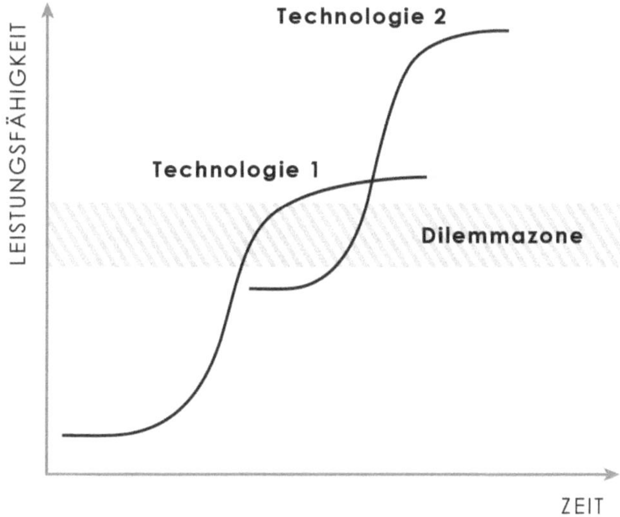

Abb. 3.1 S-Kurvenverläufe zweier Technologien (vgl. Christensen (2016), S. 40, eigene Darstellung)

schlimmsten Fall erfolgt anschließend aus Sicht des etablierten Unternehmens die Ablösung der Technologie 1 durch die neue Technologie 2.

Joshua Gans, US-amerikanischer Professor für Strategisches Management, erweitert das Innovator's Dilemma, indem er es nicht nur auf das Nicht-Handeln der Führungskräfte, sondern auch auf das schwierige frühzeitige Einschätzen von möglichen disruptiven Entwicklungen bezieht. „From both the demand and supply sides, the product may never rise to the minimum quality necessary to threaten the established firm or to be able to be supplied in a sustainable, profitable manner by the entrant. Either way, the threat may be dissipated [aufgelöst] without action from the established firm.“[7] Gerade durch die Vielzahl an Firmen, die sich auf Einstiegssegmente und scheinbar unattraktive Märkte beziehen, ist es für etablierte Unternehmen schwer, die mögliche disruptive Wirkung richtig einzuschätzen. „That is what creates the ‚dilemma‘ in Christensen's Innovator's Dilemma. For an incumbent, it is costly to bet on a new, unproven technology, when things are going fine with the old one. As an established firm, you could choose to react to everything that looks like it might be disruptive innovation, but that would mean

[7] Gans (2016), S. 67.

spending resources on many new products that turn out to be far afield from your own offerings."[8]

Christensen hat auch den heute sehr populären Begriffes Disruption eingeführt. In seinem ursprünglichen Werk definiert er den Begriff sehr eng, denn Disruptionen müssen, ausgehend von einem meistens einfacheren Produktangebot, den Umbruch einer gesamten Branche bewirken. „[…] we have tried to give the term a very specific meaning: ‚disruption' is an innovation that makes things simpler and more affordable […]."[9] Disruptive Innovationen sind Produkte, die weniger aufwendig als die aktuell erhältlichen Produkte sind. Typischerweise sind sie einfacher, praktischer und günstiger und richten sich an neue oder weniger anspruchsvolle Kunden.[10] „The new entrant comes in with a product or service that's cheaper and more convenient but that doesn't offer the same level of performance on the dominant criteria that most customers expect from incumbents that have been working on the technology for years."[11]

Nach Christensen kann das Ursprungskonzept der Disruption trotz nach wie vor strenger Auslegung aus heutiger Sicht etwas weiter gefasst werden, denn der Tunnelblick des Managers blendet nicht nur Bedrohungen in den Einstiegssegmenten (Low-end Disruptions) aus, sondern auch in neuen Märkten (New-market Disruptions).[12] Diese Unterscheidung wird von Christensens kritischem Professorenkollegen Gans zwar als relevant, jedoch als nicht trennscharf kritisiert. „[…] these two sources are really two sides of the same coin. […] When a new entrant comes in that can serve either an established firm most dissatisfied customers or people who were not currently customers at all, the entrant ends up serving both groups in most situations."[13]

Des Weiteren bringt Gans den Begriff der Disruption mit einem Konzept der Harvard-Professorin Rebecca M. Henderson, einer guten Bekannten Christensens, in Verbindung und lenkt den Fokus weg von den durch Manager unbeachteten Einstiegsmärkten hin zur Änderung von ganzen Produktarchitekturen als Auslöser einer Disruption.[14] Henderson selbst postuliert, dass Unternehmen gut darin sind, Komponenten weiterzuentwickeln, aber deshalb bei Änderungen ganzer Produktarchitekturen überrascht werden. „The use of the term architectural innovation is

[8] Gans (2016), S. 54.

[9] Christensen (2009), S. 1.

[10] Vgl. Christensen, Raynor (2003), S. 34.

[11] Gunther McGrath (2020), S. 29.

[12] Vgl. Christensen, Raynor (2003), S. 42–49.

[13] Gans (2016), S. 21.

[14] Vgl. Gans (2016), S. 22.

designed to draw attention to innovations that use many existing core design concepts in a new architecture and that therefore have a more significant impact on the relationships of the components than on the technologies of the components themselves."[15] Zum besseren Verständnis stellt Gans auch einen Bezug zum Dominanten Design (Dominant Design) her, einem Begriff der Erfinder des S-Kurvenverlaufs von Technologien.[16] Das Dominante Design definiert der führende Hersteller, der im steilen Wachstum der Marktdurchdringung einen Industriestandard setzt.[17]

Zusammenfassend sieht Gans zwei Auslöser einer Disruption: zum einen durch die Vernachlässigung von Kundengruppen nach Christensen (Customer-disruptive) und zum anderen durch die Fokussierung auf die Weiterentwicklung von Komponenten-implizierten Schwächen, die bei Änderungen ganzer Produktarchitekturen nach Henderson (Architecture-disruptive) auftreten.[18] Christensen geht später in seinem vorgestellten Rahmenwerk der organisatorischen Struktur explizit auf die Argumentation von Henderson ein und berücksichtigt ihre Gedankengänge in der Ausprägung von internen Teams und der Passung zu den unternehmensinternen Prozessen.[19]

Gans ergänzt das Innovator's Dilemma um zwei weitere wichtige Fragestellungen. Zunächst erwähnt er die Problematik, dass disruptive Innovationen nicht einfach als solche zu erkennen sind und unter Umständen erst im Rückblick als solche qualifiziert werden. Des Weiteren sieht er es als weiteres Dilemma, wenn etablierte Unternehmen die Disruption zwar erkennen, aber nicht oder unzureichend darauf reagieren. Das ist insbesondere dann problematisch, wenn etablierte Unternehmen mit den bestehenden Produkten mehr Umsatz erzielen als mit den neuen. Verschärft wird der Konflikt, wenn die neuen Produkte mit schlechteren Margen die bestehenden mit besseren Margen substituieren.[20]

Andere bedeutende Innovationsforscher sehen disruptive Innovation wie Christensen zwar ebenso auf das Kundenverhalten bezogen, doch als Disruption im weiteren Sinne erheblich weiter gefasst in der allgemeinen, grundlegenden Änderung des Anwenderverhaltens. „And beyond innovation lies disruptive innovation, which actually changes social practices – the way we live, work, and learn. Really substantive innovation – the telephone, the copier, the automobile, the

[15] Henderson, Clark (1990), S. 13

[16] Vgl. Gans (2016), S. 18–19.

[17] Vgl. Abernathy, Utterback (1978), S. 2–9.

[18] Vgl. Gans (2016), S. 22–24.

[19] Vgl. Christensen, Raynor (2003), S. 209–210.

[20] Vgl. Gans (2016), S. 67–68.

personal computer, or the Internet – is quite disruptive, drastically altering social practices."[21] Darüber hinaus ist des Öfteren von disruptiven Technologien, wie z. B. Big Data oder Cloud Computing, die Rede, wobei in diesen Fällen nicht Disruption im Sinne Christensens, sondern das gesamte Potenzial grundlegender Veränderungen gemeint ist.[22]

3.2 Lösungsansätze aus dem Innovator's Dilemma

In seinem auf dem Innovator's Dilemma aufbauenden Buch mit dem Titel „The Innovator's Solution" plädiert Christensen zunächst für einen anderen Ansatz der Marktsegmentierung und ein umfassendes Verständnis der Nutzung von Produkten und Dienstleistungen.[23] Er kritisiert, dass die meisten Märkte anhand von produkt- oder kundenabhängigen Kriterien aufgeteilt werden, und belegt seine These mit zu starker Fokussierung auf den Wunsch der Manager nach quantifizierbaren Daten. „Each ‚job' has not only functional dimensions but emotional and social ones, too. Unless you understand the full context in which your customers are making a choice to ‚hire' your product or service, you will be unlikely to create the right offering for them."[24] Außerdem festigen etablierte Vertriebs- und Werbekanäle das bestehende Produktprogramm und verhindern dadurch Innovationen, die sich an der zu erfüllenden Aufgabe für den Kunden ausrichten. Vielmehr muss nach den Umständen segmentiert werden, nach denen Kunden Produkte oder Dienstleistungen kaufen. „Predictable marketing requires an understanding of the circumstances in which customers buy or use things. […] When customers become aware of a job that they need to get done in their lives, they look around for a product or service that they can ‚hire' to get the job done."[25] Christensen wendet seine Methode intensiv am Beispiel des aus seiner Sicht ineffizienten US-amerikanischen Gesundheitssystems an.[26]

Er illustriert seine Theorie der „Jobs-to-be-done", der Bedeutung der Situation, anhand des legendären Milkshake-Beispiels, bei dem ein gestresster Vater morgens auf dem Weg zur Arbeit für sich selbst einen völlig anderen Milkshake benötigt als

[21] Chesbrough (2003), S. IX. Vgl. auch Moore (2008), S. 64.

[22] Vgl. zu diesem Verständnis von Disruption z. B. Hölscher (2017), S. 43–46.

[23] Vgl. Christensen, Raynor (2003), S. 73–80.

[24] Vgl. Dillon (2020), S. 24.

[25] Christensen, Raynor (2003), S. 75.

[26] Vgl. Christensen, Grossman, Hwang (2009), S. 10–17.

nachmittags, wenn er mit seinen Kindern zurückkommt.[27] Der bekannte Begriff der „Jobs-to-be-done" geht auf Christensens Harvard-Professorenkollegen Theodore Levitt zurück, der mit dem folgenden Ausspruch zitiert wird: „People don't want to buy a quarter-inch drill. They want a quarter- inch hole."[28] Christensen definiert den „Job" in diesem Sinne als eine Bewegung in Richtung des den Umständen entsprechenden Ziels. „We define a ‚job' as the progress that a person is trying to make in a particular circumstance. [...] The choice of the word ‚progress' is deliberate [überlegt]. It represents movement towards a goal or aspiration. [...] A job can only be defined – and a successful solution created – relative to the specific context in which it arises."[29]

Kritiker erwidern, dass die Konzentration auf die einfache Formel „Jobs-to-bedone" die Gefahr einer zu einseitigen Betonung des funktionalen Nutzens eines Produktes mit sich bringt und die emotionalen Aspekte eines Produktes vernachlässigt. Inhaltlich argumentieren sie aber genauso, nämlich, ein Produkt nicht als Ergebnis einer Organisation, sondern als Wirkung für den Kunden zu definieren.[30] Der Unternehmensberater Anthony W. Ulwick, der sich selbst als Erfinder der Jobs-to-be-done-Methode bezeichnet und auf den Christensen tatsächlich verweist, integriert den Ansatz in sein inhaltlich vergleichbares Umsetzungskonzept der Ergebnisbezogenen Innovation (Outcome-Driven-Innovation), indem er neben der Kernaufgabe explizit emotionale Aspekte berücksichtigt. „The core functional job is the anchor around which all other needs are defined. It is defined first, then the emotional, related and consumption chain jobs are defined relative to the functional job."[31] Ausgehend von seiner Vier-Felder-Wachstumsmatrix ist eine Option eine disruptive Strategie im Sinne von Christensen mit Fokus auf überforderte Kunden (Highly overserved Customers) und Nicht-Konsumenten (Nonconsumers).[32]

In einem weiteren Schritt erklärt Christensen den Zusammenhang zwischen Produkten und Disruption.[33] Er verweist zunächst auf die Grundzüge der Produktgestaltung, nämlich darauf, ob diese auf einer wechselseitig abhängigen

[27] Vgl. Christensen et al. (2016), S. 5–10; Schrader (2017), S. 67–68.

[28] Vgl. Christensen, Cook, Hall (2005), S. 1–11.

[29] Christensen et al. (2016), S. 27–28.

[30] Vgl. Denning (2018), S. 126–127; Morris (2017), S. 250.

[31] Ulwick (2018), S. 53.

[32] Vgl. Ulwick (2018), S. 62–79.

[33] Vgl. zum Folgenden Christensen, Raynor (2003), S. 150–168. Eine vergleichbare Theorie vertritt übrigens auch Moore (siehe Abschn. 6.2.2, 6.4.3, 6.4.4). Vgl. dazu Moore (2008), S. 29–49.

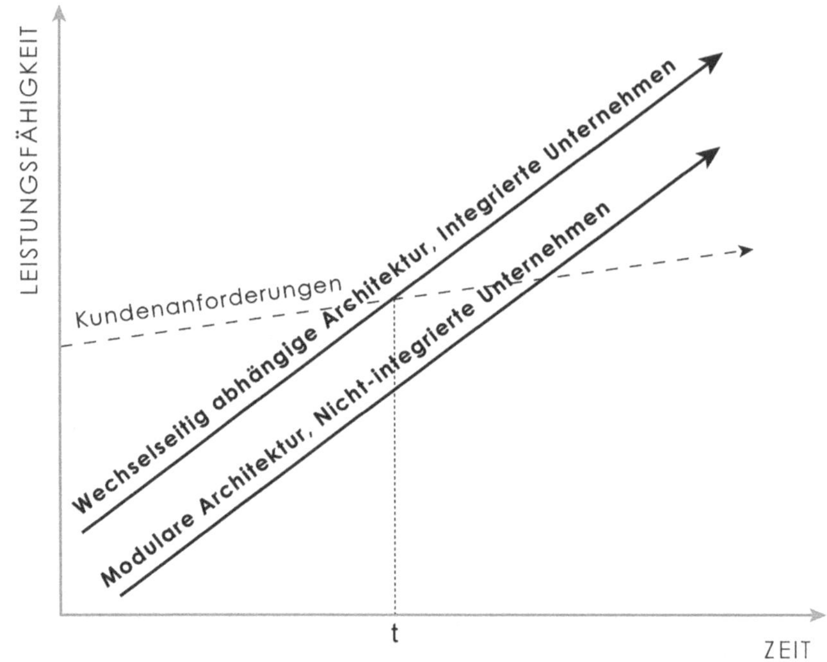

Abb. 3.2 Produktarchitekturen und Integration (vgl. Christensen, Raynor (2003), S. 127, eigene Darstellung)

Architektur (Interdependence) oder auf unabhängigen Modulen (Modularity) basiert (siehe Abb. 3.2). Bei der Modularität sind die Verbindungen (Interfaces) zu beachten. Auf Basis der sich im Zeitverlauf nur leicht erhöhenden Kundenforderungen nach Funktionalität und Zuverlässigkeit entwickelt er seine These von den Vorteilen der jeweiligen Produktgestaltung. Zunächst steigt die Leistungsfähigkeit sowohl bei der wechselseitig abhängigen Architektur der integrierten als auch bei der modularen Architektur der demnach nicht-integrierten Unternehmen. Beide Konzepte unterscheiden sich bezüglich ihrer Leistungsfähigkeit. Module optimieren in der Kombination zwar die Flexibilität, sind selbst aber bei der Entwicklung streng definiert und unflexibel, was im Vergleich zu einer wechselseitig abhängigen Architektur grundsätzlich zu einer niedrigeren Leistung führt. Deshalb liegt die Linie der wechselseitig abhängigen Architektur oberhalb der Linie der modularen Architektur.

Seine These ist, dass wegen dieser Nachteile am Anfang eines Marktzyklus aufgrund der vorhandenen Leistungslücke der Produkte im Vergleich zu den Kundenanforderungen zunächst wechselseitig abhängige Architekturen entwickelt werden, was eine integrierte Unternehmensstruktur erfordert. Doch die Marktdominanz schwindet, wenn Kunden nicht mehr für die neuen Funktionalitäten zahlen wollen, die Produktleistung also ab dem Zeitpunkt t über den Kundenanforderungen liegt. „Customers are happy to accept improved products, but they're unwilling to pay a premium price to get them."[34] Die entscheidenden Wettbewerbsfunktionen verschieben sich schließlich in Richtung Geschwindigkeit, Bequemlichkeit und individualisierter Anpassung, was in dieser Phase des Übertreffens der Kundenanforderungen durch eine modulare Architektur aufgrund des geringeren Leistungsüberschusses als quasi „kleineres Übel" besser zu erreichen ist. Aus diesem Grund gehen Unternehmen zu einer modularen Architektur über.

Die Verschiebungen zur Modularität sind der entscheidende Grund für Disruptionen. Modularität verändert die Industriestruktur und verschafft unabhängigen, nicht integrierten Firmen wie Zulieferern einen Markzugang, welche schließlich durch eigene Produkte den Marktführer disruptieren können. Am Beispiel der früheren Mainframe-Rechner bzw. integrierter Apple-Computer hin zu Personal Computern verdeutlicht er die aus seiner Sicht unausweichliche Entwicklung von der proprietären Architektur hin zu Modulen. „Customers will not pay still-higher prices for products they already deem too good. Before long, modularity rules, and commoditization sets in."[35] Die Entwicklung hin zur Gleichmacherei (Commoditization) sieht er als immerwährenden Kreislauf aller industriellen Branchen an.

Wie können Unternehmen diesem Schicksal entkommen?[36] Zu jeder Gleichmacherei (Commoditization) gibt es grundsätzlich eine Gegenbewegung (De-Commoditization), die in darunterliegenden Systemen oder benachbarten Prozessen wie der engen Verbindung zu den Kunden und der individuellen Konfiguration, z. B. bei dem Computerhersteller Dell, stattfindet. Durch das Erkennen der Potenziale in der Ausgestaltung der Kundenbeziehungen und des damit verbundenen schnellen Marktzugangs können weiterhin Erträge erzielt werden.

Um die entscheidende Fähigkeit der eigenen Organisation für disruptives Wachstum einordnen zu können, bringt Christensen sein RPV-Konzept (RPV Framework) der Ressourcen (Resources), Prozesse (Processes) und Werte (Values) in die Diskussion ein. Die Ressourcen eines Unternehmens sind noch am leichtesten zu verändern. „Resources include people, equipment, technology, product designs,

[34] Christensen, Raynor (2003), S. 130.

[35] Christensen, Raynor (2003), S. 151.

[36] Vgl. zum Folgenden Christensen, Raynor (2003), S. 168–171.

brands, information, cash, and relationships with suppliers, distributors, and customers. Resources are usually people or things – they can be hired and fired, bought and sold, depreciated or built."[37] Prozesse beschreiben die Vorgänge, mit denen die Menschen Bestandteile in Produkte und Dienstleistungen mit einem höheren Wert umwandeln. Dabei sind sichtbare, wertschöpfende Prozesse, z. B. die Entwicklung von Produkten, und die oftmals kritischen weniger sichtbaren, nicht direkt wertschöpfenden Prozesse, wie z. B. die Art der Marktforschung, wesentlich. Oftmals beginnen Manager Wachstumsinitiativen mit Methoden, die in ihrer Art nicht dazu passen. „Innovating managers often try to start new-growth businesses using processes that were designed to make the mainstream business run effectively. [...] Disruptive innovations typically take root at the low end of markets or in new planes of competition at a time when the core business still is performing at its peak – when it would be crazy to revolutionize everything."[38] Werte umfassen nicht wie sonst üblich die eher ethischen Maßstäbe eines Unternehmens, sondern in einem weiter gefassten Rahmen die üblichen Verfahren, z. B. die Art und Weise, wie Angestellte Entscheidungen priorisieren. In der Praxis begrenzen Werte nach seiner Auffassung üblicherweise Entscheidungsspielräume vor allem hinsichtlich der erwarteten Gewinnmargen und der interessanten Marktgrößen. Das ist insofern problematisch, weil disruptive Märkte oftmals zumindest am Anfang eher niedrige Margen und Marktgrößen aufweisen. „One of the bittersweet rewards of success is, in fact, that as companies become large, they literally lose the capability to enter small emerging markets. [...] Yet they cannot deploy those resources against the small disruptive markets of today that will be the large markets of tomorrow, because their values will not permit it."[39]

Bezüglich der Strategie führt Christensen zwei unterschiedliche Prozesse der Strategieentwicklung ein (siehe Abb. 3.3), nämlich zum einen die Analytische Strategie (Deliberate Strategy) und die Wachsende Strategie (Emergent Strategy). Er argumentiert, dass der Ressourcenallokationsprozess schließlich für die Anwendung der tatsächlichen Strategie entscheidend ist. Der Prozess ist allerdings diffus und komplex und wird vor allem durch die Werte der Organisation und ihrer Mitarbeiter bestimmt. Die Werte der Organisation wiederum werden vor allem durch die im Unternehmen vorherrschenden Kostenstrukturen und Größenschwellen der zu bearbeitenden Märkte determiniert. Insofern ist die Strategie ein Ergebnis dieses konkreten Prozesses und nicht etwa der zugrunde liegenden Absichten und Pläne. „Executives who hope to manage the strategy process effecti-

[37] Christensen, Raynor (2003), S. 178.

[38] Christensen, Raynor (2003), S. 184.

[39] Christensen, Raynor (2003), S. 187.

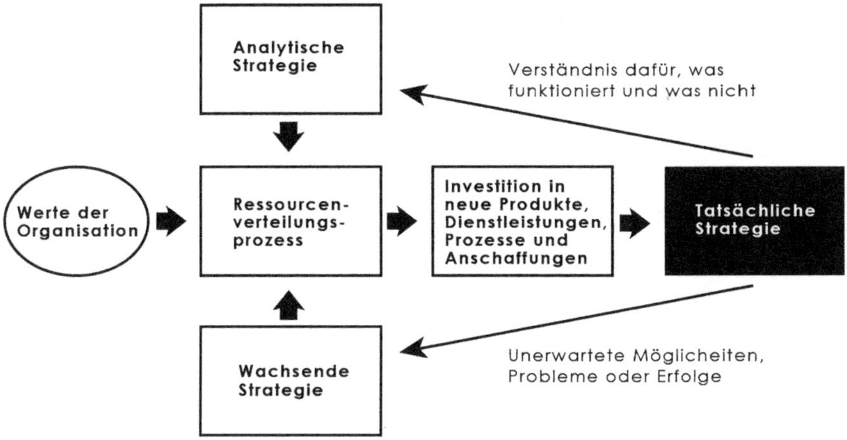

Abb. 3.3 Prozess der Strategiedefinition und -implementierung (vgl. Christensen, Raynor (2003), S. 215, eigene Darstellung)

vely need to cultivate a subtle understanding of its workings, because strategy is determined by what comes out of the resource allocation process, not by the intentions and proposals that go into it."[40]

Bei dem Strategieprozess sind zwei Sachverhalte kritisch. Erstens gibt es eine Tendenz, nur Ressourcen zu berücksichtigen, die das bestehende Geschäft sichern. Es ist aber notwendig, bestehendes Geschäft durch eine Analytische Strategie und neues Geschäft durch eine Wachsende Strategie parallel zu gestalten. Wenn Ressourcen für neue Wachstumsmärkte berücksichtigt sind, kommt es zweitens auf das richtige Timing an. Es ist fatal, wenn zu früh zu einer Analytischen Strategie gewechselt wird, bevor die Regeln des neuen Marktes ausreichend stabil sind. Das gilt aber auch umgekehrt, wenn die Machbarkeit des neuen Marktes erkannt wurde. „When a visible strategy has emerged and it is time for execution, the CEO needs to aggressively switch to a deliberate strategy mode and stop funding emergent opportunities that might divert the company from its focus on the winning plan."[41] Die Tatsächliche Strategie hat rückwirkend wiederum Auswirkungen auf die Formulierung der Analytischen und der Wachsenden Strategie.

[40] Christensen, Raynor (2003), S. 219. Darauf aufbauend schlägt Christensen einen Handlungsrahmen zur organisatorischen Umsetzung vor, der in Abschn. 6.1.5 vorgestellt wird.

[41] Christensen, Raynor (2003), S. 230.

Damit der Strategieprozess erfolgreich wird, muss das oberste Management drei spezifische Umsetzungsaspekte beachten:[42]

1. Vorsichtig die Kostenstruktur des neuen Wachstumsmarktes überwachen, weil diese die Werte bestimmt, die wiederum den Budgetprozess steuern
2. Aktive Beschleunigung des Prüfens der Strategien, indem deren Geschäftspläne so aufgebaut sind, dass kritische Annahmen getestet werden können
3. Persönliche und wiederholte Überprüfung, ob die einzelnen Geschäfte einer Analytischen Strategie oder einer Wachsenden Strategie mit aktivem Einschreiten bedürfen, um dies nicht alleine den Regeln der Organisation zu überlassen

Wichtiges Instrument im Zusammenhang mit disruptiven Innovationen ist eine Entdeckungsgetriebene Planung (Discovery-driven Planning). Demgegenüber ist die herkömmliche Methode der Analytischen Planung (Deliberate Planning) eher für Erhaltende Märkte (Sustaining Markets) geeignet, weil sich die zugrunde liegenden Annahmen in dynamischen, disruptiven Märkten schon bald als nicht mehr zutreffend erweisen werden. Die Vorgehensweise der Entdeckungsgetriebenen Planung beginnt mit einer Zielplanung, die dann im zweiten Schritt mit den dafür notwendigen Annahmen unterfüttert werden muss. Anschließend wird der eigentliche Plan erarbeitet, mit dem möglichst schnell und kostengünstig die kritischen Annahmen auf ihre realistische Umsetzung geprüft werden. Auf Basis der Ergebnisse erfolgt die Anpassung der Zielplanung. Im letzten Schritt wird dann die Strategie aufgestellt und umgesetzt, die der Realisierung der Planung zugrunde liegt.

Schließlich weist Christensen darauf hin, dass disruptive Geschäftsmodelle aufgrund der anfänglichen kleinen Größe nicht durch herkömmliche Zahlenanalysen zu erfassen sind.[43] Vielmehr sollte durch eine Mustererkennung (Pattern Recognition) das Potenzial anhand der typischen Kriterien, wie z. B. überflüssige Produktkriterien und eine große Anzahl an Nicht-Nutzern, eruiert werden. Oftmals ist es für eine Reaktion zu spät, wenn die neuen Geschäftsmodelle zur konkreten Bedrohung werden, weil dann instinktiv alle Mittel zur Verteidigung des eigenen Geschäftsmodells eingesetzt werden.

Christensen schlägt zusammenfassend drei Leitsätze gemäß dem Motto „Starte früh, starte klein, verlange frühen Erfolg" vor:[44]

[42] Vgl. zum Folgenden Christensen, Raynor (2003), S. 224–231.

[43] Vgl. Christensen, Raynor (2003), S. 244–246.

[44] Vgl. Christensen, Raynor (2003), S. 246.

1. Regelmäßige Einführung oder Akquisition neuer Wachstumsmodelle, wenn das Kerngeschäft noch gesund ist
2. Aufteilung in getrennte Geschäftseinheiten, um bei steigender Unternehmensgröße Entscheidungen für Wachstumsinitiativen in den Einheiten zu treffen, die geduldig auf Wachstum warten und klein genug sind, um von Investitionen und kleinen Chancen zu profitieren
3. Minimierung der Verwendung von Gewinnen etablierter Geschäftsfelder zur Finanzierung von Verlusten in neuen Wachstumsfeldern

Abschließend stellt Christensen wesentliche Fragen zusammen, durch welche die Gefahr einer Disruption im engeren Sinne erkannt werden kann (siehe Abb. 3.4). Er fasst diese selbst in zwei Fragenblöcke zu Neuer-Markt-Disruptionen (New-market Disruption) und zu Vereinfachungs-Disruptionen (Low-end Disruption) sowie einer dritten Frage der Handlungsrichtung, den Lackmustest, zusammen.

Neuer-Markt-Disruptionen	Gibt es viele Personen, die weder Geld, Ausrüstung noch Fähigkeiten hatten, Dinge selbst zu machen, und deshalb entweder darauf verzichteten oder jemanden dafür beauftragen mussten? Müssen Kunden an einen unbequemen, zentralen Ort gehen, um das Produkt oder die Dienstleitung zu nutzen?
Vereinfachungs-Disruptionen	Gibt es Kunden in den Einstiegssegmenten, die glücklich wären, das Produkt mit weniger, aber ausreichender Leistung zu einem günstigeren Preis zu kaufen? Gibt es ein geeignetes Geschäftsmodell, das trotz günstiger Preise attraktive Gewinne verspricht, um die übersättigten Kunden in den Einstiegssegmenten zu gewinnen?
Lackmustest für Disruption	Ist die Innovation für alle etablierten Anbieter disruptiv? Wenn sie für einen oder mehrere Anbieter stabilisierend ist, liegen die Chancen bei diesen Anbietern und der Neueinsteiger wird wahrscheinlich nicht gewinnen.

Abb. 3.4 Lackmustest für disruptive Innovationen (vgl. Christensen, Raynor (2003), S. 49–51, eigene Darstellung)

Betrifft nämlich die Innovation nicht alle etablierten Anbieter, sondern wirkt diese für einige eher stabilisierend, wird das angreifende Unternehmen wahrscheinlich nicht gewinnen.

3.3 Betrachtung der externen Marktperspektive

In seinem weiteren Werk „Seeing what's next" verknüpft Christensen seine aus Unternehmenssicht aufgestellten Theorien mit einer Analyse aus Sicht des betroffenen Marktes, weil er Schwierigkeiten bei der praktischen Anwendung, insbesondere beim Erkennen disruptiver Entwicklungen erkennt. „To assist in these efforts, we set out to develop and communicate a structured way to use the theories of innovation to look more accurately into the future of companies, industries, and technologies."[45]

Er stellt einen insgesamt dreiteiligen Prozess vor, der mit dem Erkennen von Signalen des Wandels beginnt. Daran schließt sich die Bewertung von Wettbewerbskämpfen zwischen den Angreifern und den etablierten Firmen an. Schließlich werden die strategischen Möglichkeiten betrachtet, welche den Ausgang des Wettbewerbskampfes beeinflussen.[46] Zur Betrachtung der Signale des Wandels mit ihren Möglichkeiten zeichnet er spezifische Chancen für die drei betrachteten Personengruppen auf: Nicht-Konsumenten (Nonconsumers), Vernachlässigte Kunden (Undershot Customers) und Überforderte Kunden (Overshot Customers). Darüber hinaus wirken nicht auf den Markt bezogene Kräfte z. B. vonseiten des Staates, die Motivation und Fähigkeit negativ beeinflussen können.[47]

Im Mittelpunkt der Wettbewerbskämpfe steht die Nutzung des bereits vorgestellten RPV-Modells, mit dem die Ressourcen, Prozesse und Werte des etablierten Unternehmens analysiert werden. Disruption beruht auf den Unterschieden (Asymmetries) der Fähigkeiten des angreifenden und des etablierten Unternehmens sowie auf den entsprechenden typischen Verhaltensmustern, die in drei Schritten auftreten. Im ersten Schritt verschanzt sich der Angreifer hinter seinem Schutzschild der Unterschiede. Das etablierte Unternehmen reagiert mit Vollstopfen (Cramming), indem es die Innovation selbst in seine bestehenden Kanäle hineinzwängt. Das ist nur sehr selten von Erfolg gekrönt, was die Eindringlinge weiterwachsen und sich verbessern lässt. Etablierte Unternehmen flüchten sich als zweiten Schritt in höherwertige Segmente und sehen dies auch noch als positive

[45] Vgl. Christensen, Anthony, Roth (2004), S. XXXII.

[46] Vgl. Christensen, Anthony, Roth (2004), S. XXXII–XXXV.

[47] Vgl. Christensen, Anthony, Roth (2004), S. 3–23.

Entwicklung, da dies typischerweise die lukrativeren Marktsegmente sind, die tückischerweise tatsächlich kurzfristig höhere Umsätze und Erträge versprechen. Diese Anzeichen der Flucht können bei aufmerksamer Beobachtung des Marktes rechtzeitig bemerkt werden. „Changes in customer and product mix can be a clear sign of flight [Flucht], as are plans to discontinue low-end product lines or to stop servicing old versions of products. Companies tend to announce that they are ‚focusing on the core' or ‚seeking higher margin opportunities' when flight is in progress."[48] Im dritten und abschließenden Schritt gewinnen bei Disruptionen die Eindringlinge, weil sie von den Unterschieden profitieren. Doch das ist nicht immer so: Sind die Umstände eher erhaltend (sustaining), haben die etablierten Firmen aufgrund ihrer Erfahrungen Vorteile, wenn sich die Eindringlinge mit einer Erhaltenden Innovation an die bestehenden Kunden der etablierten Firma wenden.

Die Kraft der Unterschiede macht die Signale des Wandels so wichtig. Die Unterschiede lassen sich in Motivations- und Fähigkeitsunterschiede unterteilen. Die Motivationsunterschiede beziehen sich auf die Werte der beiden Kontrahenten und lassen sich auf die Marktgröße, die anvisierten Kunden und das Geschäftsmodell herunterbrechen. Fähigkeitsunterschiede hingegen beziehen sich auf die Prozesse, die bei den etablierten Firmen laut Christensen nicht für disruptive Märkte geeignet sind.

Es gibt wie bereits angedeutet zwei Situationen, in denen die Angriffe der Eindringlinge aufgrund spezifischer Konstellationen höchstwahrscheinlich erfolglos bleiben werden. Erstens können sich etablierte Unternehmen zum einen nur in höherliegende Segmente bewegen, wenn diese ausreichend groß und attraktiv sind. Ist das nicht der Fall, werden sie nicht fliehen, sondern sich dem Kampf mit den Eindringlingen stellen. Zweitens werden etablierte Unternehmen auch reagieren, wenn die Eindringlinge ein ähnliches Geschäftsmodell haben. Dann werden die Verteidiger durch eine Vereinnahmung (Co-Option) entweder ihre eigenen Produkte in Richtung des Angreifers aufwerten, das angreifende Unternehmen akquirieren (Growth-driven Co-Option) oder in einer späteren Phase ihre bestehenden Kunden vom Eindringling abschotten (Defensive Co-Option). Zusammenfassend haben die etablierten Unternehmen drei Möglichkeiten, auf Eindringlinge zu reagieren: Sie ziehen sich aus dem Markt zurück bzw. verfolgen eine wachstumsgetriebene oder defensive Vereinnahmung.

Bei den strategischen Möglichkeiten schließlich sind zunächst drei Sachverhalte aufseiten der Eindringlinge zu beobachten, weil diese die Entwicklung der gesamten Industrie beeinflussen. Zunächst ist es für die etablierten Unternehmen wichtig zu erkennen, welches Vorbereitungsmuster (Preparation Regimen)

[48] Christensen, Anthony, Roth (2004), S. 41.

Eindringlinge verfolgen. Um den Unsicherheiten des Marktes gerecht zu werden, muss das in das neue Segment eindringende Unternehmen eine Wachsende Strategie verfolgen, die nicht diktatorisch vom Management vorgegeben wird. „Managers can either dictate strategy from above in a deliberate fashion or allow strategy to bubble up from below in an emergent fashion. […] The use of an emergent strategy process gives them flexibility to interpret market signals and adjust strategic actions accordingly."[49] Bezüglich des Personals der Eindringlinge ist es wichtig, dass die Manager bereits Erfahrungen in ähnlichen Situationen, wie z. B. Handeln in sehr unsicheren Situationen, gesammelt haben. Zusätzlich ist es wichtig, dass die Zeithorizonte der Finanzierer zu den Erfordernissen des Marktes passen. Sind die Wachstumserwartungen z. B. zu hoch, können kleinere, disruptive Märkte unter Umständen unbearbeitet bleiben. „A natural target for a big hit is a large market. Large, obvious markets tend to be poor homes for disruptive innovations."[50] Bezüglich beider Unternehmen lohnt sich die Analyse der Werte. Wenn nämlich der Eindringling ein ähnliches Wertegerüst im Sinne von gleichen Kunden, Händlern und Lieferanten wie das etablierte Unternehmen wählt, wird das etablierte Unternehmen, wie bereits geschildert, den Angreifer vereinnahmen. Schließlich liegt es allein in der Hand des etablierten Unternehmens, wie es reagiert. Zum einen können spezielle Einheiten ausgegründet werden, die, richtig ausgestattet, Angreifer in Schach halten können. Ebenso könnten diese auch das eigene Geschäft disruptieren. Alternativ kann ein entsprechender Prozess innerhalb des Unternehmens angesiedelt sein, muss aber von der normalen Unternehmenstätigkeit rigoros abgetrennt und von einem erfahrenen Manager geführt werden.

In dem Buch „The Prosperity Paradox" verlagert Christensen mit seinen Mitautoren die Problematik auf die Staatenebene. Nützlich für die Anwendung für die in diesem Buch ausschließlich betrachtete Unternehmensebene ist die darin vorgestellte Unterscheidung von Innovationen in Erhaltende Innovationen (Sustaining Innovations), Effizienzinnovationen (Efficiency Innovations) und Marktschaffende Innovationen (Market-creating Innovations).[51] Letztgenannte Innovationsart der Marktschaffenden Innovationen zielt genau auf die bereits bekannten Potenziale durch überforderte Kunden (Highly overserved Customers) und Nicht-Konsumenten (Nonconsumers). „Market-creating innovations do exactly what the name implies – they create new markets. But not just new markets, new markets that

[49] Christensen, Anthony, Roth (2004), S. 57.

[50] Christensen, Anthony, Roth (2004), S. 62.

[51] Vgl. Christensen, Ojomo, Dillon (2019), S. 16–36.

serve people for whom either no products existed or existing products were neither affordable or accessible for a variety of reasons.“[52]

3.4 Uber und Tesla als Formen des Innovator's Dilemma

Die Automobilindustrie verändert sich seit einigen Jahren fundamental und bringt daher auf Grundlage technologischer und gesellschaftlicher Veränderungen in vielfältiger Weise Innovation hervor.[53] Aus diesem Grund sollen die beiden bekannten Unternehmen Uber und Tesla hinsichtlich der Theorie des Innovator's Dilemma näher betrachtet werden.

Für das Vorhandensein einer Disruption ist nach Christensen entscheidend, dass diese Segmente von den Managern unbemerkt bleiben. Diese Sichtweise wirft bei näherer Betrachtung des Fahrdienstleisters Uber Fragen auf. Er spricht Uber zunächst den disruptiven Charakter ab, weil Fahrgäste von Uber schon vorher Taxi gefahren sind. „Uber has arguably been increasing total demand [...] but disruptors start by appealing to low-end or unserved consumers and then migrate to the mainstream market. Uber has gone in exactly the opposite direction: building a position in the mainstream market first and subsequently appealing to historically overlooked segments.“[54] Deshalb handele es sich nicht um eine Disruption, sondern eine Weiterentwicklung. „Most of the elements of Uber's strategy seem to be sustaining innovations. Uber's service has rarely been described as inferior to existing taxis; in fact, many would say it is better.“[55] Später stellt Christensen bei Klassifizierung von Uber als Limousinen-Service fest, dass Uber aufgrund einer eingeschränkten Leistung doch disruptiv sei, da im Gegensatz zu den klassischen Limousinen die Fahrzeuge nicht vorgebucht werden können.[56] Diese Feststellung für sich überrascht, außerdem wurde, wie auch bei Tesla, Uber von Anfang an eine hohe Aufmerksamkeit zuteil. Der Vollständigkeit halber sei angemerkt, dass Christensen Uber als Musterbeispiel seines Jobs-to-be-done-Konzeptes erwähnt.[57]

Im Jahr 2013 erschien in der deutschen Wirtschaftszeitschrift „Manager Magazin“ ein Artikel mit dem Titel „Warum Tesla in Deutschland keine Chance hätte“.[58]

[52] Christensen, Ojomo, Dillon (2019), S. 26.

[53] Vgl. Gärtner (2018), S. 6–30.

[54] Christensen, Raynor, McDonald (2015), S. 5.

[55] Christensen, Raynor, McDonald (2015), S. 6.

[56] Vgl. Christensen, Raynor, McDonald (2015), S. 7.

[57] Vgl. Christensen et al. (2016), S. 137–139.

[58] Vgl. Sorge (2013), S. 1–8.

Nur sieben Jahre später ist der US-amerikanische Elektroautomobilhersteller Tesla mit einer Marktkapitalisierung von 500 Mrd. US-Dollar scheinbar unangefochten der wertvollste Autohersteller der Welt und mehr als fünfmal wertvoller als Volkswagen.[59] Dem Daimler-Chef Ola Källenius wurde folgende Frage gestellt: „Warum bauen Sie dann nicht gleich ganz elektrische Autos, so wie es Tesla macht? Tesla ist an der Börse mehr wert als jeder andere Hersteller. Was macht Tesla richtiger als Daimler mit fast 140 Jahren Erfahrung?".[60] Seine Antwort bestätigt die schwierige Situation des Innovator's Dilemma, ohne es selbst beim Namen zu nennen. „Klar, die Zukunft ist emissionsfrei, die Zukunft ist elektrisch. Aber wir können als etablierter Hersteller nicht einfach 300.000 Mitarbeiter nach Hause schicken und mit 20.000 wieder eingestellten eine Elektroauto-Firma aufmachen."[61]

Tesla ist für Christensen ebenfalls kein Beispiel für Disruption, weil der Aufstieg von den Managern der etablierten Firmen ganz offensichtlich bemerkt worden ist. „Tesla's entry […] has elicited significant attention and investment from established competitors."[62] Tesla ist jedoch ein sehr gutes Beispiel zur Illustration von Architekturinnovationen als Ursache für eine Disruption. Tesla hat nicht nur ein elektrisches Auto herausgebracht, sondern durch die direkte Vermarktung an Endkunden ohne den Autohandel die Distributionspolitik der Branche völlig neu gestaltet. Die Anordnung von teilweise bekannten Komponenten ist neuartig und geht durch die Komponente Distribution sogar über das technische Produkt hinaus, sodass von einer Disruption der Zusammenstellung von Komponenten (Architecture-disruptive) gesprochen werden kann. Wettbewerber versuchen, die Neuartigkeit der Komponente Vertrieb in ihre bestehenden Systeme einzubauen, was bei Volkswagen bei der Markteinführung der elektrischen Modelle durch deutlich reduzierte Provisionen zum Leidwesen der klassischen Händler offensichtlich wird.[63] Der Wegfall des klassischen Fachhändlers ist in gewissem Maße auch eine „Low-end"-Strategie. Die Ohnmacht der traditionellen Automobilhersteller beschreibt ebenfalls ein typisches Verhalten eines etablierten Unternehmens in der Situation des Innovator's Dilemma, wie in dem Zitat des Daimler-Chefs plakativ zum Ausdruck kommt.

[59] Vgl. Sommerfeldt, Zschäpitz (2020), S. 1–3.

[60] Appel, Preuss (2020), S. 3.

[61] Appel, Preuss (2020), S. 3–4.

[62] Christensen, Raynor, McDonald (2015), S. 11.

[63] Vgl. o. V. (2020), S. 1–2.

3.5 Kritische Anmerkungen zum Innovator's Dilemma

Das Innovator's Dilemma ruft auch Kritiker auf den Plan. Christensen basiert seine Theorie im Wesentlichen auf seine Untersuchungen der Entwicklung der Computerspeicher-Industrie wie Festplatten und Computerlaufwerke mit entsprechenden Speichermedien, z. B. Floppy Disks. Diese Datensätze sind öffentlich zugänglich und haben andere Forscher zu kritischen Überprüfungen seiner Theorie inspiriert. In einer Metaanalyse relativiert Gans teilweise seine Aussagen. Sein Ausgangsargument ist, dass die von Christensen untersuchte Branche eine sehr hohe Dynamik und Innovationsgeschwindigkeit hatte. „What he found [...] was a turbulent industry with changes in leadership occurring alongside a very dynamic set of technological changes."[64] Er begründet seine Kritik damit, dass einige Unternehmen heute noch existieren und viele Produktinnovationen eher dem technischen Fortschritt als der Vernachlässigung geschuldet seien; mit einer Ausnahme, dem Wechsel von 8-inch- zu 5,25-inch-Laufwerken durch den Siegeszug der Personal Computer. Dennoch sei Disruption ernst zu nehmen, aber eben auch durch Management beherrschbar. „The reason failure and exit did not systematically appear in the disk drive industry is not that demand-side disruptive forces were absent, but rather that successful firms and market leaders found ways to maintain their leadership."[65]

Gans kritisiert auch die einseitige Sicht auf etablierte Unternehmen und bezieht seine strategischen Optionen auf die Start-ups als angreifende Unternehmen. Für ihn ist die Konfrontation mit etablierten Anbietern im Sinne einer Disruption eine gut zu überlegende, risikoreiche strategische Variante. Alternativ könne ein Start-up auch eine Aufgabe in der Wertschöpfungskette der bestehenden Unternehmen übernehmen. „Disruption in an industry is a complex phenomenon. Market leaders might be vulnerable, but it takes others to make disruption happen. [...] The future of disruption likely depends not only on technological opportunities and their characteristics but also on the tools for experimentation and understanding that allows entrepreneur's choices of technology, customer, organization, and competition to coalesce [zusammenwachsen] into a coherent [einheitliches] whole."[66]

Professor Michael Latzer von der Universität Zürich erkennt die Wichtigkeit des Konzeptes an, betont aber, dass die Gültigkeit von einigen Bedingungen abhänge. „To conclude, the disruption concept can be judged as helpful and inspiring,

[64] Gans (2016), S. 113.

[65] Gans (2016), S. 128.

[66] Gans (2020), S. 45.

but also as easily misleading. Its application yields hardly comparable results due to the many delicate choices to be made in the process. These choices on the containment of research subjects, performance indicators, regional market conditions, sector-specific characteristics, individual or company performance and so forth, lead to conflicting results. […] Moreover, the concept is not equally well suited to different markets with different institutional characteristics."[67]

Henderson kritisiert, dass Christensen seine Theorien zu sehr auf die Unfähigkeit des Managements konzentriert. Sie glaubt, dass es vielmehr um die Unfähigkeit der Unternehmen als Ganzes gehe, Disruptionen in neuen Märkten (New-Market Disruptions) richtig einzuschätzen, da keine ausreichenden Informationen vorliegen, um entsprechende Entscheidungen zu treffen. Sie veranschaulicht ihre These anhand eines neuen Energieriegels im wettbewerbsintensiven Süßwarenmarkt, der zu Veränderungen der Konsumentenbedürfnisse führt und, begleitet von Geschmacksverbesserungen, seinen Weg in den Massenmarkt findet.[68]

Der deutschstämmige Professor für Literaturwissenschaften an der Universität Stanford, Adrian Daub, sieht den Begriff der Disruption sehr kritisch, insbesondere, weil bei hohem Vertrauen in eine veränderte Zukunft seiner Meinung nach die Beschreibung dieser Zukunft größtenteils ausbleibt. „Die meisten Befürworter der Disruption sind nicht so ehrlich. Ihr Glaube an die Disruption beinhaltet ein ähnliches Vertrauen in eine radikal andere Zukunft, aber sie verzichten darauf, diese Zukunft genau zu beschreiben."[69]

Trotz dieser einzelnen kritischen Anmerkungen ist das Innovator's Dilemma zu Recht eine der wichtigsten Theorien der betriebswirtschaftlichen Forschung und für das Erklären von fundamentalen Marktveränderungen und möglicher Handlungsszenarien von Unternehmen auf Angriffs- und Verteidigungsseite von großer Wichtigkeit. Nicht zuletzt war Christensen Berater so wichtiger Firmen wie Intel, Apple und Amazon mit ihren Protagonisten Andy Grove, Steve Jobs und Jeff Bezos.[70]

[67] Latzer (2009), S. 616

[68] Vgl. Henderson (2006), S. 5–10. Ihre Argumentation entspricht, so kann wiederum entgegnet werden, inhaltlich genau dem Beispiel von Christensen, wie Honda trotz der für den amerikanischen Markt anfänglich zu niedrig motorisierten Motorräder über die Nutzung für Geländefahrten schließlich doch, weitgehend unbemerkt, seinen Weg in die amerikanische Motorradindustrie findet. Vgl. Christensen (2016), S. 149–152.

[69] Daub (2020), S. 127.

[70] Vgl. Piper (2020), S. 2.

Literatur

Abernathy, W. J., & Utterback, J. M. (1978). Patterns of Industrial Innovation. *Technology Review*, 80(7), S. 1–9.

Appel, H., & Preuss, S. (2020). „Es fühlt sich richtig an". *Frankfurter Allgemeine Zeitung*. https://www.faz.net/aktuell/wirtschaft/unternehmen/was-der-daimler-chef-an-der-neuen-mercedes-s-klasse-schaetzt-16940903.html. Zugegriffen: 29. Mai 2021.

Chesbrough, H. (2003). *Open innovation. The new imperative for creating and profiting from technology*. Boston: Harvard Business School Publishing.

Christensen, C. M. (1992). Exploring the limits of the technology S-curve. Part I: Component technologies. *Production and Operations Management*, 1(4), S. 334–357.

Christensen, C. M., Anthony, S. D., & Roth, E. A. (2004). *Seeing what's next. Using the theories of innovation to predict industry change*. Boston: Harvard Business School Press.

Christensen, C. M., & Bower, J. L. (1996). Customer power, strategic investment, and the failure of leading firms. *Strategic Management Journal*, 17(3), S. 197–218.

Christensen, C. M., Cook, S., & Hall, T. (2005). Marketing malpractise. The cause and the cure. *Harvard Business Review*. https://hbr.org/2005/12/marketing-malpractice-the-cause-and-the-cure. Zugegriffen: 3. Juni 2021.

Christensen, C. M., Grossmann, J. H., & Hwang, J. (2009). *The Innovator's Prescription. A disruptive solution for Health Care*. New York: McGraw-Hill.

Christensen, C. M., Hall, T., Dillon, K, & Duncan, D. S. (2016). *Competing against luck. The story of innovation and customer choice*. New York: HarperCollins.

Christensen, C. M., Ojomo, E., & Dillon, K. (2019). *The prosperity paradox. How innovation can lift nations out of poverty*. New York: Harper Business.

Christensen, C. M., & Raynor M. E. (2003). *The innovator's solution. Creating and sustaining successful growth*. Boston: Harvard Business Review Press.

Christensen, C. M., Raynor, M., & McDonald R. (2015). What is disruptive innovation? *Harvard Business Review*. https://hbr.org/2015/12/what-is-disruptive-innovation. Zugegriffen: 3. Juni 2021.

Daub, A. (2020). *Was das Valley denken nennt*. Berlin: Suhrkamp.

Denning, S. (2018). *The age of agile. How smart companies are transforming the way work gets done*. New York: AMACOM.

Dillon, K. (2020). Disruption 2020: An interview with Clayton M. Christensen. *MIT Sloan Management Review*, 61(3), S. 21–26.

Gans, J. (2016). *The disruption dilemma*. Cambridge: The MIT press.

Gans, J. (2020). To disrupt or not to disrupt? Disruption isn't always the right strategy for startups. It's a choice. *MIT Sloan Management Review*, 61(3), S. 40–45.

Gärtner, C. (2018). Der Fall der Automobilindustrie. In Gärtner, C., & Heinrich, C. (Hrsg.), *Fallstudien zur Digitalen Transformation. Case Studies für die Lehre und praktische Anwendung* (S. 1–35). Wiesbaden: Springer Gabler.

Gunther McGrath, R. (2020). The new disrupters. *MIT Sloan Management Review*, 61(3), S. 28–33.

Henderson, R. M. (2006). The Innovator's Dilemma as a problem of organizational competence. *Journal of Product Innovation Management*, 23(1), S. 5–11.

Henderson, R. M., & Clark K. B. (1990). Architectural innovation: The reconfiguration of existing product technologies and the failure of established firms. *Administrative Science Quarterly*, 35(1), S. 9–30.

Hölscher, B. F. (2017). *Digitales Dilemma. Unternehmen im Spannungsfeld zwischen Effizienz und Innovation*. Hamburg: tredition.

Janke, A., & Burkhardt, N. (2018). *Disruptive Technologien im Mittelstand. Prozessreifegradmanagement der Produktentwicklung*. Wiesbaden: Springer Gabler.

Latzer, M. (2009). Information and communication technology innovations: Radical or disruptive? *New media & society*, 11(4), S. 599–619.

Moore, G. A. (2008). *Dealing with Darwin. How great companies innovate at every phase of their revolution*. New York: Portfolio.

Morris, L. (2017). *The agile innovation master plan*. o. O.: Futurelab Press.

o. V. (2020). *Greenpeace-Recherche: VW-Vertrieb bremst Verkauf von Elektroautos*. https://ecomento.de/2020/12/17/greenpeace-vw-vertrieb-bremst-elektroauto-verkauf/. Zugegriffen: 4. Juni 2021.

Piper, N. (2020). Der Vordenker des Silicon Valley. *Süddeutsche Zeitung*. https://www.sueddeutsche.de/wirtschaft/clayton-christensen-nachruf-innovation-silicon-valley-1.4772255. Zugegriffen: 12. Juni 2021.

Rogers, E. M. (2003). *Diffusion of innovations* (5. Aufl.). New York: Free Press

Schrader, M. (2017). *Transformationale Produkte. Der Code von digitalen Produkten, die unseren Alltag erobern und die Wirtschaft revolutionieren* (2. Aufl.). Hamburg: Next Factory.

Sommerfeldt, N., & Zschäpitz, H. (2020). „Innovator's Dilemma" – wie Tesla die deutschen Autobauer deklassierte. *Die Welt*. https://www.welt.de/wirtschaft/plus222293772/Innovator-s-Dilemma-wie-Tesla-BMW-Mercedes-Co-deklassierte.html. Zugegriffen: 6. Juni 2021.

Sorge, N-V. (2013). Warum Tesla in Deutschland keine Chance hätte. *Manager Magazin*. https://www.manager-magazin.de/unternehmen/autoindustrie/warum-tesla-und-elon-musk-in-kalifornien-mit-elektroautos-erfolg-haben-a-921702.html. Zugegriffen: 6. Juni 2021.

Ulwick, A. W. (2018). *Jobs tob e done. Theory to practice*. o. O.: Idea Bite Press.

Ansätze eines agilen Innovationsmanagements

4

In diesem Kapitel werden die aus der Perspektive des Praktikers wichtigsten Ansätze als Elemente eines agilen Innovationsmanagements einzeln vorgestellt. Ziel ist ein grundlegendes Verständnis der Methoden mit ihren Vorteilen und in Erwägung zu ziehenden Nachteilen. Für eine erfolgreiche praktische Durchführung reichen die fokussierten Ausführungen nicht aus. Zu diesem Zweck verweisen die entsprechenden Quellenangaben auf Spezialliteratur. Zudem gibt es professionelle Beratungsangebote.

Zunächst werden populäre methodische Ansätze vorgestellt, die im Zusammenhang mit dem agilen Innovationsmanagement eine wichtige Rolle spielen. Sie umfassen im Gegensatz zu den dann folgenden konzeptionellen und prozessualen Ansätzen nur bestimmte einzelne Phasen des Innovationsprozesses.

Konzeptionelle Ansätze umfassen mehrere Phasen aus einer übergeordneten Perspektive z. B. hinsichtlich Struktur und Strategie. Sie kommen zwar im Prozessverlauf des Innovationsmanagements zum Einsatz, werden aufgrund ihrer übergeordneten Bedeutung aber von den darauffolgenden prozessualen Ansätzen abgegrenzt.

Darauf aufbauend betonen Ansätze den prozessualen Ablauf des Innovationsprozesses, sind aber ebenso wie die konzeptionellen Ansätze nicht eindeutig abgrenzbar. Sie folgen einem umfangreichen konzeptionellen Aufbau und haben erhebliche Auswirkungen auf die entsprechenden Inhalte.

Das Kapitel schließt mit der kombinierten Anwendung. Sowohl im wissenschaftlichen Diskurs als auch in praktisch orientierten Konzepten werden mehrere Ansätze zu neuen Methoden kombiniert. Von besonderer Bedeutung ist der Neuansatz des agilen Stage-Gate-Prozesses.

G. Wobser, *Agiles Innovationsmanagement*,
https://doi.org/10.1007/978-3-662-64515-4_4

4.1 Methodische Ansätze

4.1.1 Design Thinking

Design Thinking ist eine systematische Herangehensweise an komplexe Problemstellungen nicht nur bei Innovationen aus Unternehmenssicht, sondern bei neuartigen Fragestellungen aus sämtlichen Lebensbereichen.[1] Insofern bezieht sich die Methode nicht nur auf Innovationen, sondern kann theoretisch auf alle Fragestellungen der Gegenwart angewendet werden. Als Erfinder der Methode gilt der US-amerikanische Designer David Kelley, der im Jahre 1991 die Kreativagentur IDEO ins Leben rief.[2] Spezielle Lehrinstitutionen sind die der Stanford University angeschlossene und durch den SAP-Mitgründer Hasso Plattner geförderte d.school und das ebenfalls von ihm gegründete Hasso-Plattner-Institut an der Universität Potsdam.

Heute bezieht sich die Methode nicht mehr auf Design im engeren Sinne. „Design ist […] eine alltägliche Aktivität – etwas, was wir alle mehr oder minder den ganzen Tag lang tun."[3] Design Thinking wird inzwischen als wichtiges Element einer nutzerzentrierten Kultur angesehen, die verschiedene fundamentale Prinzipien wie die Konzentration auf emotionale Nutzererfahrungen, das Erstellen von Modellen zur Untersuchung komplexer Probleme bis hin zu für Tests gebaute Prototypen beinhaltet.[4] Dabei ist immer der Mensch der Ausgangspunkt.[5] Außerdem wird die Möglichkeit des Scheiterns toleriert und eine durchdachte Vereinfachung angestrebt. Dabei ist der Geschäftsbezug wichtig. „[…] business thinking is integral to design thinking. A design solution can only benefit from the sophisticated analytical tools – discovery-driven planning, option and portfolio theory, prospect theory, customer lifetime value – that have evolved in the business sector."[6]

Neben einem speziell ausgestatteten Raum gilt ein multidisziplinäres Team als wichtiges Merkmal von Design Thinking. Der Prozess an sich folgt vornehmlich einer Abfolge von sechs zusammenhängenden Phasen, die aufgrund der zwei

[1] Vgl. o. V. (2021), S. 1–10.

[2] Vgl. Kollmann (2020), S. 121; Johansson-Sköldberg, Woodilla, Cetinkaya (2013), S. 121–146. Vgl. zu den Wurzeln von Design Thinking Thienen, Clancey, Meinel (2019), S. 13–36.

[3] Gerstbach (2018), S. 65.

[4] Vgl. Kolko (2015), S. 4–5.

[5] Vgl. Schallmo, Lang (2020), S. 20–21.

[6] Brown (2019), S. 166.

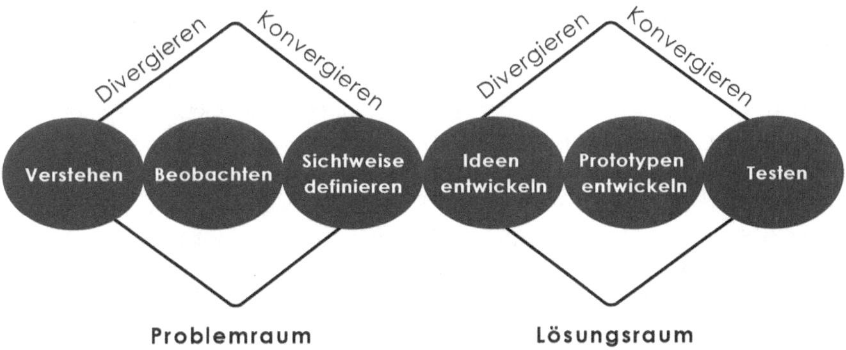

Abb. 4.1 Der Design-Thinking-Prozess in sechs Phasen (in Anlehnung an o. V. (2021), S. 4, eigene Darstellung)

Sequenzen des anfänglichen Divergierens und des anschließenden Konvergierens in Form von zwei Diamanten dargestellt werden können (siehe Abb. 4.1).[7]

Die Tätigkeiten der einzelnen iterativen Phasen können wie folgt beschrieben werden:[8]

1. **Verstehen:** Schaffen eines gemeinsamen Verständnisses und Definition der Problemstellung mit Erfolgsfaktoren und Zielgruppen
2. **Beobachten:** Verstehen des Prozesses aus Nutzersicht mit quantitativen und qualitativen Forschungsinstrumenten
3. **Sichtweise definieren:** Auswertung der Erkenntnisse und Schaffung eines vom Team getragenen Ergebnisses
4. **Ideen entwickeln:** Generierung von Ideen der vielversprechendsten Ansätze
5. **Prototypen entwickeln:** Auswahl der Ideen und Ausarbeitung von Lösungen in Prototypen, welche die Lösungen kommunizier- und erfahrbar machen
6. **Testen:** Testen der Prototypen mit dem potenziellen Nutzer und darauf aufbauende Verbesserungen

[7] Vgl. o. V. (2021), S. 1–7. Manchmal sind es fünf Phasen, weil die ersten beiden Phasen „Verstehen“ und „Beobachten“ zusammengefasst werden. Vgl. dazu Duwe (2018), S. 103–104.

[8] Vgl. Duwe (2018), S. 104–109; Kollmann (2020), S. 119–121.

Besonders wichtig sind die ersten beiden Phasen, die eine Phase des Beobachtens beinhalten. „Accordingly, almost every project we undertake involves an intensive period of observation. We watch what people do (and do not do) and listen to what they say (and do not say). This takes some practise.“[9] Dabei ist es sinnvoll, sich selbst in die Lage des Nutzers zu versetzen. Das kann sogar so weit gehen, sich bei einem Anwendungsfall im Krankenhaus selbst als Patient einweisen zu lassen. Während des Verlaufes wechseln sich konkret divergente, erweiternde Phasen (Phasen 1, 2, 4) und konvergente, zusammenfassende Phasen (Phasen 3, 5) ab. Die Richtung zeigt von dem Problemraum der ersten drei Phasen hin zum Lösungsraum der folgenden drei Phasen.[10]

Neben der Durchgängigkeit der Nutzerperspektive wird bei der praktischen Umsetzung z. B. in Workshops ein straffes Zeitmanagement gefordert. Der Effizienzgedanke betrifft auch den Aufbau der zu testenden Prototypen. „Prototypes should command only as much time, effort, and investment as are needed to generate useful feedback and evolve an idea. The more ‚finished‘ a prototype seems, the less likely its creators will be to pay attention to and profit from feedback.“[11] Allerdings kann der Ablauf teilweise chaotisch wirken, denn die Phasen laufen nicht automatisch direkt hintereinander ab. Deshalb kann der Prozess auch alternativ als drei Räume mit unterschiedlichen Aktivitäten gesehen werden. „Design projects must ultimately pass through three spaces [...]. We label these ‚inspiration‘, for the circumstances [...] that motivate the search for solution; ‚ideation‘, for the process of generating, developing, and testing ideas that may lead to solutions; and ‚implementation‘, for the charting of a path to market.“[12]

Teilnehmer an diesem Prozess sollten möglichst heterogen, sich ergänzend sein und die Gruppe idealerweise ein T-förmiges Profil (T-shaped Profile) aufweisen.[13] Dabei steht der horizontale Balken des Buchstabens „T“ für die Breite und der vertikale Strich für die Tiefe des Wissens.[14] Die idealtypischen Teilnehmer haben die Eigenschaften Empathie, integrierendes Denken, Optimismus, Experimentierfreudigkeit und die Freude an Zusammenarbeit gemeinsam.[15] Für den Erfolg der Anwendung sind die Ausbildung und die Eigenschaften des Moderators wichtig.[16]

---

[9] Brown (2019), S. 49.

[10] Vgl. Bradt (2021), S. 47.

[11] Vgl. Brown (2008), S. 3.

[12] Brown (2008), S. 4.

[13] Vgl. Hofert (2018), S. 114–116.

[14] Vgl. Bradt (2021), S. 46; Lewrick (2018), S. 36–37.

[15] Vgl. Brown (2008), S. 3.

[16] Vgl. Tschimmel (2012), S. 3–5.

Gemäß einer Studie sinken die positiven Emotionen eines Teams in der dritten Phase der Synthese drastisch, bevor sie wieder steigen.[17]

Gerade die permanente Vorgabe von durchweg knappen Bearbeitungszeiten kann kritisch gesehen werden. „Hier zeichnet sich ab, dass der Ablauf des Programms nicht primär einer sachlichen Logik unterliegt, sondern durch klar definierte Zeiträume strukturiert ist und damit eher einer formal-zeitlichen Logik folgt. Der obige Arbeitsschritt wird nicht beendet, weil das Zwischenprodukt fertig, sondern weil die Zeit abgelaufen ist."[18] Ein weiterer Kritikpunkt ist, dass die Methodik noch nicht ausgereift ist und die möglicherweise dominante Rolle des Designers, z. B. als Leiter eines Workshops, größere Innovationssprünge und Arbeit unter hoher Unsicherheit verhindert.[19]

4.1.2 Business Model Canvas

Zur Marktvalidierung von Innovationen und zur Formulierung der wichtigsten Elemente eines Geschäftsmodells ist das zusammenhängend strukturierte und formal einfach anzuwendende Konzept der Geschäftsmodell-Leinwand (Business Model Canvas) des Schweizer Unternehmensberaters Alexander Osterwalder aus dem Jahr 2010 sehr verbreitet.[20] Er ist mit dem Urvater der Lean-Startup-Methode, Steve Blank, und dem Weiterentwickler Eric Ries befreundet und arbeitet methodisch mit ihnen zusammen.[21]

Beim Business Model Canvas werden plakativ wie auf einer Leinwand zum Malen (Canvas) durch einen strukturierten Prozess in neun Felder eines vorgegebenen Schaubilds die Dimensionen eines Geschäftsmodells eingetragen.[22] Zentraler Bestandteil sind auf der Mitte der Leinwand die Leistungsversprechen (Value Propositions), die links davon aus der internen Perspektive (Backstage) und rechts davon aus der externen Perspektive (Frontstage) ergänzt werden. Das Aus-

[17] Vgl. Ewald et al. (2019), S. 48–55.

[18] Seitz (2017), S. 27.

[19] Vgl. Iskander (2018), S. 2–8.

[20] Vgl. zu folgenden Osterwalder et al. (2020), S. 78–79; zur Verbreitung vgl. Burmeister, Lüttgens, Piller (2016), S. 145. Vgl. auch Kurzzusammenfassung in Lukas (2018), S. 143–159, und Zusammenfassung Forschung zu Geschäftsmodellen Lambert, Montemari (2017), S. 44–47. Im weiteren Verlauf wird der Originalbegriff des Business Model Canvas verwendet.

[21] Vgl. Blank (2013), S. 6.

[22] Vgl. im Folgenden Osterwalder et al. (2014), S. 28–33.

füllen des Canvas folgt einer aufeinander aufbauenden Reihenfolge, die vor dem Ausfüllen des zentralen Leistungsversprechens mit der Definition der Kundensegmente (Customer Segments) beginnt. Das zentrale Element des Leistungsversprechens wurde 2014 um eine eigene Leistungsversprechen-Leinwand (Value Proposition Canvas) ergänzt. Ausgehend von den vom Kunden zu erledigenden Aufgaben (Customer Jobs), werden dort die wahrgenommenen Vorteile (Gains) und Nachteile (Pains) aufgeführt. Die Vor- und Nachteile werden dann in einer weiteren Tabelle in Vorteilspakete (Gain Creator) und Nachteilspakete (Pain Relievers) übersetzt, die dann schließlich zu den neuen Produkten und Dienstleistungen (Products & Services) führen.

Das Werkzeug des Business Model Canvas hat sich wegen seines strukturierten und einfach verständlichen Aufbaus zu einem sehr populären Mittel für die Entwicklung eines tragfähigen Geschäftsmodells entwickelt. Trotz des einfachen Aufbaus sollte es nicht unterschätzt werden. Es wird auch in der Umsetzung des Lean-Startup-Ansatzes verwendet, bei dem das Ausfüllen der Felder und die iterativen Zusammenhänge einer genauen Vorgehensweise folgen.[23]

Die Methode des Business Model Canvas ermöglicht eine übersichtliche strukturierte Darstellung eines Geschäftsmodells. Allerdings sind die Inhalte sehr stark von Kompetenz und Wissen der Ersteller abhängig. Das Modell an sich impliziert kein Testen mit dem Nutzer, was aber zur Validierung z. B. innerhalb des Lean-Startup-Ansatzes notwendig ist. Darüber hinaus ist es trotz des Anscheins einer vollständigen und ganzheitlichen Darstellung nur eine Komponente der Gesamtstrategie, sodass es durch weitere Werkzeuge ergänzt werden muss.[24] In der Praxis konzentrieren sich die Aktivitäten auf die Ausarbeitung eines einzigen Canvas, anstatt sinnvollerweise mehrere Varianten zu testen.[25] Außerdem ist trotz einer Vielzahl von Veröffentlichungen die wissenschaftliche Diskussion unvollständig, was sich auch in einer uneinheitlichen Definition der Begriffe zeigt.[26]

4.1.3 Szenariotechniken

Da Innovationen im Ergebnis stark von Unsicherheiten bestimmt sind, können Szenariotechniken als Zukunftsbilder bestimmte Zustände in der Gegenwart

[23] Vgl. zur Anwendung bei der Lean-Startup-Methode Maurya (2012), S. 23–45. Vgl. für einen Überblick auch Kreutzer, Neugebauer, Pattloch (2017), S. 87–88.

[24] Vgl. Lukas (2018), S. 157–158.

[25] Vgl. Burmeister, Lüttgens, Piller (2016), S. 145.

[26] Vgl. Lambert, Davidson (2013), S. 668–681; Lambert, Montemari (2017), S. 47.

sichtbar machen. Ebenso kann durch Veränderung der Eingangsgrößen als agiler Prozess der erwartete Zustand beeinflusst werden. Die aus dem Strategischen Management bekannte Szenariotechnik unterscheidet sich von herkömmlichen Prognosen dadurch, dass sie nicht auf Werten der Vergangenheit beruht und auf dieser Basis ihre Fortschreibung in die Zukunft annimmt, sondern von einem Gesamtbild zukünftiger Handlungssituationen ausgeht.[27] Außerdem können ausgehend von den Erwartungen verschiedene Zukunftsbilder erstellt werden. „In this way the focus is not a single future, a single outcome, or a single strategy, but on understanding how the possibilities will be shaped by future events that we know will be important, but which cannot be predicted."[28]

Die Szenariotechnik kann neben einem günstigsten Fall (Best Case) und einem ungünstigsten Fall (Worst Case) weitere Szenarien und ein Trend-Szenario für die Zukunftsbilder und dabei verschiedene Einflüsse einzeln oder gleichzeitig berücksichtigen (siehe Abb. 4.2). Entsprechend diesen Einflussgrößen können die Linien-

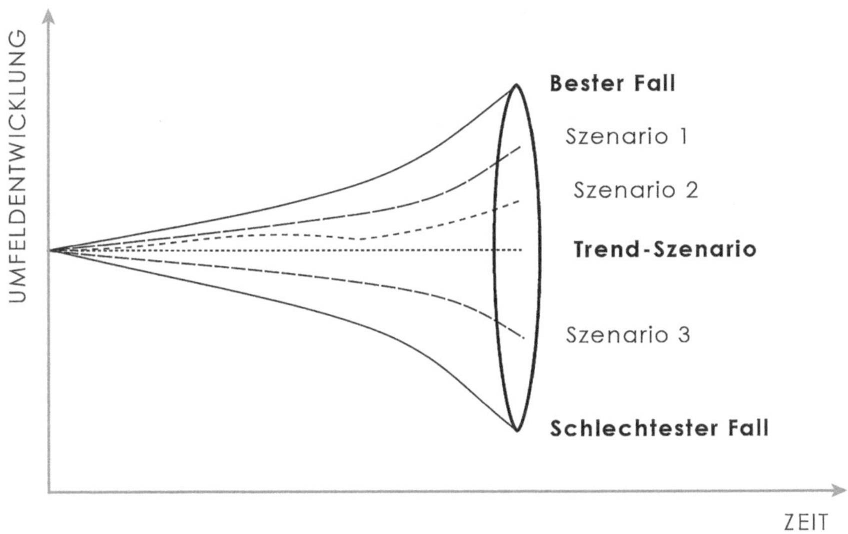

Abb. 4.2 Prognosetrompete mit alternativen Szenarien (vgl. Vahs, Brem (2015), S. 129, eigene Darstellung)

[27] Vgl. Kreutzer, Neugebauer, Pattloch (2017), S. 128.

[28] Morris (2017), S. 81.

verläufe der Szenarien, wie im Szenario 2 dargestellt, Richtungsveränderungen aufweisen. Gerade in einem dynamischen Umfeld ist ein sich tendenziell verkürzender Zeithorizont der Szenarien zu wählen. „Während man herkömmlich von einer relativ überschaubaren Veränderung in der nahen Zukunft von zwei bis fünf Jahren ausging […], muss aufgrund der Exponentialität digitaler Entwicklungen womöglich ein wesentlich kürzerer Betrachtungszeitraum gewählt werden.“[29]

Szenarien lassen sich auch zur ganzheitlichen Trendanalyse anwenden.[30] Die ganzheitliche Analyse von Trends ist zum rechtzeitigen Erkennen großer Marktveränderungen im Sinne einer Disruption im weiteren Sinne und zur Formulierung von entsprechenden Handlungsoptionen wichtig. „When faced with deep uncertainty, teams often develop a habit of controlling for internal, known variables and fail to track external factors as potential disrupters.“[31] Auf eine explizite Nennung von Zeitpunkten im Sinne einer inhaltlichen Aussage wird hierbei i. d. R. verzichtet. „Futurists think about time differently […] we tend to think in the short- and the long-term simultaneously. […] That's why my timelines aren't actually lines at all – they are cones [Kegel].“[32] Folglich wird mit den Kegeln Taktik (Tactics), Strategie (Strategy), Vision (Vision) und langfristig wirkenden Systemveränderungen (Systems-level Evolution) gearbeitet, die mit verschiedenen Zeiträumen verknüpft sind. Während taktische Überlegungen z. B. innerhalb der nächsten zwei Jahre verortet sind, werden Systemveränderungen erst nach zehn Jahren erwartet.[33]

Unter dem Gesamtthema Szenarien mit zukünftigen Handlungsoptionen wird häufig die populäre 3-Horizonte-Betrachtung der US-amerikanischen Unternehmensberatung McKinsey & Company aus dem Jahre 1999 verwendet, da sie sich insbesondere zur Darstellung von Projekten in ambidextrischen Organisationen eignet.[34] Dabei werden Produkte und Geschäftsmodelle einer Unternehmung in drei zeitlich gestaffelten Szenarien mit dem Ziel dargestellt, dass der Gewinn des Unternehmens durch Berücksichtigung der drei Horizonte zunimmt (siehe Abb. 4.3):[35]

---

[29] Kreutzer, Neugebauer, Pattloch (2017), S. 194.

[30] Vgl. zur grundsätzlichen Methodologie Future Today Institute (2021), S. 1–35.

[31] Webb (2020), S. 67.

[32] Webb (2019), S. 4.

[33] Vgl. Webb (2019), S. 4–7.

[34] Vgl. Baghai, Coley, White (1999), S. 3–16; Blank (2019), S. 2.

[35] Vgl. Kreutzer, Neugebauer, Pattloch (2017), S. 77.

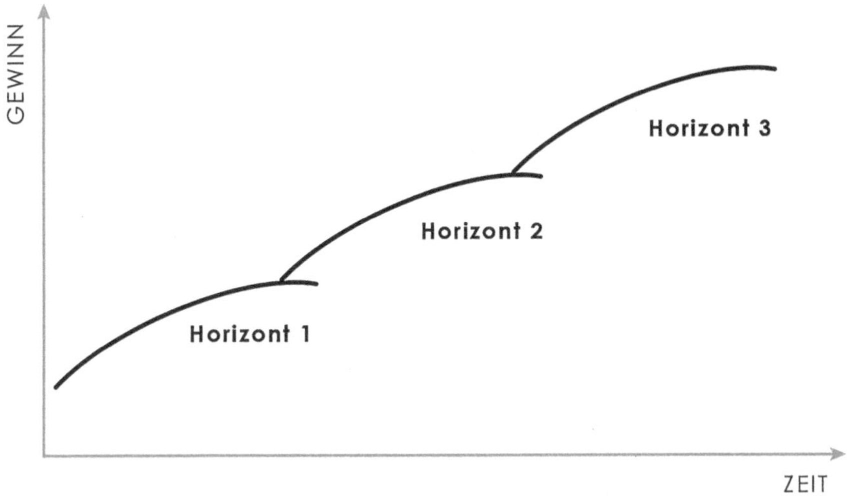

Abb. 4.3 Definition der 3-Horizonte-Betrachtung (vgl. Baghai, Coley, White (1999), S. 5, eigene Darstellung)

- **Horizont 1:** Hier geht es um den Status quo der heute vorhandenen Produkte und Geschäftsmodelle eines Unternehmens.
- **Horizont 2:** Hier werden neue Produkte und Geschäftsmodelle bezüglich relevanter Märkte subsumiert.
- **Horizont 3:** Hier sind völlig neue Produkte und Geschäftsmodelle eingeordnet.

Es ist bei dieser Methode wichtig, die richtigen Initiativen zu identifizieren, diese einzuordnen und umzusetzen. Gerade die Projekte der Horizonte 2 und 3 dürfen nicht auf der Grundlage des aktuellen Geschäfts bewertet werden. Für diese Zukunftsprojekte sind eine größere Risikobereitschaft sowie ein offenes Denken und Handeln erforderlich. Ebenso müssen die Bewertungskriterien angepasst werden. Hilfreich ist, dass trotz der gewünschten Offenheit den einzelnen Horizonten bestimmte Grenzen gesetzt werden, die auf den heutigen und zukünftigen Kernkompetenzen des Unternehmens basieren.[36]

Den Projekten im Horizont 2 sollte besondere Aufmerksamkeit geschenkt werden, weil diese Projekte die Erträge der Zukunft sichern. So sind die strikte Trennung und Beibehaltung der Ressourcen im Horizont 2, insbesondere gegenüber

---

[36] Vgl. Griesbach, Schlüchter (2020), S. 104.

Horizont 1, das Prüfen von Akquisitionen und die Betrachtung von Geschäftsmodellen anstelle von reinen Produkten für den Erfolg förderlich. Darüber hinaus sollten im Horizont 2 die besten Führungskräfte eingesetzt und eigene Prozesse sowie Kennzahlen erarbeitet werden.[37] Bei Betrachtung des gesamten Systems ist es wichtig, die Managementsysteme anzupassen und geeignete Verantwortliche mit den passenden Fähigkeiten und Persönlichkeitsmerkmalen für die Projekte der drei verschiedenen Horizonte zu finden.[38]

Die passenden Erfolgskriterien sind für die Projektentwicklung in den drei Horizonten sehr wichtig (siehe Abb. 4.4). Die kritischen Ziele im Horizont 1 beziehen sich darauf, das aktuelle Geschäft erfolgreich weiterzuentwickeln. Als Kontrast dazu kommt es bei den Projekten im Horizont 3 darauf an, eine neue Produktkategorie zu schaffen und auf den frühen Markt zu zielen. Das Hauptziel von Horizont 2 ist, ausreichend Kunden zu überzeugen, dass der Kipppunkt (Tipping Point) einer typischen glockenförmigen Marktentwicklungs-Kurve überwunden wird und das Produkt in einer geeigneten Nische ein Bestandsprodukt (Going Concern) wird.[39] Die sorgfältige Aufteilung der vorhandenen Ressourcen auf alle drei Horizonte ist essenziell, wobei auch hier der Horizont 2 mit seinem zugedachten Budget besonders kritisch zu betrachten ist. „[...] Horizon 2 projects do make claims on resources that affect the present year's results, but they do not pay off in that same

	Horizont 1 **0-12 Monate**	**Horizont 2** **12-36 Monate**	**Horizont 3** **36-72 Monate**
Kritisches Ziel	Maximiere wirtschaftlichen Erfolg	Werde ein Bestandsprodukt	Schaffe eine neue Kategorie
Erfolgs-kriterien	- Umsatz vs. Planung - Buchungen - Deckungsbeitrag - Marktanteil - Anteil als Lieferant	- Zielkunden vs. Planung - Verkaufs-geschwindigkeit - Auftragsgröße - Segmentanteil - Zeit bis zum Kipppunkt	- Markenkunden - Auftragsgröße - Markenpartner - Öffentlichkeits-arbeit - Referenzprojekte

Abb. 4.4 Erfolgskriterien der 3 Horizonte (vgl. Moore (2011), S. 47, eigene Darstellung)

[37] Vgl. Moore (2007), S. 5–7.
[38] Vgl. Baghai, Coley, White (1999), S. 123–128.
[39] Vgl. Moore (2011), S. 40–50.

year, and that is a very tough pill to swallow."[40] Der US-Konzern Google wendet bei der Aufteilung der Budgets eine 70/20/10-Regel an, wobei noch wichtiger als die individuelle Aufteilung das Verhältnis ist, das über die gesamte Planungsperiode hinwegeingehalten werden soll.[41]

Szenariotechniken haben Limitationen bzw. unterliegen einer Veränderung. Am 3-Horizonte-Modell wird kritisiert, dass es in der ursprünglichen Bedeutung auch Hinweise zur zeitlichen Umsetzung beinhaltet. So sollten, wie in Abb. 4.4 dargestellt, z. B. Projekte im Horizont 1 innerhalb von zwölf Monaten und im Horizont 3 zwischen 36 und 72 Monaten umgesetzt werden.[42] Dieser Zeitbezug ist heute nach Meinung einiger Experten nicht mehr gültig, da auch Projekte disruptiven Charakters im Horizont 3, insbesondere von Start-ups wie Uber, Airbnb und Tesla, sehr schnell aufgebaut werden können, worauf etablierte Unternehmen entsprechend kurzfristig reagieren müssen.[43]

4.1.4 Kanban

Die Methode Kanban entstammt dem bekannten Toyota-Produktionssystem von Ono Taiichi aus dem Jahre 1947 und steht übersetzt für eine Signalkarte. Die Kanban-Karte wird als Signal, wenn Teile benötigt werden, im Sinne des Just-in-time-Ansatzes an eine im Logistikprozess vorgelagerte Stelle übermittelt, sodass von einer vom verkauften Produkt ziehenden Produktion gesprochen werden kann.[44] Durch den Einsatz von Kanban-Karten soll der Fluss der Produkte durch die Produktion bei gleichzeitiger Reduktion der Lagerbestände erreicht werden.[45]

Im Zusammenhang mit agilen Methoden bezieht sich die Methode auf die Einführung von Kanban-Tafeln, mit deren Hilfe Aufgaben in verschiedene Kategorien, z. B. „Wartend", „Noch zu erledigen", „In Bearbeitung" oder „Erledigt", eingeteilt werden.[46] Dabei sind die Umsetzung von Projekten in kleinen Schritten und die für alle Beteiligten sichtbare Visualisierung entscheidend.[47] Durch die Darstellung der

[40] Moore (2011), S. 50.

[41] Vgl. Chesbrough (2020), S. 89.

[42] Vgl. Griesbach, Schlüchter (2020), S. 103–107.

[43] Vgl. Blank (2019), S. 2–5.

[44] Vgl. Huang, Kusiak (1996), S. 169–187; Kusay-Merkle (2018), S. 212–222.

[45] Vgl. Scheller (2017), S. 508; Steffen (2019), S. 127–135.

[46] Vgl. Scheller (2017), S. 508–523; Nowotny (2016), S. 141.

[47] Vgl. Steffen (2019), S. 127–130.

einzelnen Aufgaben auf der Kanban-Tafel werden Überlastungen und Verzögerungen erkennbar und die Kommunikation innerhalb des Teams gefördert.[48]

Zusammenfassend können fünf Vorteile der Methode Kanban benannt werden:[49]

1. Getane Arbeit wird für alle sichtbar
2. Was gerade getan wird, ist immer limitiert
3. Der Durchfluss wird von allen klug gesteuert
4. Mit allen werden Feedbackschleifen durchlaufen
5. Die Weiterentwicklung findet miteinander statt

Oftmals wird Kanban mit Scrum in Verbindung gebracht und manchmal auch nicht trennscharf verwendet. Beide Methoden arbeiten nach dem Pull-Prinzip, d. h., das Team weist sich selbst Aufgaben zu, und setzen auf die Selbstorganisation von Teams, um dadurch die Effizienz zu steigern. Ein Hauptunterschied liegt aber darin, dass sich Kanban ursprünglich mehr auf die kontinuierliche Prozessverbesserung und Scrum mehr auf die komplexe, iterative Produktentwicklung konzentriert.[50] Kanban unterscheidet sich weiter vom Scrum-Ansatz durch die in Scrum eindeutig definierten Rollen, während Kanban zu Rollen und Gruppengröße keine Aussagen trifft.[51]

Obwohl nach einer umfassenden Meta-Studie Kanban sehr oft angewendet wird, ist die Methode wenig beschrieben, was Unternehmen der untersuchten IT-Branche vor große Schwierigkeiten stellt. „The […] Kanban approach […] can be argued to be the fastest growing product development approach in the past decade. However, despite the interest in the approach, there is neither a standard definition of the Kanban approach nor a clear definition of its elements for software development […].“[52]

4.1.5 Objectives and Key Results (OKR)

Die Methode Objectives and Key Results, in der Praxis auch in Deutschland unter dem Kürzel OKR bekannt, bezieht sich nicht spezifisch auf agiles Innovationsmanagement, sondern betrifft insgesamt die agile Ausrichtung und Führung des

[48] Vgl. Kusay-Merkle (2018), S. 216.

[49] Vgl. Nowotny (2016), S. 129.

[50] Vgl. Frömling (2021), S. 2–5.

[51] Vgl. Alqudah, Razali (2017), S. 1–5.

[52] Al-Baik, Miller (2014), S. 1889.

Unternehmens. OKR kann als prozessualer Rahmen definiert werden, der die Leistungen der Mitarbeiter gemeinschaftlich auf messbare Beiträge fokussiert, welche das Unternehmen insgesamt nach vorne bringen. „OKRs is a critical thinking framework and ongoing discipline that seeks to ensure employees work together, focusing their efforts to make measurable contribution that drive the company forward.“[53] Der Ansatz ist im Zusammenhang mit umfassender Innovation auch über das aktuelle Kerngeschäft hinaus jedoch ein wichtiges, im Kern agiles Werkzeug. Es wurde bereits im Jahre 1971 durch den Intel-CEO Andy Grove erfunden, aber erst durch den intensiven Einsatz bei Google bekannt. „At Google, we like to think big. We use a process called objectives and key results (OKRs) to help us communicate, measure, and achieve lofty [hochfliegende] goals.“[54]

OKR beruht in der Tradition der Managementgrößen Frederick W. Taylor, Henry Ford und vor allem Peter F. Drucker auf dem bekannten Management-by-Objectives-Ansatz, der sich allerdings zu einem statischen, hierarchischen Zielsystem entwickelte, welches der heutigen Dynamik nicht mehr standhält.[55] Im Gegensatz dazu ist OKR ein fokussierter Ansatz mit häufiger, manchmal sogar monatlicher Erstellung und einer Mischung aus einer hierarchischen Von-oben-nach unten (Top-down)- und Von-unten-nach oben (Bottom-up)-Bewegung, der vor allem auf der Zusammenarbeit der Unternehmensakteure basiert. „It is collaborative goal-setting protocol for companies, teams, and individuals.“[56] Neben der unternehmensübergreifenden Zusammenarbeit ist die Messbarkeit essenziell. Bei vollständiger Erfüllung der Key Results ist das Objective erreicht. „[…] Key results should be succinct [prägnant], specific and measurable. A mix of outputs and inputs is helpful. Finally, completion of all key results must result in attainment of the objective. If not, it's not an OKR.“[57]

Auf Basis des Leitbildes und länger ausgerichteten Zielen gibt OKR einen Rahmen vor, in dem Mitarbeiter sich selbst organisieren können. Objectives sind dabei einprägsame qualitative Beschreibungen, welche das Team motivieren und herausfordern sollen. Darauf aufbauend werden mit den Key Results durch die Mitwirkenden messbare Metriken geschaffen, die zur Erreichung des Objective wichtig sind.[58] Dabei grenzen sich Key Results von den Key Performance Indicators

[53] Niven, Lamorte (2016), S. 6.

[54] Doerr (2017), S. 255.

[55] Vgl. dazu Doerr (2017), S. 19–23. Vgl. auch Fabel zur Anwendung in Wodtke (2016), S. 10–98.

[56] Doerr (2017), S. 7.

[57] Doerr (2017), S. 54–55.

[58] Vgl. Lobacher, Jacob (2020) S. 98–101. Auf eine Übersetzung wurde hier aufgrund der Eigennamen verzichtet.

(KPI) ab, weil sie sich auf die Ursache der Veränderung konzentrieren und im Gegensatz zu KPIs nicht den Effekt dieser Maßnahmen als Wirkung messen. Es wird empfohlen, die OKR-Methode unabhängig von der Zahlung von Boni frei zu gestalten.[59]

Key Results sollen zur überdurchschnittlichen Leistung motivieren, sodass eine Zielerreichung um die 70 Prozent bereits als gut gilt.[60] Mit ambitionierten Zielen (Stretch Goals) sollen bewusst Ziele gesetzt werden, die zunächst unerreichbar erscheinen, was in der Praxis bei übermäßigem und unpassendem Gebrauch jedoch negative Effekte mit sich bringen kann. Wichtig ist eine Organisation, die bereits eine Erfolgsbilanz und überschüssige Ressourcen (Slack Resources) aufweist, wobei tragischerweise gerade die Organisationen zu ambitionierte Key Results formulieren, bei denen diese beiden Voraussetzungen nicht vorliegen.[61] „To succeed, a stretch goal cannot seem like a long march to nowhere. Nor can it be imposed from on high without regard to realities on the ground. Stretch your team too fast and too far, and it may snap [reißen].“[62] Die Einordnung der OKR in das strategische Zielsystem des Unternehmens ist elementar, da sich Objectives und Key Results aus den darüber liegenden Ebenen Mission, Vision und Strategie ableiten lassen.[63]

Bei der OKR-Methode werden für die transparente Kommunikation die Ergebnisse regelmäßig in besonderen Ereignissen besprochen und überprüft. In der Planungsphase werden auf Unternehmens- und Teamebene die OKR für den kommenden Zeitraum erarbeitet. Die Zielerreichung der Key Results wird wöchentlich in einer kurzen, z. B. 15-minütigen Sitzung auf allen Ebenen geprüft. Am Ende des Zeitraums wird die Zielerreichung in der Rückschau ermittelt und besprochen. Zusätzlich werden Verbesserungen am eigentlichen Prozess diskutiert. Die Retrospektive schließt einen Zyklus ab und hat nicht die Inhalte, sondern die Form der Zusammenarbeit zum Thema. Für eine erfolgreiche Durchführung ist ein OKR Master oder Champion empfehlenswert, der sich einige Stunden pro Woche der Methode widmet und aufgrund der Unterstützungsrolle keine hierarchische Führungskraft sein sollte.[64]

Es wird trotz der unterschiedlichen Ausgangsbedingungen empfohlen, jedes Quartal neue OKR zu bilden, um den notwendigen schnellen Rhythmus beizu-

---

[59] Vgl. Kaufmann, Servatius (2020), S. 53; Niven, Lamorte (2016), S. 148–150.

[60] Vgl. Teipel, Alberti (2019), S. 35; Doerr (2017), S. 147–153.

[61] Vgl. Sitkin, Miller, See (2017), S. 4–9.

[62] Vgl. Doerr (2017), S. 141–142.

[63] Vgl. Niven, Lamorte (2016), S. 42–59.

[64] Vgl. Teipel, Alberti (2019), S. 34–39; Niven, Lamorte (2016), S. 142–143.

behalten. „How frequently you set OKR is one of the areas you might modify. The default answer to how often you create OKRs is, of course, quarterly. As we've previously noted, one of the chief virtues of the model is rapid rhythm, which ensures enhanced communication and learning throughout each twelve-week period.“[65]

OKR umfassen das gesamte Unternehmen, indem diese von der obersten Unternehmensebene über Geschäftseinheiten, Abteilungen oder Teams bis hin zu einzelnen Personen heruntergebrochen werden. Aus diesem Grund ist im Sinne der Konsistenz die einheitliche vertikale sowie horizontale Ausrichtung über die verschiedenen Funktionseinheiten hinweg wichtig. „One of the most toxic problems in modern organizations is inconsistency. [...] Connecting may not completely solve this problem, but it can greatly ameliorate [verbessern] the situation. When you develop a set of connected OKRs, you're entering into a pact with your employees and the manager or executive to whom you report.“[66]

Die OKR-Methode hat einige wichtige Vorteile.[67] Zum einen ist sie relativ einfach zu verstehen und anzuwenden. Durch die kurzen Zeiträume ist sie zum anderen agil und kann bei neuen Situationen regelmäßig angepasst werden. Die Methode zwingt dazu, sich auf Prioritäten zu konzentrieren. Darüber hinaus fördert die Transparenz die funktionsübergreifende abgestimmte Ausrichtung der Belegschaft. Schließlich öffnet OKR die Perspektive auf visionäres Denken und eine Wachstumsdenkweise (Growth Mindset). Studien belegen zudem, dass Firmen mit strukturierten, auf Ziele und Leistungsmessung bezogenen Managementpraktiken erheblich bessere finanzielle Resultate haben als solche, die keine derartigen Methoden einsetzen.

4.2 Konzeptionelle Ansätze

4.2.1 Open Innovation

Open Innovation öffnet die Unternehmensgrenzen für ein agiles Innovationsmanagement, in dem bewusst Ideen von außen erarbeitet und verwendet sowie nach außen verwertet werden. Das Konzept der Offenen Innovation (Open Innovation) wurde durch den an der University of California in Berkeley lehrenden Vordenker Henry W. Chesbrough mit seinem gleichnamigen Buch aus dem Jahre 2003 geprägt

[65] Niven, Lamorte (2016), S. 85.

[66] Niven, Lamorte (2016), S. 114.

[67] Vgl. zum Folgenden Niven, Lamorte (2016), S. 20–26.

und durch zahlreiche, aufeinander Bezug nehmende wissenschaftliche Beiträge umfassend weiterentwickelt.[68] Bekannt ist sein Leitspruch, dass nicht alle schlauen Menschen auf der Welt für das eigene Unternehmen arbeiten. „Not all the smart people in the world work for us."[69] Schwerpunkte der empirischen Forschung sind sowohl kleine und mittelständische Unternehmen (KMU) als auch multinationale Unternehmen, die Fertigungsindustrie und sogar Verhandlungsmethoden.[70] Dem Konzept liegt zugrunde, Ideen von innen und speziell von außen über die Grenzen eines Unternehmens hinweg zu berücksichtigen sowie von innerhalb oder gar von außerhalb des Unternehmens Ideen in den Markt einzuführen. „Open Innovation means that valuable ideas can come from inside or outside the company and can go to market from inside or outside the company as well."[71] Folgende Definition von Open Innovation betont die Wissensflüsse über die Unternehmensgrenzen hinweg und den Bezug zum Geschäftsmodell. „[…] a distributed innovation process based on purposively managed knowledge flows across organizational boundaries, using pecuniary [entgeltlich] and non-pecuniary [unentgeltlich] mechanisms in line with the organization's business model."[72]

Aktuelle empirische Studien belegen einen nachweisbaren Zusammenhang zwischen der Anwendung von Open Innovation und dem Innovationserfolg.[73] Viele erfolgreiche große Unternehmen haben entsprechende Programme entwickelt und mit Erfolg umgesetzt.[74] Allerdings fehlen in der Praxis eindeutige Kennzahlen zur Erfolgsmessung.[75]

Das Konzept der Offenen Innovation ist der Gegensatz des Ansatzes der Geschlossenen Innovation, wie sie von den Innovationslaboren der Großindustrie

[68] Vgl. Bogers et al. (2017), S. 9–29; Blümel, Fecher, Leimüller (2018), S. 14–15; Chesbrough, Bogers (2014), S. 4–15; Pohl, Engel (2020), S. 946–953.

[69] Chesbrough (2003), S. 197.

[70] Vgl. Asakawa, Song, Kim (2014), S. 157–168; Brunswicker, van de Vrande (2014), S. 135–156; Hossain, Kauranen (2015), S. 48–69; Lazzarotti, Manzini (2009), S. 615–634; Obradovíc, Vlačić, Dabić (2021), S. 1–13.

[71] Chesbrough (2003), S. 43.

[72] Chesbrough, Bogers (2014), S. 17.

[73] Vgl. Chesbrough (2020), S. 29; Pohl, Engel (2020), S. 938; Pundziene, Nikou, Bouwman (2021), S. 18–20.

[74] Vgl. Chesbrough (2020), S. 133–151.

[75] Vgl. Vanhaverbeke, Chesbrough, West (2014), S. 291–292.

praktiziert wurde.[76] Zur besseren Einordnung beschreibt Chesbrough Geschlossene Innovation (Closed Innovation) durch sechs Regeln:[77]

1. Wir sollten die besten und klügsten Leute einstellen, damit die pfiffigsten Leute in unserer Branche für uns arbeiten.
2. Um neue Produkte und Dienstleistungen auf den Markt zu bringen, müssen wir sie selbst entdecken und entwickeln.
3. Wenn wir es selbst entdecken, werden wir es zuerst auf den Markt bringen.
4. Das Unternehmen, das eine Innovation zuerst auf den Markt bringt, gewinnt normalerweise auch.
5. Wenn wir die Branche bei Investitionen in Forschung und Entwicklung anführen, werden wir die besten und meisten Ideen entdecken und auch den Markt anführen.
6. Wir sollten unser geistiges Eigentum überwachen, damit unsere Konkurrenten nicht von unseren Ideen profitieren.

Diese geschlossene Methode funktionierte für viele Firmen in der Vergangenheit gut. Ende des 20. Jahrhunderts hat sich die Situation aber v. a. durch die Wechselbereitschaft hoch qualifizierter Mitarbeiter, die steigende Zahl von durch Kapitalgeber finanzierten Start-ups und den Zwang schneller Entwicklungszeiten geändert.[78]

Im Ansatz der Offenen Innovation hingegen geht es um die Auflösung von Unternehmensgrenzen und die Berücksichtigung interner und externer Technologie als Ideengeber (siehe Abb. 4.5). „Open Innovation is a paradigm that assumes the firms can and should use external ideas as well as internal ideas, and internal and external paths to market […].“[79] Bei diesem beidseitigen Ansatz geht es nicht nur um die Ideengenerierung (Outside-in), sondern vor allem auch um die Ideenverwertung (Inside-out), die Chesbrough in der aktuellen Diskussion für vernachlässigt hält.[80] Er schlägt explizit die Verwendung der Technologie durch ein als Unternehmensausgründung konzipiertes Start-up und durch Gewährung von Lizenzen vor. Außerdem können bisher nicht selbst nutzbare, durch die Unsicherheit von Entwicklungen entstandene Überschüsse (Spillovers), wie ungenutzte Erfindungen, an andere Unternehmen lizenziert oder verkauft werden, was

[76] Vgl. Wladawsky-Berger (2020), S. 1.

[77] Vgl. Chesbrough (2003), S. XX.

[78] Chesbrough erwähnt explizit die Bedeutung von Venture Capital (VC).

[79] Chesbrough (2003), S. XXIV.

[80] Vgl. Chesbrough (2020), S. 30–32.

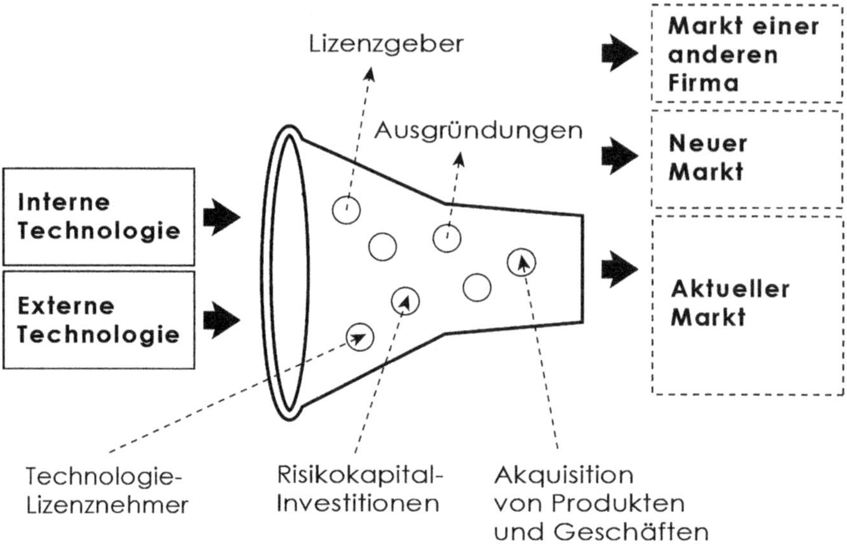

Abb. 4.5 Das Open-Innovation-Paradigma (vgl. Chesbrough (2020), S. 36, eigene Darstellung)

unternehmenseigene F&E von einem Kostenverursacher zu einer zusätzlichen Einnahmequelle verändert.[81] „[...] no longer should a company lock up is IP [Intellectual Property], but instead it should find ways to profit from others' use of that technology through licensing, agreements, joint ventures and other arrangements."[82] Darüber hinaus kann bei entsprechend vereinbarter Transparenz die Ideenverwertung durch Dritte als eine Art Markttest ohne eigene Kosten angesehen werden, der wiederum das Geschäftsmodell des Lizenzgebers oder Verkäufers beeinflussen kann.[83] „Thus Inside-Out Open Innovation combined with the resulting free business model research could be an important element in business model reconfiguration, depending on how the firm treats the information and the relation of the firm has with the organization commercializing the new technology, project, product, or service."[84]

[81] Vgl. Chesbrough, Bogers (2014), S. 16–17.

[82] Chesbrough (2011), S. 37.

[83] Vgl. Vanhaverbeke, Cloodt (2014), S. 272.

[84] Chesbrough, Tucci (2020), S. 28.

Zusätzlich wird als dritte Möglichkeit der Open Innovation ein gekoppelter Prozess (Coupled process) eingeführt. Dieser kann als Kombination der beiden Varianten Von-innen-nach-außen (Inside-out) und Von-außen-nach-innen (Outside-in) im Sinne eines Unternehmensbündnisses betrachtet werden. „[...] coupling the outside-in and inside-out processes by working in alliances with complimentary partners in which give and take is crucial for success."[85] Eine Inhaltsanalyse wissenschaftlicher Publikationen zeigt, dass diese Art von Zusammenarbeit in 42 Prozent der untersuchten Studien auftritt.[86] Bei den gekoppelten Prozessen sind vier Dimensionen relevant:[87]

1. **Art des externen Akteurs** (Nature of the external Actor). Hier können Unternehmen, nicht-kommerzielle Organisationen oder Privatpersonen infrage kommen.
2. **Struktur der Beziehung** (Topology of the Relationship). Neben Konstrukten mit zwei Parteien können auch Netzwerke interagieren.
3. **Antrieb der Zusammenarbeit** (Impetus of Collaboration). Hierzu zählen die strategische Intention von Unternehmen und genauso Motive von Privatpersonen z. B. bei der Weiterentwicklung von Open-Source-Software
4. **Ort des Innovationsprozesses** (Locus of Innovation Process). Hier gibt es die zwei Varianten der zweiseitigen Zusammenarbeit mit Informationsaustausch oder der interaktiven Zusammenarbeit im Sinne einer gemeinsamen Wertschöpfung (Co-Creation).

Das Konzept der Open Innovation führt zu einem neuen Rollenverständnis der internen F&E mit einem Perspektivenwechsel von außen nach innen. „Today, in many industries, the logic that supports an internally oriented, centralized approach to R&D has become obsolete. [...] Such factors create a new logic of open innovation that embraces external ideas and knowledge in conjunction within internal R&D."[88] Diesbezüglich können mit der Art des Partners, den betroffenen Projektphasen und der Art der Zusammenarbeit drei wichtige Einflussfaktoren auf den Projekterfolg unterschieden werden. Bei externen Partnern kommen grundsätzlich technologie- und marktbezogene Partnerschaften infrage. Gerade bei größeren, komplexen Projekten bieten sich beide Partnerschaften zeitgleich an. „The joint use of technology-based and market-based collaboration may also be useful. [...]

85 Gassmann, Enkel (2004), S. 6.

86 Vgl. West, Bogers (2013), S. 9.

87 Vgl. Piller, West (2014), S. 37–39.

88 Chesbrough (2011), S. 51.

The larger the projects, the easier is to deliver the extra investment related to collaboration with different partners.“[89]

Der interne F&E-Bereich soll für Open Innovation nach den folgenden Organisationsprinzipien aufgestellt werden:[90]

- Identifizieren, Verstehen, Auswählen und Verbinden mit extern verfügbarem Wissen
- Füllen der Wissenslücken, die nicht extern entwickelt werden
- Integrieren von internem und externem Wissen zu komplexen Wissenskombinationen, um neue Systeme und Architekturen zu schaffen
- Erzielen von zusätzlichen Einnahmen und Gewinnen aus dem Verkauf von Forschungsergebnissen an andere Unternehmen zur Verwendung in ihren eigenen Systemen

Einen besonderen Schwerpunkt legt Chesbrough auf die Produktarchitektur, bei der sowohl der interne F&E-Bereich als auch externe Akteure eingebunden werden. Während am Anfang aufgrund des Wissensdefizits noch alle Komponenten der Entwicklung in einer Wechselwirkung zueinander stehen, lösen sich diese in bekannte Module auf, die durch definierte Schnittstellen in das Produkt integriert werden können. „This modular mode enables companies to assemble systems more easily, since they can ‚plug and play‘ components whose interface characteristics are not well understood.“[91]

In einem weiteren Schritt weist Chesbrough auf die Wichtigkeit von Geschäftsmodellen (Business Models) im Gegensatz zu reiner, so nicht verwertbarer Technologie hin.[92] Er erweitert später seine Definition, indem er den Managementansatz einschließlich des Geschäftsmodells des Unternehmens betont.[93] Ein Geschäftsmodell sollte die sechs Elemente Leistungsversprechen (Value Proposition), Marktsegment (Market Segment), Wertschöpfungskette (Value Chain), Kostenstruktur und Zielmargen (Cost Structure and Target Margins), Nutzen-Netzwerk (Value Network) und Wettbewerbsstrategie (Competitive Strategy) enthalten. Die neu gewonnenen Geschäftsmodelle müssen wiederum gegeneinander getestet werden. Bei den Entscheidungen können erfahrene Investmentmanager unterstützen, da reine Technologiemanager damit überfordert sind.

---

[89] Vanhaverbeke et al. (2014), S. 125.

[90] Vgl. Chesbrough (2003), S. 53.

[91] Chesbrough (2003), S. 61.

[92] Vgl. Chesbrough (2003), S. 64–65.

[93] Vgl. zum Folgenden Vanhaverbeke, Chesbrough (2014), S. 53–55.

Chesbrough erweitert den Begriff der ursprünglich statischen Geschäftsmodelle auf offene Geschäftsmodelle, die mit geschlossener, aber auch offener Innovation kombiniert werden können.[94] Aus deren Ausprägungen ergeben sich insgesamt sechs verschiedene Kombinationen. Zum einen können Geschäftsmodelle geschlossen/für sich alleine stehend oder offen/verbunden sein. Zweitens können Innovationen entweder geschlossen oder offen von-innen-nach-außen und umgekehrt von-außen-nach-innen klassifiziert werden.

Um die Ergebnisse der Open Innovation mit den Zielen des Unternehmens in Einklang zu bringen, sollte sich deren Umsetzung an den strategischen Zielen des Unternehmens orientieren. „[…] the full potential of open innovation cannot be realized as long as it is not connected to corporate strategy.“[95] Dadurch muss sichergestellt werden, dass Ideen und Innovationen den luftleeren Raum verlassen und auf das aktuelle und zukünftige Geschäft ausgerichtet werden. „We distract ourselves with the ‚shiny new objects' that arise from the advance of technology. All too often, the front end of the innovation process is not connected to the businesses that are to commercialize any new technologies. […] To realize the potential from exponential technologies, we must refocus our attention on the things that really matter in innovation […].“[96] Bei der Implementierung von Open Innovation insbesondere in großen, multinationalen Unternehmen sind Faktoren auf Makro- und Mikroebene zu beachten. So sind auf Makroebene die Themen der Prozesse, des internen Änderungsimpulses (Internal Change Stimulus), der Koordination, des Ortes und der Netzwerke zu beachten. Auf der Mikroebene müssen Entscheidungen bezüglich der umsetzenden Personen, des Ausmaßes (Divisibility) und der sozialen Interaktionen getroffen werden.[97]

In seinen folgenden Ausarbeitungen konzentriert sich Chesbrough auf die seiner Meinung nach vernachlässigte Von-innen-nach-außen-Perspektive von Open Innovation.[98] Unter dem Thema der Aufteilung von Innovationsarbeit (Division of Innovation Labor) beschäftigt er sich intensiv mit Ideen respektive Schutzrechten, die nicht im eigenen Unternehmen verarbeitet werden. „By a ‚division of innovation labor', I mean a system where one party develops a novel idea but does not carry this idea to market itself. […] An open business model uses this new division of innovation labor – both in the creation of value and in the capture of a portion of that. Open models create value by leveraging many more ideas, due to their inclu-

[94] Vgl. Chesbrough (2006), S. 88–89.

[95] Vanhaverbeke (2013), S. 10.

[96] Chesbrough (2020), S. 10, 11.

[97] Vgl. Mortara, Minshall (2014), S. 223–238

[98] Vgl. Chesbrough (2006), S. 1–20.

sion of a variety of external concepts."[99] Er plädiert für eine Verwertung nicht selbst genutzter Ideen und für die Nutzung externer Ideen für das eigene Geschäftsmodell, weist jedoch im selben Atemzug auf die dafür notwendige Funktionsfähigkeit eines Zweitmarktes für Produkt- und Dienstleistungsinnovationen hin, was in der Realität nur rudimentär gegeben ist. Später stellt er einige Innovationsvermittler (Innovation Intermediaries) ausführlich vor.[100] Methodisch empfiehlt er die Erstellung einer Patent-Landkarte (Patent Mapping), um Defizite im Patentbereich der eigenen Geschäftsmodelle zu analysieren und entsprechend zu handeln, indem diese Patent-Landkarte in Bezug zu den Phasen des Technologielebenszyklus gestellt wird.[101] „Overall, on both the buy side and the sell side, managing IP [Intellectual Property] requires a phased approach that corresponds to the technology life cycle of the industry."[102]

Sein Credo ist, dass Unternehmen häufiger offenere Geschäftsmodelle entwickeln müssen, um am meisten von den Vorteilen der Open Innovation zu profitieren. Aufbauend auf seiner früheren Definition eines Geschäftsmodells und seinen neuen Überlegungen zu den Schutzrechten stellt er einen Rahmen vor, um das eigene Geschäftsmodell zu bewerten und zu verbessern. Das Ergebnis sind sechs idealtypische Geschäftsmodelle, die sich durch die Höhe der Investition und die Offenheit des Geschäftsmodells unterscheiden und darüber hinaus den Innovationsprozess und das Schutzrechtemanagement berücksichtigen (siehe Abb. 4.6).[103]

Bei den von ihm untersuchten Unternehmen ist augenfällig, dass der Prozess der Geschäftsmodellinnovation durch ein negatives Ereignis, einen Systemschock, ausgelöst wurde. Den Ablauf zur Überprüfung des eigenen Geschäftsmodells unterteilt er demnach in vier Phasen:[104]

1. Identifizieren eines Systemschocks
2. Experimente zur Suche neuer Umsatzquellen
3. Identifikation erfolgreicher Geschäftsmodelle
4. Wachstum des neuen Geschäftsmodells

In einer Simulation mit verschiedenen Akteuren konnte der positive Effekt eines Open-Innovation-Ansatzes auf den Unternehmenserfolg nachgewiesen wer-

---

[99] Chesbrough (2006), S. 2.

[100] Vgl. Chesbrough (2006), S. 135–182.

[101] Vgl. Chesbrough (2006), S. 86–89.

[102] Chesbrough (2006), S. 105.

[103] Vgl. Chesbrough (2006), S. 108–134.

[104] Vgl. Chesbrough (2006), S. 187–189, S. 208.

	Geschäftsmodell	Innovationsprozess	Patentmanagement
Typ 1	Undifferenziert	Keiner	Nicht vorhanden
Typ 2	Differenziert	Ad hoc	Reaktiv
Typ 3	Segmentiert	Geplant	Defensiv
Typ 4	Nach außen gerichtet	Nach außen unterstützend	Befähigender Aktivposten
Typ 5	Integriert	Mit Geschäftsmodell verknüpft	Finanzieller Aktivposten
Typ 6	Anpassungsfähig	Identifiziert neue Geschäftsmodelle	Strategischer Aktivposten

Abb. 4.6 Rahmen der Geschäftsmodelle mit Innovations- und Schutzrechteprozessen (vgl. Chesbrough (2006), S. 111, eigene Darstellung)

den.[105] Zur erfolgreichen Durchführung von Open Innovation sind dynamische Fähigkeiten (Dynamic Capabilities) wie Aufspüren (Sensing), Anpacken (Seizing) und Umsetzen (Transforming) erforderlich, deren Herausbildung Aufwand bedeutet.[106] Um die Eignung von Akquisitionen als Stärkung der Wettbewerbsposition im Sinne der Open Innovation nachzubilden, können mathematische Konzepte echter Bewertungsansätze (Real Options Approach) angewandt werden, gerade um die dynamischen Fähigkeiten (Dynamic Capabilities) des zu übernehmenden Unternehmens einzuschätzen.[107] Besonders erfolgversprechend sind in der Praxis der Open Innovation gekoppelte Prozesse, weil sie die Vorteile der eingehenden und ausgehenden Innovationsrichtungen kombinieren. „Existing research has noted the advantages and disadvantages of inbound as well as of outbound OI [Open Innovation]. In coupled OI, inbound and outbound OI complement each other. Coupled OI thus enables organizations to get the best of both worlds, and perform better than if the organizations engage in inbound or outbound OI alone."[108] Anhand der drei Ausprägungen intern, geteilt und extern, bezogen auf

[105] Vgl. Nawroth, Struck, Warschat (2019), S. 405–424.

[106] Vgl. Bogers et al. (2019), S. 83–85; Pundziene, Nikou, Bouwman (2021), S. 18–20. Vgl. zu Dynamic Capabilities Hutton, Demir, Eldrigde (2021), S. 1–15; Teece, Pisano, Shuen (1997), S. 509–533.

[107] Vgl. Čirjevskis (2021), S. 1–16.

[108] Nguyen, Huang, Tian (2021), S. 10.

den Ort der Innovation und der eher reaktiven oder proaktiven Aufmerksamkeit des Managements, lassen sich sechs Ausprägungen des Einbeziehens externer Innovationsquellen systematisieren, die eine Orientierung auf die für das spezifische Unternehmen geeignete Open-Innovation-Strategie erlauben. „First, the typology of archetypal strategies [...] can be used to determine an inbound open strategy that supports the company's overall objectives. [...] Finding the right balance between underinvestment and overinvestment in dynamic capabilities is a key task for managers responsible for open innovation.“[109] Eine Analyse zahlreicher Studien dreier europäischer Länder zeigt, dass bei Innovationen, die für das Unternehmen neu sind, die Erfolge höher ausfallen als bei Innovationen, die für den Markt neu sind. „[...] we found that the robustness of the variables for new-to-the-world innovation was markedly lower than in the case of the variables for new-to-the-firm innovation which highlights the need to consider modeling choices with respect to these different types of innovation outcomes with great care.“[110] Ein umfassendes Wissensmanagement, so eine weitere Studie, begünstigt den Aufbau internen, verwertbaren Wissens und externer Ökosysteme zur Zusammenarbeit bei Innovationen im Sinne der Open Innovation.[111]

Mit der Anwendung von Open Innovation sind bei Betrachtung des Nutzens externer Quellen auch Nachteile wie z. B. Koordinierungskosten der externen Parteien und Geheimhaltungsrisiken verbunden.[112] Durch den Einbezug externer Akteure entsteht durch die Sichtung der umfangreichen Informationen im Vergleich zur geschlossenen Vorgehensweise ein höherer Aufwand. „One limitation of Open Innovation processes is that it takes time and resources to evaluate the higher amount of external information.“[113] Darüber hinaus müssen Eigentumsrechte der Ideen geklärt werden.[114] Es gibt folglich einen für das Unternehmen wichtigen Kipppunkt (Tipping Point), nach dem die Berücksichtigung weiterer Ideen von außen ineffizient wird. „The possibility of over-search helps to create a more

[109] Pihlajamma (2021), S. 16.

[110] Ebersberger et al. (2021), S. 9.

[111] Vgl. Santoro et al. (2017), S. 5–6.

[112] Vgl. Grönlund, Sjödin, Frishammar (2010), S. 108; Nawroth, Struck, Warschat (2019), S. 409–410.

[113] Chesbrough (2020), S. 67. Einen interessanten Bezugsrahmen bietet die Transaktionskostentheorie, zu der Open Innovation aber nicht im Widerspruch steht. Erhöhende Einflussfaktoren sind z. B. die Anzahl der Partner, während die Nutzung von Dienstleistern im Sinne von Intermediären Kosten wiederum reduzieren kann. Vgl. Vanhaverbeke, Cloodt (2014), S. 261–264.

[114] Vgl. Birkinshaw, Bouquet, Barsoux (2011), S. 5–6.

nuanced view of the role of openness, search, and interaction. [...] It [our research] suggests external sources need to be managed carefully so that search efforts are not dissipated across too many search channels.“[115]

Zu beachten ist weiter, dass Innovationsprojekte früh nach außen kommuniziert werden müssen und ein funktionierender Prozess mit einem Innovationsmanagement einschließlich der dafür notwendigen Ressourcen bereitgestellt werden muss.[116] Die Anwendung von Open Innovation kann zu einem Widerspruch (Paradox) führen, dem durch die Anwendung von differenzierenden und integrierenden Maßnahmen begegnet werden soll. „Firms need to address conflicting demands of control and openness across distinct levels, from the individual and group levels to the firm level.“[117] Kritisch gesehen werden schließlich die Abgrenzung zu anderen Begriffen der Innovation und der hohe Praxisbezug zu Ungunsten einer klaren wissenschaftlichen Einordnung.[118]

4.2.2 Lead User

„People may use your technology in ways you never expected.“[119] Ein wichtiger Ansatz im Sinne der Open Innovation ist der Einbezug von Anwendern in den Entwicklungsprozess, der positive Effekte hat und in verschieden hoher Intensität erfolgen kann.[120] Obwohl der Lead-User-Ansatz im weiteren Sinne zum Konzept der Open Innovation gezählt werden kann, gebührt ihm hier aufgrund seiner längeren Geschichte seit dem Jahre 1986 und der spezifischen Methode eine eigene Darstellung.[121] Außerdem grenzt Chesbrough Open Innovation vom Ansatz der Lead User ab, indem er darauf verweist, dass von Hippel sich bei seinem Verständnis von Open Innovation auf Anwender und Wissen als frei zugängliches offenes Gut beruft.[122]

[115] Laursen, Salter (2006), S. 146.

[116] Vgl. Pohl, Engel (2020), S. 934.

[117] Lauritzen, Karafyllia (2019), S. 118.

[118] Vgl. Chesbrough, Bogers (2014), S. 20–24; Vanhaverbeke, Cloodt (2014), S. 273–277; Vanhaverbeke, Chesbrough, West (2014), S. 282–284.

[119] Chesbrough (2003), S. 56.

[120] Vgl. Bogers et al. (2017), S. 19; Bogers, Afuah, Bastian (2010), S. 858–872; Wobser (2003), S. 25–39. Zu den Rollen der Kunden vgl. Reichart (2002), S. 41.

[121] Vgl. Pohl, Engel (2020), S. 938–940.

[122] Vgl. Chesbrough, Bogers (2014), S. 20–21; Piller, West (2014), S. 29–48.

Die Lead-User-Methode wurde in den 1980er-Jahren durch den US-amerikanischen Wissenschaftler Eric von Hippel geprägt. Dabei geht es nicht zuerst darum, wie vermutet werden könnte, allgemein besonders wichtige Kunden oder Anwender in den Innovationsprozess einzubinden, sondern Nutzer mit besonderen Eigenschaften zunächst zur Ideenfindung mit ersten Lösungsansätzen für Neuentwicklungen zu identifizieren und mit ihnen zusammenzuarbeiten.[123]

Lead User zeichnen sich durch zwei grundlegende Eigenschaften aus:[124]

- Lead User haben Bedürfnisse Monate oder Jahre, bevor diese allgemein bekannt werden.
- Lead User profitieren maßgeblich von der Befriedigung dieser Bedürfnisse.

Diese Eigenschaften haben zur Folge, dass Lead User oft selbst Lösungen durch Erweiterungen und Veränderungen von erhältlichen Produkten bis hin zu gänzlich selbst gebauten Lösungen entwickelt haben. Sie werden aktiv, weil sie aus ihrer Sicht passende Lösungen nicht am Markt kaufen können oder die Transaktionskosten beim Bezug über den Markt zu hoch sind. Gründe sind die hohe Spezifität oder die mühsame Suche nach den passenden Produkten, gerade wenn sie selten benötigt werden.[125] Ebenso sind aus Anwendersicht die Transaktionskosten zu hoch, potenzielle Hersteller über den eigentlichen Bedarf zu informieren, sodass aus Sicht der Hersteller zähflüssige Informationen (Sticky Information) vorliegen.[126]

Zur praktischen Umsetzung lässt sich die Lead-User-Methode in vier Schritte unterteilen. Nach der Projektinitiierung erfolgt eine Trendanalyse mit anschließender Identifikation der Lead User. In der letzten Phase des Konzeptdesigns werden in Workshops die zu verwertenden Ergebnisse erarbeitet.[127]

In zahlreichen empirischen Studien weisen von Hippel und andere Wissenschaftler nach, dass die Suche sowie die Zusammenarbeit mit Lead Usern und Kooperationen an sich lohnenswert sind.[128] In einer Weiterführung des Konzeptes

---

[123] Vgl. von Hippel, Sonnack (1999), S. 11.

[124] Vgl. Urban, von Hippel (1988), S. 569.

[125] Vgl. zu Transaktionskosten grundlegend Williamson (1979), S. 233–261. Vgl. auch Zusammenfassung in Gruner (1997), S. 46–51; Macharzina, Wolf (2018), S. 57–60.

[126] Vgl. von Hippel (1994), S. 430–432. Lead User sind im Sinne des Innovator's Dilemma dann Nonconsumers, da sie die Lösungen selbst entwickeln. Vgl. Christensen, Raynor (2003), S. 102–103.

[127] Vgl. Reichwald et al. (2007), S. 146–159.

[128] Vgl. von Hippel (1980), S. 53–65; Lüthje, Herstatt (2004), S. 555–556; Hauschildt et al. (2016), S. 267–270.

weitet der deutsche Wissenschaftler Cornelius Herstatt die möglichen Rollen von Lead Usern über die beiden ersten Funktionen als Initiator und Berater aus auf eine Mitarbeit als Partner im eigentlichen Entwicklungsprozess und bei der daran anschließenden Vermarktung.[129] Zudem stellt er ein vierstufiges Implementierungs-Konzept vor.[130] Kooperation bei F&E ist in den von Herstatt untersuchten Studien ein signifikanter Erfolgsfaktor. Eine weitere Studie berichtet von der relativ einfachen Möglichkeit für Unternehmen, Lead User zu finden, und von deren grundsätzlicher Bereitschaft zur Mitarbeit, wobei die Lead User sich davon nicht Anerkennung, sondern vorrangig eine bessere Lösung versprechen.[131] Eine Auswertung von Fallstudien zeigt, dass durch eine erfolgreiche Kooperation auch die grundsätzliche Kundenbindung gestärkt wird.[132]

Bei der Lead-User-Methode wird der hohe Zeitaufwand als nachteilig betont.[133] Neben der Effizienz der Suche und der Auswertung müssen die Ideen der Anwender in das Eigentum des Unternehmens übergehen.[134] Darüber hinaus ist es wichtig, für die unterschiedlichen Phasen des Entwicklungsprozesses Anwender mit passenden Eigenschaften zu finden. So sind für die Ideenentwicklung radikaler Innovationen eher Extremanwender geeignet, während für die Evaluierung späterer Prototypen eher repräsentative Anwender nützlich sind.[135] Außerdem besteht die Gefahr, dass die hohen Ansprüche der Lead User für den Gesamtmarkt nicht relevant sind und die Produktverbesserungen bei einer zu einseitigen Berücksichtigung von den Kunden nicht honoriert werden.[136]

4.2.3 Ambidextrie

Mit Ambidextrie von lateinisch ambo (beide) und dextera (rechte Hand) wird grundsätzlich die Fähigkeit bezeichnet, beidhändig zu agieren, also unterschiedliche

---

[129] Vgl. Herstatt (1991), S. 45–47. In diesem Zusammenhang könnte man auch von dem populären Begriff Co-Creation sprechen. Vgl. zum Begriff Co-Creation z. B. Brandsen, Honingh (2018), S. 9–16.

[130] Vgl. Lüthje, Herstatt (2004), S. 560–565.

[131] Vgl. Globocnik, Faullant (2020), S. 10–11. Vgl. zu den Vor- und Nachteilen bei der Zusammenarbeit von Anwendern und Unternehmen Wobser (2003), S. 65.

[132] Vgl. Schrader, M. F. (2008), S. 253–254.

[133] Vgl. Eisenberg (2011), S. 57.

[134] Vgl. West, Bogers (2013), S. 12–13.

[135] Vgl. Lettl (2004), S. 91–94.

[136] Vgl. Ulwick (2002), S. 3.

Ziele gleichzeitig zu verfolgen.[137] Während der Begriff der Organisationalen Ambidextrie (Organizational Ambidexterity) erstmals bereits im Jahre 1976 verwendet wurde, waren es die grundlegenden Arbeiten von James G. March in den frühen 1990er-Jahren, die als Ursprung des intensiv diskutierten Konzeptes gelten.[138] Er fordert erstmals, dass langfristig erfolgreiche Organisationen sowohl das Ausnutzen vorhandener Potenziale (Exploitation) als auch das Nutzens neuer Potenziale (Exploration) durch Experimente beherrschen müssen. „The essence of exploitation is the refinement and extension of the existing competences, technologies, and paradigms. Its returns are positive, proximate, and predictable. The essence of exploration is experimentation with new alternatives. Its returns are uncertain, distant, and often negative. Thus, the distance in time and space between the locus of learning and the locus for the realization of returns is generally greater in the case of exploration than in the case of exploitation, as is the uncertainty."[139]

Im betriebswirtschaftlichen Kontext bezieht sich der Begriff Ambidextrie folglich auf die Kompetenz von Organisationen, sowohl bestehende Potenziale bezüglich vorhandenen Wissens und Routinen auszunutzen (Exploitation) als auch völlig neue Ansätze z. B. bezüglich der explorativen Innovation zielgerichtet durch Ausprobieren zu verfolgen (Exploration).[140] „Ambidextrous organizations encompass two profoundly different types of business – those focused on exploiting existing capabilities for profit and those focused on exploring new opportunities for growth."[141] Ambidextrie bezeichnet demnach „[…] eine organisatorische Fähigkeit […], exploitative und explorative Aktivitäten gleichzeitig umzusetzen".[142] Dabei ist neben der organisatorischen Ausgestaltung die übergeordnete, für das Unternehmen richtige Balance beider Aktivitäten wichtig.[143]

Etablierte Unternehmen und junge Unternehmen wie Start-ups haben völlig unterschiedliche Ausgangspositionen. Während etablierte Unternehmen grundsätzlich in der Exploitation gut sind und Exploration lernen müssen, ist es bei Start-ups, wie z. B. der kanadischen Sportartikelmarke Lululemon, umgekehrt. „Aufstrebende Unternehmen […] stehen vor einer Aufgabe, die genau gegensätzlich zu

[137] Vgl. Fojcik (2015), S. 33–65; Schumacher, Wimmer (2020), S. 10–15.

[138] Vgl. Raisch, Birkinshaw (2008), S. 276. Vgl. Originalquellen in Duncan (1976), S. 167–188; March (1991), S. 71–87.

[139] March (1991), S. 85.

[140] Vgl. zu den Begriffen und ihrer Auslegung Gupta, Smith, Shalley (2006), S. 693–704.

[141] O'Reilly, Tushman (2004), S. 7.

[142] Fojcik (2015), S. 5. Diese beiden Begriffe werden im englischen Original verwendet, weil eine deutsche Übersetzung nicht zielführend ist und die gegensätzlichen Begriffe phonetisch gut zueinander passen.

[143] Vgl. Gibson, Birkinshaw (2004a), S. 1–2.

der für etablierte Unternehmen läuft: Wachsende Firmen müssen mit der Herausforderung der Exploitation, also mit der Vergrößerung des Marktanteils, im Rahmen ihrer explorativen Möglichkeiten zurechtkommen. Die Revolution bei Lululemon oder jeder anderen Jungfirma [...] besteht darin, von der bloßen Exploration überzugehen zu Exploration und Exploitation."[144]

Das Konzept der Ambidextrie wurde als direkte Antwort auf das Innovator's Dilemma von Christensen formuliert und geht doch weit darüber hinaus.[145] Die beiden US-Wissenschaftler Charles A. O'Reilly und Michael L. Tushman beschränken sich nicht auf das ursprüngliche Hauptargument von Christensen, für disruptive Innovationen eine eigene Einheit auszugründen. Sie empfehlen vielmehr einen integrierten Lösungsweg mit drei wesentlichen Erfolgskriterien, für die eine eigene Einheit neben der Identifikation der Stärke und der Fähigkeiten der Organisation zur Exploration, die Unterstützung und Überwachung durch das Top-Management ausschlaggebend ist.[146]

Zur praktischen Umsetzung sind vier Strukturelemente in absteigender Reihenfolge gesamtheitlich notwendig:[147]

1. **Klarer strategischer Inhalt**, der die Notwendigkeit der Verwertung (Exploitation) und Erkundung (Exploration) rechtfertigt, einschließlich der expliziten Identifikation dieser organisatorischen Vermögenswerte und seiner Fähigkeiten, die von der Explorationseinheit für Wettbewerbsvorteile genutzt werden können
2. **Verpflichtung und Aufsicht der Geschäftsführung**, das neue Unternehmen zu fördern, zu finanzieren und vor denen zu schützen, die es zerstören würden
3. **Ausreichende Trennung vom verwertenden Geschäft**, damit das neue Unternehmen seine eigene architektonische Ausrichtung und die sorgfältige Gestaltung der organisatorischen Schnittstellen entwickeln kann, die erforderlich sind, um die kritischen Vermögenswerte und Fähigkeiten der reifen Seite des Unternehmens zu nutzen, einschließlich klarer Kriterien, um zu entscheiden, wann die erkundende Einheit eingestellt oder zurück in die Organisation integriert werden soll
4. **Vision, Werte und eine Kultur**, die für eine gemeinsame Identität der Erkundungs- und Verwertungseinheiten sorgen und allen Beteiligten zeigen, dass sie an einem Strang ziehen

[144] Tushman, Schumacher (2020), S. 7.

[145] Vgl. Übersicht in Gold (2018), S. 19–20.

[146] Vgl. O'Reilly, Tushman (2016), S. 140.

[147] Vgl. O'Reilly, Tushman (2016), S. 174–175; vgl. auch empirische Studie in O'Reilly, Tushman (2011), S. 5–20.

Von besonderer Bedeutung ist das Führungsverhalten der Unternehmenslenker, das sich in fünf Führungsprinzipien festhalten lässt:[148]

1. Binden Sie das Senior-Team in ein emotional überzeugendes strategisches Ziel ein.
2. Wählen Sie explizit aus, wo die Spannung zwischen Erkunden und Verwerten in Ihrem Organisationsdesign verortet werden soll.
3. Konfrontieren Sie hochrangige Teammitglieder mit Spannungen, anstatt diese zu vermeiden.
4. Üben Sie „konsequent inkonsistentes" Führungsverhalten mit unterschiedlichen, bewusst gesetzten Maßstäben in unterschiedlichen Einheiten.
5. Nehmen Sie sich Zeit, um Entscheidungspraktiken zu diskutieren und anzupassen, um Geschäftsmöglichkeiten zu erkunden und zu nutzen.

Ambidextrie kann darüber hinaus als Lösungsansatz der digitalen Transformation verstanden werden, wenn nämlich, wie beim doppelten S-Kurvenmodell des Innovator's Dilemma, traditionelle Technologien durch digitale Lösungen abgelöst werden.[149] Dabei kommt speziell dem Kommunikationsverhalten der Führungskräfte eine besondere Bedeutung zu. Vier entscheidende Elemente müssen von den Führungskräften vermittelt werden:[150]

1. **Vision:** Sie vermitteln eine umfassende Zukunftsvision.
2. **Strategie:** Sie kommunizieren kontinuierlich die Strategie für beide Welten.
3. **Integration:** Sie führen beide Welten durch Kommunikation zusammen.
4. **Rekonfiguration:** Sie schaffen gewinnbringende neue organisationale Verbindungen durch Kommunikation.

Das Konzept der Ambidextrie fordert von den Führungskräften ein außerordentlich hohes Maß an Komplexitätsmanagement, das bei unsachgemäßer, inkonsequenter Umsetzung schädliche Ausmaße annehmen kann. Oftmals müssen Belohnungssysteme, die eher auf Routineaufgaben ausgelegt sind, angepasst werden. Bei integrierten, strukturell nicht separierten Ansätzen müssen Führungskräfte und Mitarbeiter verstärkt beidhändige Fähigkeiten entwickeln.[151] Ambidextrie als

[148] Vgl. O'Reilly, Tushman (2016), S. 194–213.

[149] Vgl. Duwe (2018), S. 50–57, S. 162–165; Vgl. auch Kommunikationsmuster in Duwe (2016), S. 178.

[150] Duwe (2018), S. 163–164.

[151] Vgl. Schumacher, Wimmer (2020), S. 14–15.

Methode verlangt der modernen Führungskraft demnach einiges ab und kann nach einer Phase der „willkommenen Abwechslung“ und Erfahrungsbereicherung schnell zu einer „inneren Zerrissenheit“ führen.[152] Deshalb sollte Ambidextrie weg von einzelnen Personen durch ein klares transparentes Konzept organisatorisch verankert werden. In der Praxis werden die Grundsatzfrage der Abtrennung oder Integration und der Zusammenhang zwischen Erfolg und der Entfernung zum Kerngeschäft kontrovers diskutiert.[153]

Für die organisatorische Umsetzung von Ambidextrie gibt es drei wesentliche Formen:[154]

1. **Sequenzielle Ambidextrie.** Unternehmen passen ihre Strategie im Zeitverlauf an und wechseln zwischen Phasen der Exploitation und Exploration.
2. **Strukturelle Ambidextrie.** Unternehmen verfolgen Exploration gleichzeitig, aber in einer separaten, abgetrennten Einheit.
3. **Kontextuelle Ambidextrie.** Die Beschäftigten eines Unternehmens verfolgen Exploitation und Exploration gleichzeitig.

In einer empirischen Untersuchung von kleinen und mittleren Unternehmen (KMU) aus verschiedenen, dem diskontinuierlichen Wandel unterworfenen Branchen kann nachgewiesen werden, dass eine organisatorische Aufteilung von exploitativen und explorativen Aktivitäten eine höhere Performance aufweist. „Der Grund dafür ist, dass durch diese strukturelle Konfigurationsart mögliche Spannungen, Divergenzen, Widersprüche und mithin Misfit-Zustände in der Organisationsarchitektur […] im Gegensatz zur kontextuellen Konfiguration so weit wie möglich reduziert werden können.“[155] Zudem zeigt sich, dass sequenzielle Formen der Ambidextrie in der Praxis kaum vorkommen und die Kontextuelle Ambidextrie eher als Übergang hin zur separaten Einheit der Strukturellen Ambidextrie gesehen werden kann.[156] Diese Erkenntnisse werden durch eine Analyse sieben deutscher Unternehmen unterschiedlicher Größen und Branchen gestützt.[157] In keinem der untersuchten Unternehmen konnten sequenzielle Umsetzungs-

[152] Vgl. praktische Ausführungen in Wobser (2020), S. 110–115.

[153] Vgl. Ahuja (2019), S. 2–5.

[154] Vgl. allgemein und zur Strukturellen Ambidextrie O'Reilly, Tushman (2013), S. 7–14. Vgl. zur Sequenziellen Ambidextrie Duncan (1976), S. 167–188, und zur Kontextuellen Ambidextrie Gibson, Berkinshaw (2004b), S. 210–223.

[155] Fojcik (2015), S. 350.

[156] Vgl. Fojcik (2015), S. 355.

[157] Vgl. Venohr (2020), S. 56–60.

formen gefunden werden. Bei großen Unternehmen konnten Formen der Kontextuellen Ambidextrie identifiziert werden, die deshalb zum Teil bewusst auf eine rein Strukturelle Ambidextrie verzichteten. Dabei sollte den Elementen Organisationsstruktur, Entscheidungsfindung und den Prozessen einschließlich der Leistungsmessung besondere Aufmerksamkeit geschenkt werden.[158]

Aus der prozessualen Perspektive der ambidextrischen Vorgehensweise betrachtet, steht die ganzheitliche Beherrschung der aufeinanderfolgenden Phasen der Ideenentwicklung, Inkubation und Skalierung im Mittelpunkt.[159] Dabei ist in der Praxis eine zu einseitige Fokussierung auf die beiden ersten Phasen der Ideenentwicklung mit Inkubation und folglich eine Vernachlässigung des schnellen Wachstums, der Skalierung, zu beobachten.

Eine umfassende Untersuchung wichtiger börsennotierter US-amerikanischer Unternehmen betont die Bedeutsamkeit der gleichzeitigen Beherrschung des Kerngeschäfts und des zukünftigen Geschäfts für lang anhaltenden Erfolg. „The interplay between core and progress is one of the most important findings from our work. […] Indeed, core ideology and the drive for progress exist together in a visionary company like ying and yang of Chinese dualistic philosophy […].“[160] Die Befragung von 290 Beschäftigten des chinesischen Gastgewerbes zeigt, dass ein ambidextrischer Führungsstil positive Wirkung auf die eigenständige Ausgestaltung der Arbeit (Work Crafting) der Beschäftigten hat.[161] Eine empirische Studie mit 206 Herstellerfirmen kommt zu dem Ergebnis, dass das gleichzeitige Verfolgen und das Zusammenwirken einer sowohl exploitativen als auch explorativen Innovationsstrategie einen positiven Einfluss auf das Umsatzwachstum haben.[162] Ebenso weist die Analyse von 189 wissensintensiven italienischen Unternehmen dann einen Zusammenhang von Ambidextrie auf den Unternehmenserfolg nach, wenn externes Wissen in den Innovationsprozess integriert wird und eine hohe Fähigkeit des eigenen F&E-Personals vorhanden ist.[163] Eine weitere Studie bestätigt positive Auswirkungen der Ambidextrie auf der Ebene der Geschäftseinheiten von Unternehmen.[164] Ambidextrische Unternehmensformen bieten in diesem Zusammenhang auch die Chance, neben der ökonomischen Dimension Spannungsfelder in den sozialen und nachhaltigen Dimensionen zu berück-

[158] Vgl. Aghina, De Smet, Weerda (2015), S. 4–7.

[159] O'Reilly, Binns (2019), S. 49–69.

[160] Collins, Porras (2004), S. 85.

[161] Vgl. Ma et al. (2019), S. 159–168.

[162] Vgl. He, Wong (2004), S. 481–484.

[163] Vgl. Vrontis et al. (2017), S. 10–12.

[164] Vgl. Gibson, Birkinshaw (2004b), S. 209–226.

sichtigen.[165] Die größtmöglichen Nachteile einer separaten Geschäftseinheit sind die nicht vorhandene Nutzung von Synergien und eine Isolierung von der Kernorganisation.[166] Deshalb sollten bei der Abtrennung zumindest integrierende Mechanismen berücksichtigt werden. Eine empirische Studie kommt zu dem Ergebnis, das von 65 untersuchten Unternehmen nur 23 der separaten Einheiten erfolgreich waren.[167] In einer weiteren Studie sind zehn von 32 untersuchten Unternehmen erfolgreich. Dabei zeigt sich, dass den erfolgreichen Abspaltungen von ihrer Kernorganisation erheblich mehr operative und finanzielle Autonomie zugestanden wird als die nicht erfolgreichen. Allerdings hängt der Erfolg auch von den unternehmensspezifischen Faktoren wie Kultur, Struktur, Belohnungssystem und den Mitarbeitenden ab, sodass eine situative Vorgehensweise nötig ist.

Ambidextrie verursacht insbesondere in den frühen Phasen ein Spannungsfeld im Unternehmen, das besondere Belastungen mit sich bringt. Insofern ist auf die Gefahr der Überforderung der Organisation, aber auch einzelner, mehr auf Sicherheit bedachter Mitarbeiter zu achten, um z. B. Gesundheitsrisiken zu vermeiden.[168] Kritisch ist sowohl bezüglich der wissenschaftlichen Diskussion als auch der praktischen Umsetzbarkeit anzumerken, dass die begriffliche Bestimmung und ihre Anwendung weiterhin in wichtigen Teilen unklar sind, was auch an den unterschiedlichen beteiligten Fachdisziplinen liegt.[169]

4.3 Prozessuale Ansätze

4.3.1 Lean Startup

Das Konzept Lean Startup wird mit den amerikanischen Autoren Eric Ries und seinem früheren Hochschullehrer Steve Blank verbunden.[170] Eric Ries war an der University of California in Berkeley Student in der ersten Klasse des im Silicon Valley lehrenden Investors Steve Blank, der die Methode Lean Launchpad

[165] Vgl. Kozica, Ehnert (2014), S. 155–162.

[166] Vgl. Gibson, Birkinshaw (2004a), S. 2–3.

[167] Vgl. zum Folgenden Markides, Oyon (2011), S. 47–48.

[168] Harsch, Schäfer (2019), S. 137–138.

[169] Vgl. Überblick in Raisch, Birkinshaw (2008), S. 377–388.

[170] Vgl. Blank (2013), S. 5–8; Eckert (2018), S. 100–108; Lima (2020), S. 111–114. Auf eine Übersetzung wird wegen des durchgängigen Gebrauchs des Originalbegriffes in der deutschen Sprache verzichtet.

entwickelte.[171] Mit dem Begriff der Kundenentwicklung (Customer Development) macht Blank auf die Wichtigkeit des permanenten Feedbackkreises mit Kunden während des ganzen Produktlebenszyklus aufmerksam. Dabei ist es wichtig, sein gewohntes Arbeitsumfeld zu verlassen und direkt zu den Kunden zu gehen, obwohl grundsätzliche Barrieren zu überwinden sind.[172] „The first step in qualifying assumptions is to leave the safe confines of your office and conference room and venture out in the real world where people who will pay your bills live."[173] Die Anwendung von Lean Startup in der Praxis ist insbesondere bei etablierten, größeren Unternehmen weitverbreitet. In einer Studie von 170 Unternehmen mit einem Umsatz von mindestens 1 Mrd. US-Dollar geben 82 Prozent der Befragten an, in bestimmten Geschäftsbereichen die Lean-Startup-Methode zu nutzen.[174]

Die Methode Lean Startup baut in Analogie zu den Toyota-Prinzipien der Lean Production auf der Hypothese auf, dass sich Start-ups durch ihre immanente Ressourcenknappheit bewusst schlank aufstellen müssen, obwohl sie in Märkten höchster Unsicherheit operieren.[175] Diesem Konflikt muss durch eine spezifische flexible Vorgehensweise begegnet werden. Lean Startup steht in einem Gegensatz zum Wasserfall-Ansatz, bei dem die Anforderungen eingefroren werden und dann Schritt für Schritt ohne Einbezug des Anwenders entwickelt und erst am Ende getestet werden.[176]

Ziel von Lean Startup ist ein funktionierendes Geschäftsmodell, das den Markterfolg des jungen Unternehmens sicherstellt. Zentrales Element sind Hypothesen, verstanden als bestmögliche Annahmen, die durch Erprobung in dem ins Auge gefassten Markt bestätigt werden müssen. Zur Informationsbeschaffung sind traditionelle Methoden wie z. B. die Befragung durch standardisierte Fragebögen aufgrund der Unbestimmtheit des Marktes mit seinen potenziellen Anwendern ungeeignet. Im Rahmen eines Vertrauensvorschusses (Leap of Faith) in das eigene Konzept müssen die Nutzenhypothesen (Value Creation Hypotheses) für eine erste Gruppe von Verwendern und Wachstumshypothesen für den Massenmarkt (Growth Hypotheses) getestet werden. „Acting as if these assumptions are true is a classic

[171] Vgl. Blank (2013), S. 3–7.

[172] Vgl. dazu Maurya (2012), S. 72–76.

[173] Blank (2013), S. 79.

[174] Vgl. Kidder, Geraci (2018), S. 3.

[175] Vgl. zum Toyota-Produktionssystem Shingo (1989), S. 225–233.

[176] Vgl. Chesbrough, Tucci (2020), S. 6; Nowotny (2016), S. 24–25. Im Englischen gibt es dafür den passenden Begriff „Cascade", einen Wasserfall mit mehreren Stufen, im Gegensatz zum „Waterfall", bei dem das Wasser ohne Unterbrechung eine Anhöhe hinunterfließt.

entrepreneur superpower. They are called leaps of faith precisely because the success of the entire venture rests on them.“[177] Um schnell mit den Tests beginnen zu können, führt Ries den heute sehr populären, oftmals uneinheitlich verstandenen Begriff Minimum Viable Product (MVP) ein.

Ries grenzt das MVP bewusst von den traditionellen Begriffen Prototyp oder Konzepttest ab. „Unlike a prototype or concept test, an MVP is designed not just to answer product design or technical questions. Its goal is to test fundamental business hypotheses.“[178] Dabei warnt er ausdrücklich davor, das MVP zu ausgefeilt zu gestalten oder einen zu hohen Anspruch an dessen Qualität zu haben. Selbst ein kurzes Erklärvideo kann ausreichen, wie er am Beispiel eines Dateiaustausch-Programms wie Dropbox illustriert. Wichtig ist vielmehr, frühzeitig mit dem Lernen und Verbessern zu beginnen. Das muss aber in einem geordneten Rahmen erfolgen, weshalb Ries den im Zusammenhang mit Innovationen ungewöhnlichen Begriff der Innovations-Kostenrechnung (Innovation Accounting) einführt. Dafür sind drei Schritte entscheidend. Zunächst muss eine Basis geschaffen werden (Establish the Baseline), um die Kaufwahrscheinlichkeiten abzuschätzen. Im zweiten Schritt der Leistungssteigerung (Tuning the Engine) müssen weitere Parameter verändert werden, welche die Kauferfolge erhöhen. Dabei ist die Betrachtung einzelner Kundengruppen wie z. B. Nicht-, Erst- und Wiederholungskäufer wichtig, um nicht durch eine absolut steigende Anzahl überoptimistisch zu werden und falsche Schlüsse zu ziehen. Diese Kennzahlen bezeichnet er als Eitelkeits-Kennzahlen (Vanity Metrics).

Schließlich werden erfolgreich getestete Elemente beibehalten (Persevere) oder bei Nichterfüllung der Vorgaben durch einen Richtungswechsel geändert (Pivot). Ein Pivot ist eine Änderung des Produktkonzeptes zum Zweck des erneuten Testens. „That change is called a pivot: a structured course correction designed to test a new fundamental hypothesis about the product, strategy, and engine of growth.“[179] Ein großes Problem ist die Beurteilung der Wirkungszusammenhänge zwischen der Verbesserung des Produktes und dem Verkaufserfolg. Im schlimmsten Fall tragen die mühsam entwickelten Produktfeatures gar nicht zur steigenden Anzahl der Nutzer bei. Neben der wichtigen Einzelbetrachtung der Zielgruppen ist deshalb ein sorgfältiger Test jeder einzelnen Produktverbesserung z. B. durch ein

[177] Ries (2011), S. 81.

[178] Ries (2011), S. 93–94.

[179] Ries (2011), S. 149. Unter Pivot versteht man in dem hier gemeinten Sinne eine Drehung, bei der sich ein Bein bewegt, das andere aber auf der Stelle bleibt. Vgl. zu den verschiedenen Arten von Pivots Ries (2011), S. 172–178.

A/B-Testverfahren vorteilhaft.[180] Um Kapazitäten besser zu managen, schlägt Ries die Aufteilung der Aufgaben in ein Kanban-Diagramm mit vier verschiedenen Kategorien (Backlog, In Progress, Built, Validated) vor.[181] Neue Aufgaben können bei vollständiger Belegung selbst in den Backlog nur dann aufgenommen werden, wenn eine weitere Aufgabe überprüft wurde und so aussortiert wird.[182] Spätere Herausforderungen ergeben sich aus der Aufgabenplanung der Entwicklungsaktivitäten von Start-ups und den Schwierigkeiten, von einem frühen Nischenmarkt in einen späteren, für das langfristige Überleben von Start-ups so wichtigen Massenmarkt zu gelangen.[183]

Um in der Organisation ein hohes Qualitätsniveau zu erreichen, schlägt Ries die Methode der Fünf Warums (Five Whys) aus dem Toyota-Produktionssystem vor.[184] Er behauptet, durch die Anwendung dieser Fragetechnik könnte jeder auftretende Fehler letztendlich auf einen menschlichen Fehler zurückgeführt werden, der z. B. durch verbessertes, der Problemdimension angepasstes Training zukünftig vermieden werden kann. Wichtig ist, diese Fragemethode wertfrei anzuwenden und von Beschuldigungen der Beteiligten abzusehen, da sie sich sonst in die Fünf Beschuldigungen (Five Blames) verwandeln könnte. Bei der erfolgreichen Umsetzung der Fragetechnik kommt den Führungskräften eine besonders wichtige Rolle zu.

Die Lean-Startup-Methode eignet sich trotz ihres Namens nicht nur für Start-ups, sondern auch für die Innovationsaktivitäten etablierter Unternehmen, wobei einige Herausforderungen zu beachten sind.[185] Während Start-ups naturgemäß erstmalig ein Geschäftsmodell entwickeln, muss bei länger am Markt aktiven Unternehmen für Innovationsschritte meistens das bereits bestehende Geschäftsmodell geändert werden, was in der Praxis oftmals nicht gelingt, weil davon u. U. Gefahren für das bisherige Geschäftsmodell ausgehen können. Darüber hinaus passt das frühe Konzept eines MVP oftmals nicht zu dem durch verschiedene Methoden ausgereiften hohen Qualitätsanspruch eines etablierten Unternehmens. Zudem

---

[180] Unter einem A/B- oder Split-Testverfahren werden Kundengruppen, in diesem Fall die neue und die alte Version, vorgelegt und ihre Verhaltensänderung, z. B. die Verkäufe, gemessen. Vgl. Weinberg, Mares (2015), S. 28–31.

[181] Vgl. zur Anwendung von Kanban auch Kollmann (2020), S. 123–126; Kaltenecker, Rumpler (2016), S. 85.

[182] Die Methode Kanban kommt ursprünglich aus der Fertigungstechnik und beschreibt eine auftragsbezogene Steuerung von Teilen mit bestimmten Mindestmengen.

[183] Siehe dazu auch Abschn. 6.4.4.

[184] Vgl. Ries (2011), S. 229–244.

[185] Vgl. zum Folgenden Chesbrough, Tucci (2020), S. 9–21.

können Vertriebsmitarbeiter versuchen, den notwendigen Kontakt zu Kunden und Anwendern aufgrund von Bedenken in Bezug auf die Gefährdung der Geschäftsbeziehungen zu verhindern. Die Konzentration auf bestimmte Schlüssellieferanten erschwert die Zusammenarbeit mit innovativen Bezugsquellen. Darüber hinaus unterscheiden sich die Rollen und Funktionen fundamental von denen eines Start-ups. Es ist unklar, wer die Verantwortung für die Suche nach neuen oder die Veränderung existierender Geschäftsmodelle innehat, weil sich alle Verantwortlichen gemäß ihrer Aufgabe auf das Funktionieren des bestehenden Geschäfts konzentrieren. Schließlich verhindern oftmals kurze Verweildauern der Führungskräfte auf Schlüsselpositionen langfristige und risikoreiche Entscheidungen.

Obwohl die Methode im praktischen und wissenschaftlichen Umfeld sehr populär ist, gibt es bisher nur wenige empirische Erkenntnisse.[186] Eine umfassende Studie mit über 1000 Teilnehmern eines mehrwöchigen Lean-Startup-Kurses ist hingegen sehr aufschlussreich.[187] Zunächst weist sie die Wichtigkeit des Testens (Probing) empirisch nach, während das anschließende Formulieren möglichst vieler Hypothesen nicht entscheidend ist, was allerdings von der Heterogenität des Teams abhängen kann. Es kommt vielmehr auf die Qualität der Hypothesen an, deren Bildung einem natürlichen Zielprozess folgt, und sich nicht, so ein Kritikpunkt, in ineffizienter Hypothesenbildung verliert. Teilnehmer mit einer betriebswirtschaftlichen Management-Ausbildung (MBA) sind gegenüber der Methode anfänglich skeptisch, kreieren aber durch das Testen mehr Ideen als nichtbetriebswirtschaftlich geprägte Teams, weil sie in der Dateninterpretation geschult sind. Aus diesem Grund eignet sich die Methode für Unternehmen, in denen oftmals managementorientierte Personen tätig sind. Für eher naturwissenschaftlich geprägte Teams eignet sich Lean Startup, da die Teilnehmer ihren Arbeitsort bewusst verlassen und ihre Ideen mit Anwendern testen. Die Autoren schlagen explizit eine Mischung von Teams aus unterschiedlichen Ausbildungsfeldern vor.

Eine explorative Studie mit drei digitalen Start-ups zeigt die Eignung der Lean-Startup-Methode für die Formulierung von innovativen Businessmodellen im Rahmen einer agilen Entwicklung.[188] Eine Befragung von 100 technischen Start-ups hauptsächlich aus dem Berliner Raum belegt den positiven Zusammenhang der Anwendung der Methode und des Unternehmenserfolgs.[189] Allerdings wurde der Zusammenhang im Gegensatz zu anderen Studien nur bei Unsicherheit der Technologie und nicht bei Unsicherheit des Marktes nachgewiesen. Die Methode wirkt

[186] Vgl. York (2021), S. 88–97.

[187] Vgl. zum Folgenden Leatherbee, Katila (2019), S. 570–593.

[188] Vgl. Ghezzi, Cavallo (2020), S. 530–531.

[189] Vgl. Schwery (2018), S. 69–77.

positiv sowohl bei Innovationen für Privatkunden (B2C) und Unternehmenskunden (B2B), jedoch besser bei eher inkrementellen als bei vorrangig radikalen Innovationen. Die Lean-Startup-Methode hat des Weiteren positive Auswirkungen auf das Lernen einer Organisation (Organizational Learning), was bei der Untersuchung zahlreicher empirischer Studien als gemeinsamer Vorteil erkannt wird.[190]

Aber es werden auch negative Auswirkungen nachgewiesen. Eine Studie widerlegt den positiven Zusammenhang zwischen der Anzahl der getesteten Hypothesen und dem Unternehmenserfolg. Eine Erklärung dafür ist, dass aufgrund des großen Feedbacks zu viele Veränderungen am Produkt vorgenommen wurden und das Selbstvertrauen der Gründer schwand. Deshalb ist es wichtig, eindeutige Grenzwerte für die Entscheidungsfindung festzulegen.[191] Des Weiteren sind ein zu frühes Testen eines MVP und ein beschränktes Füllen eines Business Model Canvas mit Anwendern limitierend, da dadurch größere Innovationsschritte auch verhindert werden können. „Seeking external validation from early customers can thus be even harder if you have a breakthrough idea than if you have an incremental, but easily explained, product. [...] To generate your theory about why your startup is special, you should return to the scientific method. Begin by observing the world, and use your observations to generate the theory about how you can change the world with your startup idea."[192] Aus diesem Grund ist gerade für Start-ups eine Strategie wichtig, aus der sich die Hypothesenbildung ableitet.[193]

Selbst die Definition des so überaus wichtigen Minimum Viable Products (MVP) ist in der Literatur nicht einheitlich. So ist unklar, ob es sich eher um ein Konzept nach Ries im Sinne des minimalen Aufwands (Minimum Effort) handeln sollte oder, wie bei Blank beschrieben und häufiger zitiert, die wichtigsten Eigenschaften enthalten sein müssen (Minimum Set of Features).[194] In der Praxis ergeben sich daraus Unsicherheiten, ob das MVP die Funktionen demonstrieren oder funktions- bzw. sogar verkaufsfähig sein muss. Kritisch gesehen wird die insbesondere in den Werken von Blank geforderte Verkaufsfähigkeit des Produktes, da dieses Kriterium eine selbst gegenüber dem klassischen Wasserfallmodell frühe Betonung des Verkaufsaspekts im Innovationsprozess mit sich bringt. Auf der anderen Seite werden durch eine möglichst realistische Verkaufssituation notwendige Veränderungen unter Umständen bereits in einem sehr frühen Stadium zutage gefördert. „Note that this selling activity comes much more quickly than would be the

[190] Vgl. York (2021), S. 106–111.

[191] Ladd (2016), S. 3.

[192] Mollick (2019), S. 4.

[193] Vgl. Gans, Scott, Stern (2018), S. 4–9.

[194] Vgl. Lenarduzzi, Taibi (2016), S. 2–8.

case in the traditional waterfall innovation model. [...] It dovetails [verzahnt sich] nicely with agile methods, because the customer often requires changes to the MVP before committing to buy it [...].“[195]

4.3.2 Scrum

Scrum ist eine wichtige, häufig eingesetzte Methode zur schnellen agilen Entwicklung von Software, die inzwischen auch vermehrt für physische Produkte oder entsprechende Kombinationen zum Einsatz kommt.[196] „Although there are reported to be at least twenty-six different versions of Agile, the Scrum method seems to be the most popular Agile variant [...].“[197] Sie begann ihren Siegeszug unter dem Namen „Rugby-Approach“ im Jahre 1986 durch die beiden japanischen Professoren Hirotaka Takeuchi und Ikujiro Nonaka als eine flexible ganzheitliche Produktentwicklungsstrategie, bei der ein Produktentwicklungsteam als Einheit zur Erreichung eines gemeinsamen Ziels agiert.[198] „Takeuchi and Nonaka's paper made a splash when it was first published. [...] I thought their ideas tapped into something fundamental, a descriptive process how humans work together.“[199] Die Analogie Scrum ist dem Rugby entliehen, wo bei einem Lauf mehrere Spieler parallel rennen, um dem Ballbesitzer Möglichkeiten des Passens zu geben. Der Begriff Scrum selbst bezieht sich auf das Spielergemenge, bei dem sich die Spieler beider Mannschaften nach einem Regelverstoß gegenüberstehen. Der Spieler der benachteiligten Mannschaft wirft dann den Ball seinen Teamkollegen zu.

Wichtiger Bezugspunkt aus heutiger Sicht für die Ursprünge von Scrum ist das „Manifest für Agile Softwareentwicklung“, das bereits im Jahre 2001 von 17 Personen geschrieben wurde.[200] Hauptziel ist es, bessere Wege und Produkte zu entwickeln, indem den vier Dimensionen Individuen und Interaktionen, funktionsfähigen Produkten, der Zusammenarbeit mit Kunden sowie dem Eingehen auf Änderungen Vorrang gegeben wird.

Das weit über die Methode Scrum hinausgehende, für das Verständnis des agilen Arbeitens und des agilen Innovationsmanagements bedeutende „Manifest für

[195] Chesbrough (2020), S. 88.

[196] Vgl. Rigby, Sutherland, Takeuchi (2016), S. 2–5. Vgl. zur Verwendung von Elementen von Scrum und zur agilen Projektsteuerung allgemein z. B. Noll, Beecham (2019), S. 2–8.

[197] Cooper (2017), S. 195.

[198] Vgl. Takeuchi, Nonaka (1986), S. 137–146.

[199] Sutherland, Sutherland (2014), S. 33.

[200] Vgl. o. V. (2021), S. 1.

Agile Softwareentwicklung“ umfasst einen übergeordneten Text und darauf aufbauende zwölf Prinzipien. Text und Prinzipien lauten wie folgt:[201]

„Wir erschließen bessere Wege, Software zu entwickeln, indem wir es selbst tun und anderen dabei helfen. Durch diese Tätigkeit haben wir diese Werte zu schätzen gelernt:

- Individuen und Interaktionen mehr als Prozesse und Werkzeuge
- Funktionierende Software mehr als umfassende Dokumentation
- Zusammenarbeit mit dem Kunden mehr als Vertragsverhandlung
- Reagieren auf Veränderung mehr als das Befolgen eines Plans
- Das heißt, obwohl wir die Werte auf der rechten Seite wichtig finden, schätzen wir die Werte auf der linken Seite höher ein“

Des Weiteren fußt das Agile Manifest auf zwölf Prinzipien:
„Wir folgen diesen Prinzipien:

1. Unsere höchste Priorität ist es, den Kunden durch frühe und kontinuierliche Auslieferung wertvoller Software zufriedenzustellen.
2. Heiße Anforderungsänderungen selbst spät in der Entwicklung willkommen. Agile Prozesse nutzen Veränderungen zum Wettbewerbsvorteil des Kunden.
3. Liefere funktionierende Software regelmäßig innerhalb weniger Wochen oder Monate und bevorzuge dabei die kürzere Zeitspanne.
4. Fachexperten und Entwickler müssen während des Projektes täglich zusammenarbeiten.
5. Errichte Projekte rund um motivierte Individuen. Gib ihnen das Umfeld und die Unterstützung, die sie benötigen, und vertraue darauf, dass sie die Aufgabe erledigen.
6. Die effizienteste und effektivste Methode, Informationen an und innerhalb eines Entwicklungsteams zu übermitteln, ist im Gespräch von Angesicht zu Angesicht.
7. Funktionierende Software ist das wichtigste Fortschrittsmaß.
8. Agile Prozesse fördern nachhaltige Entwicklung. Die Auftraggeber, Entwickler und Benutzer sollten ein gleichmäßiges Tempo auf unbegrenzte Zeit halten können.
9. Ständiges Augenmerk auf technische Exzellenz und gutes Design fördert Agilität.

---

[201] Vgl. o. V. (2021), S. 1; gl. o. V. (2021), S. 1–2.

10. Einfachheit – die Kunst, die Menge nicht getaner Arbeit zu maximieren – ist essenziell.
11. Die besten Architekturen, Anforderungen und Entwürfe entstehen durch selbstorganisierte Teams.
12. In regelmäßigen Abständen reflektiert das Team, wie es effektiver werden kann, und passt sein Verhalten entsprechend an."

Im Gegensatz zur klassischen Wasserfall-Strategie, in der Projektphasen wie bei einem Wasserfall mit mehreren Ebenen sequenziell nacheinander ablaufen, wird bei Scrum die Geschwindigkeit variiert und großer Wert auf Kommunikation und Selbstorganisation des Teams gelegt. „There are two ways of doing things: the old ‚Waterfall' method that wastes hundreds of millions of dollars and often doesn't deliver anything, or the new way, which, with fewer people and in less time, can deliver more stuff with higher quality and lower cost."[202]

Das Team mit den verschiedenen Rollen ist für den Erfolg von entscheidender Bedeutung.[203] Der Produktverantwortliche (Product Owner) ist für den Gesamterfolg des Projektes verantwortlich und führt sein Entwicklungsteam. Der Scrum-Meister (Scrum Master) ist wie ein Trainer oder Coach und muss im Gegensatz zu den anderen Akteuren nicht Vollzeit in das Projekt eingebunden sein. Er sorgt für den richtigen Methodeneinsatz und den notwendigen Fokus im Team.

In dem ursprünglichen Aufsatz von Takeuchi und Nonaka werden die notwendigen Eigenschaften eines Teams beschrieben:[204]

- **Autonomie** (Autonomy): Selbstorganisierte Teams, die über die Arbeitsweise selbst entscheiden können und vom Management dazu ermächtigt werden
- **Neue Selbsterfahrungen** (Self-transcendence): Wille, über das Normale hinauszugehen, das Bestehende zu hinterfragen, und die entsprechende Leistungsbereitschaft
- **Überfunktionale Nutzung** (Cross-fertilization): Die Teams besitzen und nutzen alle notwendigen Fähigkeiten, das Projekt erfolgreich zu vollenden, und sind idealerweise in einem Raum untergebracht.

[202] Sutherland, Sutherland (2014), S. 7. Vgl. auch Hohberger (2018), S. 118.

[203] Vgl. Hohberger (2018), S. 120, 124–125.

[204] Vgl. Takeuchi, Nonaka (1986), S. 137–146. Vgl. Auch Sutherland, Sutherland (2014), S. 44–45. Die ursprünglich verwendeten Begriffe wurden sehr frei übersetzt, die entsprechenden Originalbezeichnungen sind auch hier mit angegeben.

Scrum enthält bestimmte Elemente und läuft trotz hoher Freiheitsgrade in einem definierten, der natürlichen Gewohnheit des Menschen entgegenkommenden Rhythmus ab.[205] „In giving Scrum a daily and weekly rhythm, I guess what I was striving for was to offer people the chance to like the person they see in the mirror."[206] Zu Beginn des Projektes erstellt der Produktverantwortliche einen Produktsteckbrief (Product Backlog) mit den wesentlichen Anforderungen an das Produkt und entsprechenden Priorisierungen. Dieser wird im Laufe des Projektes flexibel verändert. Die Kunden- bzw. Anwenderperspektive wird durch Anwendererzählungen (User Stories) eingebracht. Die eigentlichen Entwicklungsphasen werden Sprint genannt und durch ein kurzes tägliches Treffen (Daily Scrum oder Daily Stand-Up) begleitet, bei dem oftmals im Stehen mithilfe von Visualisierungen gearbeitet wird. Nach dem Sprint werden in der Sprint-Kritik (Sprint Review) fertiggestellte Elemente bewertet und in der Rückschau (Sprint Retrospective) Verbesserungsmaßnahmen besprochen.

Scrum werden bedeutende Vorteile wie schnelleres Entwickeln, bessere Qualität und höhere Effizienz zugesprochen.[207] Darüber hinaus ist Scrum besonders geeignet, wenn sich die Anforderungen an das Projekt regelmäßig ändern. „Scrum embraces uncertainty and creativity. It places a structure around the learning process, enabling teams to assess both what they've created and, just as important, how they created it."[208]

Neben den Vorteilen der agilen Vorgehensweise sieht Scrum an den Meilensteinen konzeptionell die Überprüfung der Ergebnisse mit Anwendern vor. „Scrum is proposed for the execution of the stages and loops to increase flexibility and responsiveness to changes. Some changes in day-to-day work organization are introduced […], the customer actively collaborates and provides feedback on a regular basis, the scope is adaptable, and the project team is self-organizing and empowered to make decisions."[209] Die Wichtigkeit von Interaktion mit den Anwendern wird zwar betont, spezielle Methoden allerdings nicht erklärt. Der empfohlene Einsatz von sogenannten Personas als typische Anwender bzw. User Stories ist zwar nützlich, birgt jedoch die Gefahr, dass die Vorstellungen über Kunden ausschließlich intern abgeleitet werden, aber den Anschein eines „echten Kunden"

[205] Da sich die englischen Originalbegriffe auch bei der Verwendung im deutschsprachigen Raum durchgesetzt haben, werden diese im Folgenden ohne weiteren Kommentar verwendet.

[206] Sutherland, Sutherland (2014), S. 86.

[207] Vgl. Hohberger (2018), S. 122–124.

[208] Sutherland, Sutherland (2014), S. 7.

[209] Žužek et al. (2020), S. 259.

erwecken.[210] Nachteile sind die hohe Abhängigkeit vom Engagement der Teammitglieder und der niedrigere Dokumentationsstand im Vergleich zu herkömmlichen Wasserfall-Methoden.[211] Der Product Owner muss vielfältige Qualifikationen aufweisen, auch wenn in größeren Projekten mehrere Product Owner eingesetzt werden können.[212] Kritisch kann gesehen werden, dass er alleine die Produkteigenschaften im Backlog priorisieren muss, dafür geeignete Methoden und der für die Umsetzung angemessene Aufwand aber offenbleiben.[213]

4.4 Kombinierte Anwendung im Innovationsprozess

4.4.1 Verknüpfung agiler Ansätze

In diesem Kapitel werden erweiterte Konzepte betrachtet, die mindestens zwei der agilen Ansätze zusammenführen. Dabei stehen die populären Ansätze Scrum, Design Thinking und Lean Startup mit entsprechenden Ausbaustufen im Mittelpunkt.

Zunächst kann Scrum mit einem strukturierten Prozess wie dem klassischen Stage-Gate-Prozess (siehe Abschn. 4.4.3) kombiniert werden.[214] Zwischen den einzelnen Toren (Gates) können nicht nur in der Entwicklungs- und Testphase, sondern auch in der früheren Ideenfindungs- und Konzeptentwicklungsphase durch Scrum zusätzliche Zwischen-Tore eingefügt werden.[215] Scrum kann ebenso in einer agilen, simultanen Mischform (Agile-Concurrent Hybrid) angewandt werden, wobei der agile Stage-Gate-Prozess dies ebenfalls vorsieht.[216] Eine empirische Studie belegt die positive Wirkung der Kombination von Scrum und Stage-Gate, rät jedoch bei kurzen Zeiträumen, ausschließlich agile Methoden anzuwenden.[217] Eine erste qualitative Erhebung zeigt als wichtigste Vorteile bei der Kombination von Scrum mit Stage-Gate die höhere Flexibilität beim Produktdesign verbunden

---

[210] Vgl. zu User Stories Sedano, Ralph, Péraie (2019). S. 1–12; zu Personas z. B. Allmendinger, Horstmann, Horstmann (2020), S. 74–75; Kreutzer, Neugebauer Pattloch (2017), S. 134–135; Sniukas, Lee, Moralsky (2016), S. 38–39.

[211] Vgl. Mahalakshmi, Sundararajan (2013), S. 195.

[212] Vgl. Sutherland, Sutherland (2014), S. 176–180. Vgl. zu Product Owner Teams Bass (2013), S. 154–163.

[213] Vgl. Sverrisdottir, Ingason, Johansson (2014), S. 257–266.

[214] Vgl. Cooper, Sommer (2018), S. 1–14.

[215] Vgl. Vedsmand, Kielgast, Cooper (2016), S. 9–10.

[216] Vgl. Žužek et al. (2020), S. 255–264; Cooper (2017), S. 169–171.

[217] Vgl. Bianchi, Marzi, Guerini (2020), S. 17–18.

mit einer höheren Reaktionsfähigkeit sowie einer besseren Kommunikation und Koordination innerhalb des Teams. Problematisch sind Verzögerungen bei der Ressourcenzuordnung und nicht kompatible Anreizsysteme.[218] Des Weiteren kann Scrum konzeptionell mit Kanban bei dem wasserfallorientierten Stage-Gate-Prozess erfolgreich kombiniert werden.[219] Diese Verbindung ist unter dem Namen Scrumban bekannt.[220]

Aufgrund der festgestellten Gemeinsamkeiten der Methoden Scrum und Design Thinking bezüglich Wiederholung, Interdisziplinarität und Anwenderzentriertheit kann die kombinierte Anwendung im Entwicklungsprozess vorteilhaft sein. „The iterative structure of Scrum paired with the direct involvement of the user in the development process with Design Thinking enable the use case's development team to both ensure the product is made with the users in mind but also including them in the process."[221] Eine Fallstudie führt zu dem Ergebnis, dass die zusätzliche Methode Schnellkochtopf (Pressure Cooker), bei der in begrenzter Zeit aus Nutzersicht eine bestimmte Aufgabe erledigt werden muss, sowohl bei den Anwendern als auch bei den Entwicklungsexperten am besten ankommt. Sie ist für die anfängliche Bewertung der existierenden Produkte besonders geeignet. Die Methodenvariante Denksport (Braintwister), mit der eine schwere Aufgabe kreativ gelöst werden soll, hingegen passt gut für die Beurteilung der Prototypen in einer späteren Entwicklungsphase.[222]

Die Protagonisten der Open Innovation sehen im Konzept Lean Startup eine gute Ergänzung und Synergien in beide Richtungen.[223] Gerade bei der Anwendung von Lean Startup in großen Unternehmen reicht es nicht, die Vorgehensweise von Start-ups zu kopieren, weil etablierte Unternehmen bereits ein gewachsenes Geschäftsmodell haben, während Start-ups erst eines aufbauen müssen. „[...] there is a rich interplay between Lean Startup and Open Innovation. Lean Startup offers a process model for pursuing Inside-out innovation. Yet Lean Startup processes must be adapted if they are to work inside large companies. These changes must be made on multiple levels, from innovation processes to recombination of the business model, to the culture of the large organization, and even the very mindset used by the organization towards its current and possible future business models."[224]

---

[218] Vgl. Cooper, Sommer (2018), S. 4–5.

[219] Vgl. Bhavsar, Shah, Gopalan (2020), S. 2075–2081.

[220] Vgl. Stoica et al. (2016), S. 9–11.

[221] Augustin, Schabacker (2019), S. 2192.

[222] Vgl. Augustin, Schabacker (2019), S. 2195–2198.

[223] Vgl. Chesbrough (2020), S. 86–102.

[224] Chesbrough, Tucci (2020), S. 33.

Inspiriert durch die Arbeiten von Steve Blank und Eric Ries versuchen verschiedene Autoren, die Erkenntnisse praxisnah zu beschreiben.[225] Der US-amerikanische Unternehmer Ash Maurya nimmt dabei eine besonders wichtige Rolle ein. Er gliedert sein ambitioniertes Umsetzungskonzept „Running Lean" in drei Teile:[226]

1. Document your Plan A.
2. Identify the riskiest parts of your plan.
3. Systematically test your plan.

Zur Dokumentation des Plans als Schritt 1 verwendet Maurya einen modifizierten Canvas, der an die Systematik des Lean Business Canvas angelehnt ist. Dabei ersetzt er bewusst den Begriff Produkt durch Lösung (Solution) und bezieht so die wichtige Kundenperspektive mit ein, die noch nicht unbedingt als ein fertiges Produkt formuliert werden kann. Als größtes Risiko bezeichnet er ein Produkt bzw. eine Lösung, die niemand möchte. Die risikoreichsten Elemente in Schritt 2 beziehen sich demnach auf die Themen Problem/Lösungs-Passung (Problem/Solution Fit) mit eventuellem Richtungswechsel (Pivot), Produkt-Markt-Passung (Product-Market-Fit) und die Wachstumsphase (Scale). In Schritt 3 muss der Plan durch Experimente in der wichtigen Bauen-Messen-Lernen-Schleife (Build-Measure-Learn Loop) wiederholt getestet werden. Dabei ist die konsequente Unterscheidung in strukturierte Probleminterviews (Problem Interviews) und Lösungsinterviews (Solution Interviews) wichtig, um nicht, wie oft üblich, gleich mit dem gedachten Produkt „mit der Tür ins Haus zu fallen". Für die Lösungsinterviews ist ein Minimum Viable Product (MVP) zur Überprüfung der Annahmen obligatorisch.

Die Lean-Startup-Methode verwendet zur Formulierung und für das Testen der Hypothesen mit potenziellen Anwendern übersichtliche Leinwände (Canvases). „The business model canvas lets you look at all nine blocks of your business on one page. Each component of the business model contains a series of hypotheses that you need to test."[227] Sie verknüpft folglich die Methoden des Business Model Canvas mit Lean Startup.

Gerade bei der Verwendung außerhalb des Unternehmens wird die Wichtigkeit von Geschäftsmodellen im Open-Innovation-Ansatz betont. „The business model

[225] Vgl. auch die Umsetzung on Blank, Dorf (2012), S. 53–69.

[226] Maurya (2012), S. 3.

[227] Blank (2013), S. 4. Vgl. zur praktischen Anwendung Maurya (2012), S. 4–7.

[...] is a central concept in the open-innovation funnel because it determines what external knowledge can be licensed or sold to other companies.“[228]

Einer der Erfinder von Scrum, Jeff Sutherland, nennt explizit die Idee des Minimum Viable Products. Seine Interpretation eines MVP entspricht der Lean-Startup-Methode, nämlich sehr früh ein funktionierendes Funktionsmuster mit den Anwendern zu besprechen.[229] Konkrete Methoden, wie in diesem Fall der Lean-Startup-Ansatz, werden aber nicht genannt.

Schließlich können Ideen des Open-Innovation-Ansatzes mit einem entsprechend strukturierten Stage-Gate-Prozess gelenkt werden. „The Stage-Gate process is an approach that aims to reduce technological and market uncertainties early on in the process and it disciplines companies to postpone major investments until uncertainty is low enough. In this way, the open innovation funnel can also be considered as a staged decision-making process that can be analyzed from a real options theory perspective.“[230]

4.4.2 Systematische Konzepte mehrerer agiler Ansätze

Vereinzelt werden mehrere agile Ansätze zu einem methodischen Konzept verknüpft, das im Wesentlichen dem Phasenverlauf eines agilen Entwicklungsprozesses folgt und diesen ganzheitlich methodisch unterstützen will.

Eine Gemeinsamkeit vieler agiler Ansätze ist das Prinzip des iterativen Innovierens.[231] Im Modell des „Lean Design Thinking“ werden die Ansätze Lean Startup und Design Thinking einschließlich der Verwendung von Business Model Canvas zu einem durchgängigen Entwicklungsprozess kombiniert. Auf Basis einer intensiven Quellenanalyse entsteht ein phasenspezifisches Prozessmodell (siehe Abb. 4.7).[232]

Die Darstellung beider Methoden erfolgt jeweils in sechs Phasen des Entwicklungsprozesses, wobei Design Thinking und Lean Startup linear ohne spezifizierten Anfang angeordnet sind. Dazu wird der ursprünglich kreisförmige Lean-Startup-Ansatz mithilfe der verwandten Arbeiten von Blank ebenfalls in ein vierstufiges prozessuales Model überführt. Zunächst werden beide Ansätze vor der Zusammenführung einzeln verändert. Der Richtungswechsel (Pivot) des Lean-

[228] Vanhaverbeke (2013), S. 8.
[229] Vgl. Sutherland, Sutherland (2014), S. 190–191.
[230] Vgl. Vanhaverbeke, Cooldt (2014), S. 259.
[231] Vgl. Nicolai (2020), S. 51.
[232] Vgl. Mueller, Thoring (2012), S. 152–161.

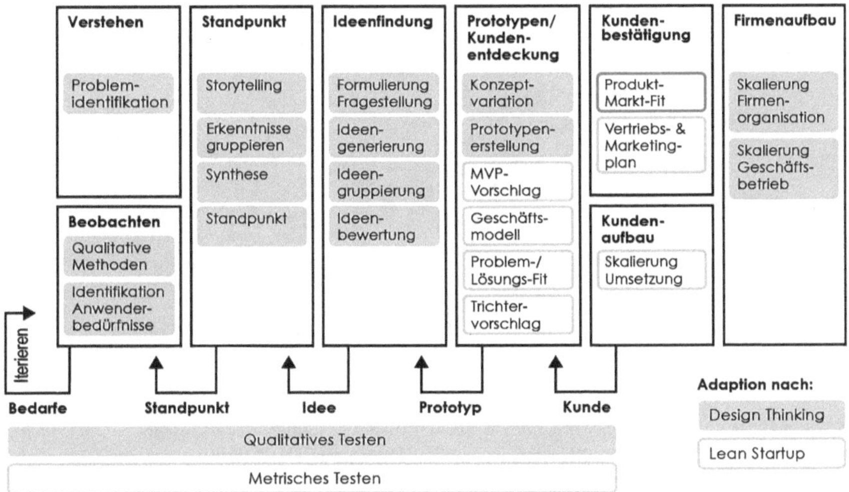

Abb. 4.7 Modell von „Lean Design Thinking“ (vgl. Mueller, Thoring (2012), S. 160, eigene Darstellung)

Startup-Ansatzes wird explizit bei Design Thinking ergänzt. Ebenso erlauben Überprüfungen auf Basis von Hypothesen und eines Businessmodells wichtige Erkenntnisse. Im Gegenzug hat Lean Startup Lücken bei der Ideenfindung und fängt bereits bei der Geschäftsidee an. Die Autoren von Lean Design Thinking schlagen deshalb eine Verschachtelung vor, bei dem Design Thinking eher in der ersten und Lean Startup eher in der zweiten Hälfte zum Zuge kommen. Nach jedem Schritt folgen nicht nur qualitative Tests, sondern auch die Überprüfung der Hypothesen, sodass prinzipiell, ohne von den Autoren allerdings explizit erwähnt zu werden, zusätzlich Tore als wesentliches Element des Stage-Gate-Prozesses integriert werden, was dann in der Folge zur Integration von vier als agil beschriebenen Ansätzen führt.

In dem Ansatz mit Namen „InnoDev“ von Experten des Hasso-Plattner-Instituts in Potsdam werden die agilen Methoden Design Thinking, Scrum und Lean Startup in den Entwicklungsprozess von Software integriert (siehe Abb. 4.8).[233] Dabei wird der Prozess in drei Phasen Design Thinking (Design-Thinking-Phase), Vorentwicklung (Initial-Development-Phase) und Entwicklung (Development-Phase) unterteilt. Dabei kommt Design Thinking vornehmlich in der ersten Phase zum

[233] Vgl. Dobrigkeit, de Paula, Uflacker (2019), S. 199–225.

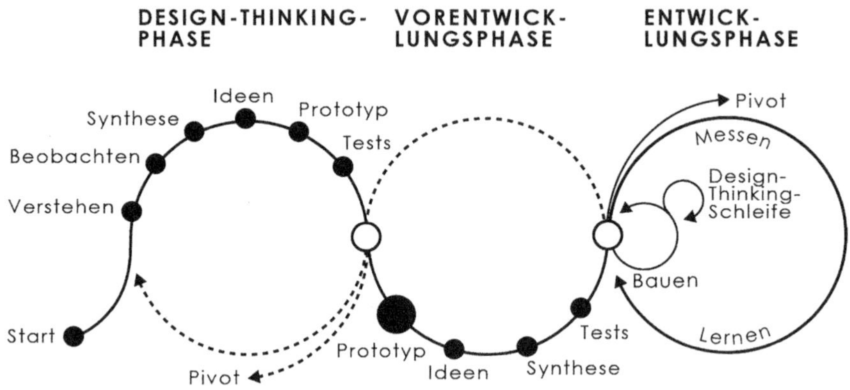

Abb. 4.8 InnoDev-Prozess mit den Methoden Design Thinking, Scrum und Lean Startup (vgl. Dobrigkeit, de Paula, Uflacker (2019), S. 204, eigene Darstellung)

Einsatz, während Lean Startup zur Validierung einschließlich zwei Möglichkeiten der Richtungswechsel (Pivot) am Anfang und Ende der Vorentwicklungsphase genutzt wird. Scrum wird für die komplette Projektplanung in allen drei Phasen genutzt. „Lean Startup and scrum concepts are present during all phases: Each phase can be seen and implemented as a build-measure-learn-lifecycle, making use of the sprint and backlog concepts from Scrum to plan and structure all necessary activities."[234] Eine Besonderheit ist die Verwendung von Design Thinking in der abschließenden Entwicklungsphase beim Auftreten von unvorhergesehen Problemen. Ebenso wird der Business Model Canvas zum Testen des Geschäftsmodells verwendet.

In einem vielfach als grafische Darstellung publizierten Konzept der internationalen Marktforschungsberatung Gartner (siehe Abb. 4.9) werden ebenfalls drei der vorgestellten agilen Ansätze kombiniert.[235] Nach der Kombination aus Design Thinking und Lean Startup wird das Konzept um Scrum zur Entwicklung der Produkte und Dienstleistungen erweitert.[236] Als vierten Ansatz wird der Business Model Canvas wie oft üblich in Lean Startup eingebaut. Abschließend weisen die Autoren auf die unternehmensspezifischen Voraussetzungen und die daraus not-

---

[234] Dobrigkeit, de Paula, Uflacker (2019), S. 204.

[235] Vgl. Blosch, Brand, Osmond (2020), S. 1–13.

[236] In der Originalgrafik wird das Konzept evtl. wegen zu berücksichtigender Schutzrechte nicht explizit als Scrum, sondern nur allgemein als „agile" bezeichnet. Die Methode ist aber eindeutig als Scrum einzuordnen.

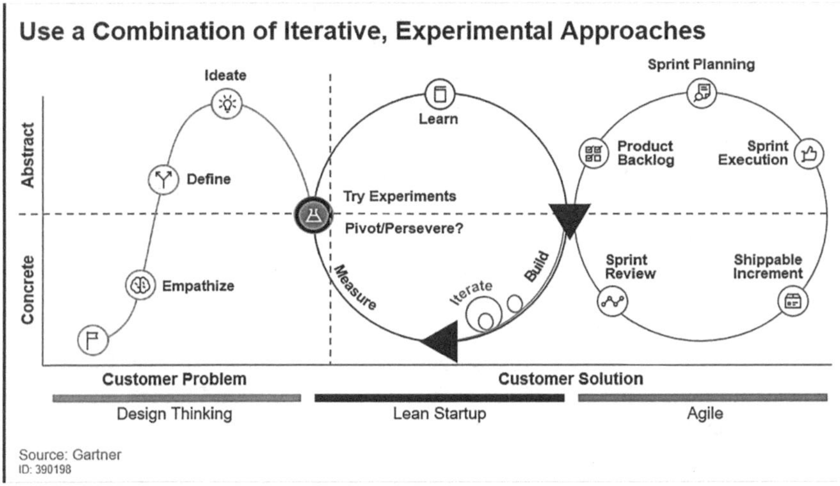

Abb. 4.9 Kombination von Design Thinking, Lean Startup und Scrum (vgl. Blosch, Brand, Osmond (2020), S. 4, eigene Darstellung)

wendigen Adaptionen des passenden Methodeneinsatzes hin. „The methodologies are ‚thinking tools‘ to guide your efforts, but there's no right way of using them. […] Take time out to review them at the end of each cycle and refine. Over time, you'll develop a combined methodology that suits your organization.“[237]

Die drei betrachteten Kombinationen weisen starke Ähnlichkeiten auf, da sie in identischer Reihenfolge die Verwendung der Ansätze Design Thinking und Lean Startup vorschlagen. Bei allen drei Methoden wird zudem der Business Model Canvas einbezogen. Die beiden Konzepte InnoDev und von Gartner beziehen den eigentlichen Entwicklungsprozess mit Verwendung von Scrum als dritte Phase mit ein.

4.4.3 Agiler Stage-Gate-Prozess

Der in der Praxis für die komplette Produktentwicklung bedeutende Stage-Gate-Prozess ist in der ursprünglichen Ausprägung alles andere als ein agiler Ansatz, soll aber zunächst in seiner Ursprungsform als Kontrast und wegen der späteren Erweiterung als agiler Ansatz umfassend vorgestellt werden. Stage-Gate wurde in

[237] Blosch, Brand, Osmond (2020), S. 12.

den 1980er-Jahren von dem Unternehmensberater Robert G. Cooper erfunden und ist heute unter dieser oder anderen Bezeichnungen, wie z. B. Meilensteinprozess, in der überwiegenden Zahl der Unternehmen für die Entwicklung von Produkten im Einsatz.[238] „Stage-Gate is a conceptual and operational map for moving new-product projects from idea to launch and beyond – a blueprint for managing the new-product development process to improve effectiveness and efficiency.“[239] Darüber hinaus kann der Prozess ebenso für Dienstleistungen und Projekte jeglicher Art wie z. B. Unternehmensübernahmen oder Bauprojekte verwendet werden.[240] Die Erfolgsfaktorenforschung der zahlreichen untersuchten Innovationsprojekte schafft eine wichtige Grundlage.

Das prozessbezogene Konzept besteht aus mehreren aufeinanderfolgenden Phasen, die durch Tore, die es zu durchschreiten gilt, voneinander getrennt sind (siehe Abb. 4.10). Typischerweise besteht der Prozess aus fünf Phasen und den fünf danach folgenden Toren, an denen mithilfe von zu erfüllenden Kriterien über das Fortführen des Projektes entschieden wird. Allerdings betrachten viele Unternehmen die erste Phase der Ideenentwicklung als eigenständige Phase des Prozesses. Zudem wird eine Nachbetrachtung der Produkt- und Projektleistung im Sinne einer Rückschau (Post Launch Review PLR) empfohlen.

Das Stage-Gate-Konzept steht gerade im agilen Kontext verstärkt in der Kritik, weil es eine zu formale, automatisierte Abfolge eines Produktentwicklungsprozesses vorgibt. Der Autor Cooper zeigt für die kritischen Anmerkungen ein ge-

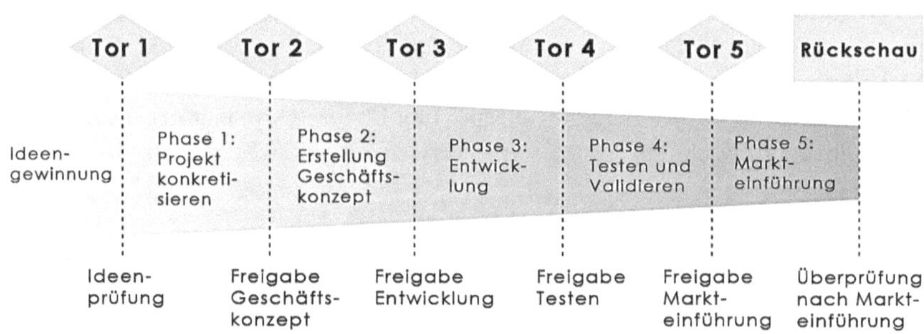

Abb. 4.10 Der Stage-Gate-Prozess (vgl. Cooper (2017), S. 117, eigene Darstellung)

238 Vgl. Hauschildt et al. (2016), S. 175–178.

239 Cooper (2017), S. 99.

240 Vgl. Cooper (2017), S. 138–139.

wisses Verständnis. „[...] Stage-Gate has attracted a number of criticisms: It is accused of being too linear, too rigid, and too planned to handle more innovative or dynamic projects.“[241] Die ohnehin schon hohe Flop-Rate bei Entwicklungsprojekten wird z. B. dadurch erhöht, dass der Einbezug von Kunden in der Anfangsphase durch Befragungen und oftmals nur in der Endphase z. B. durch Betatests gewährleistet wird.[242] Diese beschränkte Berücksichtigung von Kundeninteressen erhöht die Risiken, da eventuell Fehlannahmen getroffen wurden und sich Anforderungen im Zeitverlauf geändert haben.[243] Das ist insbesondere bei Software-Entwicklungsprojekten eine große Gefahr.[244] Für Entwicklungsprojekte mit explorativem Charakter ist der klassische Stage-Gate-Prozess ungeeignet. „[...] Die Anwendung des Stage-Gate-Prozesses kann dazu führen, dass Explorationsprojekte permanent durch das Raster fallen und die Organisation sich automatisch wieder in Richtung Exploitation bewegt. Das konterkariert jegliches Bemühen, sich zur ambidextren Organisation weiterzuentwickeln.“[245]

Durch die lange Verwendung in der Praxis hat das Stage-Gate-Konzept ein Eigenleben entwickelt, das in einige Missverständnisse und Fehlentwicklungen mündet. So wird Stage-Gate oftmals durch einen reinen Meilensteinprozess ersetzt, der durch das sequenzielle Abarbeiten, mangelhafte Schnittstellen zwischen den Beteiligten und das Fehlen eines verantwortlichen Projektteams hauptsächlich auf Dokumentationszwecke beschränkt ist. Kritisch ist dabei, dass auf diese Weise Projekte selten bis nie beendet werden, was aber bei konsequenter Anwendung des Stage-Gate-Prozesses und einer Unmöglichkeit des erfolgreichen Durchschreitens der Tore eine notwendige Eigenschaft ist. „Even worse, in many firms we have investigated, there was never an intention to kill a project once underway. After the initial Go decision, the gates amount to little more than a project-review meeting or a milestone checkpoint, but not a serious Go/Kill decision meeting.“[246] Eine optimale Beendigungsrate gibt es jedoch nicht. Die Anzahl der Projekte sollte sich im Verlauf der Prozesse aufgrund der immer stärker steigenden Kosten reduzieren. Werden in den ersten Phasen keine Projekte beendet, deutet das auf zu schwache, „zahnlose“ Tore (Gates with no Teeth) hin. Zusätzlich schlägt Cooper als weitere Maßnahme ein definiertes formales Portfolio-Management-System vor.

---

[241] Cooper (2017), S. 148.

[242] Vgl. dazu empirische Ergebnisse in Gruner (1997), S. 212–213.

[243] Vgl. zu dieser Kritik Wobser (2000), S. 4–5.

[244] Vgl. Cooper (2017), S. 185.

[245] Maier (2020), S. 53.

[246] Cooper (2017), S. 314.

Die Anwendung von Stage-Gate bringt Unternehmen bei richtiger Anwendung nachweislich Erfolge.[247] Die ursprüngliche Version von Stage-Gate wurde wegen des Aufwands, der Bürokratie und der fehlenden Interaktion mit Kunden oftmals kritisiert.[248] Software-Entwickler sehen in einer empirischen Studie bei Anwendung von Stage-Gate die Nachteile geringer Geschwindigkeit und erhöhter Kosten.[249] Die Design-Thinking-Methode eignet sich eher für radikale Innovationen als Alternative zum klassischen Stage-Gate-Prozess, der für inkrementelle Innovationen ausreichend ist. „Für den Fall inkrementeller Innovation reicht es aus, den Stage-Gate-Prozess […] zu durchlaufen, um Lösungsideen zu generieren. Für den Fall, dass es sich um radikale oder disruptive Innovationen handelt, sollte der Design-Thinking-Prozess durchlaufen werden […].“[250]

Mit seiner aktuellen überarbeiteten Form des agilen Stage-Gate-Prozesses setzt Cooper seinen Kritikern eine umfassende Überarbeitung entgegen. Er betont für größere Projekte mit höheren Risiken die im Prozess notwendigen Iterationen mit Kunden und Anwendern, die in jeder Phase stattfinden müssen. Bei kleineren Projekten mit niedrigeren Risiken können jedoch verkürzte Varianten mit zwei oder drei Toren verwendet werden.[251]

Zur Vorbereitung eines neuen und agilen Ansatzes stellt der Autor die aktuelle Variante in Analogie zur Bewertung der Bonität von Unternehmen als „Triple A System“ vor, wobei der Buchstabe A jeweils für „Adaptive and Flexible“, „Agile“ und „Accelerated“ steht.[252] Unter dem Motto „Adaptive and Flexible“ schlägt Cooper vor, die Produktkriterien zu Beginn aufgrund der großen Unsicherheit nur zu einem Teil, z. B. nur zur Hälfte, festzulegen und dies dann im Laufe des Projektes zu ergänzen. Ohne die Methode explizit zu nennen, erwähnt er weiter typische Adaptionszyklen, wie sie in der Lean-Startup-Methode oder im Design Thinking verwendet werden.[253] Er schlägt vor, die Anzahl der Phasen bei niedrigerem Komplexitätsgrad zu reduzieren. Außerdem könnten Spezialformen z. B. für Technologieentwicklung oder sogar Anpassungen bis hin zum einzelnen Projekt adaptiert werden. Dabei kommt auch ein Innovation Project Canvas zum Einsatz. Sogar die Kriterien der Tore für „Go/Kill Decisions“ können, weg von den sonst

---

[247] Vgl. Bianchi, Marzi, Guerini (2020), S. 1–34.

[248] Vgl. Grönlung, Sjödin, Frishammar (2010), S 110

[249] Vgl. Bianchi, Marzi, Guerini (2020), S. 13.

[250] Pförtsch, Sponholz (2019), S. 75.

[251] Vgl. auch Paluch et al. (2020), S. 500–501.

[252] Vgl. Cooper (2017), S. 148–151.

[253] Zumindest in der Fußnote nennt er Eric Ries als Erfinder des Minimum Viable Products (MVP).

üblichen Finanzdaten, zu mehr technologiebezogenen Kriterien entwickelt werden. Unter dem Begriff „Agile" nennt er, wiederum ohne den Namen zunächst zu erwähnen, Elemente der Scrum-Methode.[254] Diese dort üblichen Sprints können in die Phasen des Stage-Gate-Prozesses eingebaut werden. Das dritte Ziel „Accelerated" soll den Prozess weiter verkürzen. Dies wird durch eine Überlappung der Phasen und Parallelisierung der Aufgaben erreicht, auch über das Tor hinaus bzw. bildlich gesprochen durch das Tor hindurch. Dem Widerspruch der kontrollierenden Funktion der Tore begegnet Cooper mit dem Hinweis auf die dafür notwendige sehr hohe Qualität der Informationen, die er durch die beiden Kriterien Zuverlässigkeit (Reliability) und Bestandskraft (Stability) sicherstellt. Das Vorziehen von Entscheidungen aufgrund einzelner Informationen, das gesteht er zumindest ein, ist ein zusätzliches Risiko, das sorgfältig abgewogen werden muss. Als weiteren Aspekt führt er die Beseitigung von bürokratischen Hürden („Work that adds no Value") sowie die Reduzierung der Ergebnisse und des Berichtsumfangs vor den einzelnen Toren (Deliverables Overkill) an. Schließlich weist er auf die Angemessenheit der Ressourcen, eine frühzeitige Analyse der technischen Projekterfordernisse und die Möglichkeiten der Automatisierung durch den Einsatz einer geeigneten Software hin.

In einem weiteren, für die agile Betrachtungsweise wesentlichen Schritt versucht er schließlich, die traditionellen und agilen Elemente in einem neuen „Agile-Stage-Gate Hybrid Model" zu vereinen. „The traditional process is well suited to known and traditional product developments […]. The next-generation system is adaptive and flexible, agile, and accelerated. Projects move quickly and nimbly [flink], sprint to sprint, and feature frequent experiments or spirals, with the evolving product regularly exposed to customers in a series of build-test-revise iterations."[255] Abschließend weist er darauf hin, dass seiner Kenntnis nach noch kein Unternehmen diesen neuen Ansatz insgesamt und für die Herstellung von physischen Produkten umgesetzt habe, manche aber nah dran seien.

Die Ansätze des traditionellen und agilen Projektmanagements haben deutliche Unterschiede, die sich anhand der drei Dimensionen Budget, Zeit und Produktumfang illustrieren lassen (siehe Abb. 4.11). Während beim traditionellen Projektmanagement der Umfang des Projektes fixiert und das Budget und die Zeit in gewissem Maße flexibel sind, verhält es sich beim agilen Projektmanagement prinzipiell genau umgekehrt. Dort ist der Umfang flexibel, während Budget und Zeit für die Sprints festgelegt sind. Der agile Ansatz hat den hohen Anspruch, das

[254] Cooper erwähnt zumindest Takeuchi und Nonaka, die Schöpfer der Rugby-Analogie.

[255] Cooper (2017), S. 180, 183.

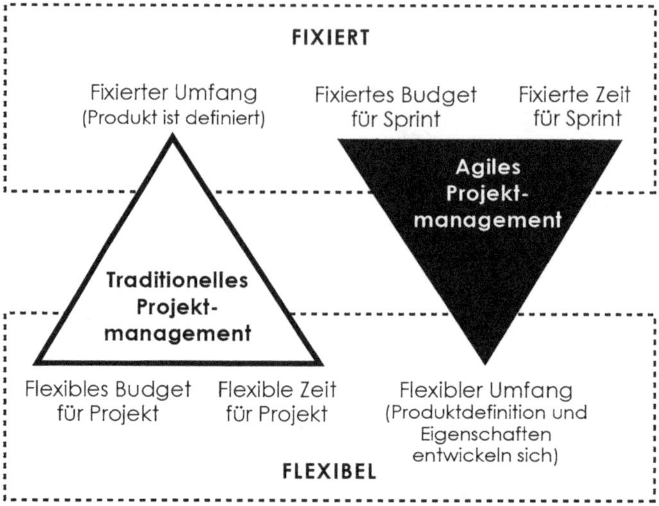

Abb. 4.11 Unterschiede zwischen traditionellen und agilen Methoden im Projektmanagement (vgl. Cooper (2017), S. 190, eigene Darstellung)

„Beste aus beiden Welten" zu verbinden „The authors propose a means of balancing agility and plan-driven approaches to suit the needs of a given project […]."[256]

Cooper setzt auch bei der prozessualen Perspektive auf eine neue agile Vorgehensweise.[257] Für die Umsetzung in das neue „Agile-Stage-Gate Hybrid Model" stellt Cooper zunächst das Konzept unter dem griffigen Titel „Power of Nine" vor, denn die an Scrum angelehnte agile Version hat neun spezifische Bestandteile: drei Ereignisse (Artefacts), drei Rollen (Roles) und drei Werkzeuge (Tools). Die drei Ereignisse sind wichtige Rituale, bestehend aus Sprint, dem täglichen Treffen (Daily Scrum) und der Rückschau (Retrospect Meeting). Ebenso sind die Rollen bekannt, denn auch hier führen der Produktverantwortliche (Product Owner) und die Teammitglieder das Projekt hauptamtlich durch, während der Scrum-Meister (Scrum Master) im Wesentlichen den Prozess aktiv begleitet. Hauptwerkzeug ist der dynamische Anforderungskatalog (Product Backlog), in dem ähnlich einem

---

[256] Cooper (2017), S. 188.

[257] Vgl. im Folgenden Cooper (2017), S. 198–205. Wiederum erwähnt Cooper sein Vorbild, hier Scrum, nicht explizit, nutzt aber dessen Bestandteile für seine Variante in nahezu identischer Form. Der Begriff „Artefacts" wurde sehr frei übersetzt. Zudem ist er im Original nicht trennscharf, weil er sich zu wenig von den Werkzeugen abgrenzt. So wird das „Product Backlog" (hier als Tool kategorisiert) meistens als „Artefact" bezeichnet.

Lastenheft noch keine technischen Spezifika, sondern Anforderungen aus Kundensicht festgehalten sind, die durch Anwendererzählungen (User Stories) illustriert werden. In der Sprint-Tafel (Sprint Board) werden nach den Prinzipien des Kanban alle zu erledigenden Aufgaben festgehalten. In dem Fortschrittsplan (Burn-down Chart) wird die offene Anzahl der Aktivitäten den im aktuellen Sprint verbleibenden Arbeitstagen grafisch gegenübergestellt.

In der Welt der physischen Produkte gilt es für die Erfüllung eines Sprints und das Testen vorzeigbarer Ergebnisse im Gegensatz zu leicht veränderbarer Software, geeignete Lösungsansätze zu finden. Insgesamt zehn wichtige Fragstellungen ergeben sich aus der Entscheidung der exklusiven Anwendung des agilen Ansatzes oder der parallelen Verwendung des klassischen und agilen Ansatzes. Cooper stellt fest, dass nicht jedes Projekt für den agilen Ansatz geeignet sei, sondern vom Projekt selbst und den Kundenanforderungen abhänge. „Agile-Stage-Gate is designed to handle dynamic development projects facing fluid markets and changing customer needs and requirements; information uncertainties and ambiguity is also well handled by the new system."[258]

Aufgrund der geringen praktischen Verbreitung des Ansatzes liegen bisher nur wenige empirische Erkenntnisse der Vor- und Nachteile der praktischen Umsetzung vor. Eine von Cooper zitierte Studie fünf großer dänischer Hersteller zeigt wichtige Vorteile auf:[259]

- Flexibilität der Produktgestaltung (schnellere Reaktionen auf Änderungen)
- Verbesserte Produktivität, Kommunikation und Koordination zwischen den Mitgliedern des Projektteams
- Verbesserter Fokus auf das Projekt, was zu einer besseren Priorisierung führt
- Höhere Arbeitsmoral unter den Teammitgliedern

Allerdings werden gegenüber den Vorteilen auch Nachteile offenkundig, nämlich Verzögerungen durch die aufwendige Suche nach engagierten Projektmitgliedern, Schwierigkeiten, das Projektteam an die restliche Organisation anzubinden, Diskrepanzen der angewandten Belohnungssysteme und eine grundsätzlich zu hohe Bürokratie.[260]

Schließlich weist Cooper auf die besondere Eignung des agilen Ansatzes für Projekte mit hohem Innovationsgrad hin, da diese trotz sorgfältiger Analyse nicht

[258] Cooper (2017), S. 213.

[259] Vgl. Cooper (2017), S. 193–194.

[260] Vgl. Cooper (2017), S. 195.

vollständig vorab definiert werden können.[261] Das kann sogar dazu führen, dass bei Eintritt in die Entwicklungsphase z. B. erst 40 Prozent des Produktes klar definiert sind. Gerade durch die permanente Zusammenarbeit mit Kunden können die Spezifikationen zum Teil noch während des Entwicklungsprozesses einfließen. Das Demonstrieren von Ideen und Konzepten erleichtert es dem Kunden, seine Meinung zu äußern, was ihm bei einer eher theoretischen Diskussion schwerfällt. Das System ist wegen der teilweisen Offenheit der Produktanforderungen und des Austauschs mit Kunden auch anpassungsfähiger an Änderungen, die während des Entwicklungsprozesses auftreten können. Weitere Vorteile sind die Fokussierung der Teammitglieder, die Vollzeit an dem Projekt arbeiten, und die definierten Zeitabschnitte, die ein Gefühl der Dringlichkeit in das Projekt bringen. Übergeordnetes Ziel ist ein stetiger Fluss (Steady Flow) im Projektverlauf. „[…] the notion of a steady, strong, and responsive heartbeat creates a rhythm of the project team and keeps moving the project along at a sure and steady pace – momentum is maintained.“[262]

Cooper beleuchtet bestimmte Phasen des Stage-Gate-Prozesses näher.[263] Für die Entdeckungsphase „Discovery“ stellt er Ansätze der Open Innovation und die Methode Design Thinking vor. Aufgrund der Wichtigkeit eines effektiven Ideenmanagements sieht er die Ideenfindung als eigenständige Phase des Stage-Gate-Prozesses und nicht als gegebene Einflussgröße wie in der ursprünglichen Version. Dabei schlägt er explizit Design Thinking als eine mehrere Techniken umfassende Methode zur Bildung einer Brücke von der Ideenfindung hin zum agilen Stage-Gate-Prozess vor. Diese Zusammenfassung kann kritisch gesehen werden, aber durch den strukturierten Prozess überwiegen die Vorteile. „[…] Design Thinking does so in an integrated, seamless, and methodological fashion, and thus the results are better than employing some or all of these methods alone.“[264]

Cooper würdigt den wichtigen Einfluss von Open Innovation auf den agilen Stage-Gate-Prozess und verweist auf Unternehmen und Start-ups als weit über die Rolle der reinen Ideenquelle hinausgehende Innovationspartner.[265] Er erwähnt wichtige Quellen wie Partner und Zulieferer (Partners and Vendors), die externe technische Gemeinschaft (External Technical Community) sowie kleine Unternehmen und Start-ups (Small Businesses and Business Startups) und verweist auf die Möglichkeit, Produktdesigns von externen Personen zu verwerten und Ideen

[261] Vgl. Cooper (2017), S. 221–224.
[262] Cooper (2017), S. 223.
[263] Vgl. Cooper (2017), S. 225–243.
[264] Cooper (2017), S. 242–243.
[265] Vgl. Cooper (2017), S. 257–258.

von außen zu suchen bzw. Ideenwettbewerbe zu veranstalten. Diese Methoden ordnet er abschließend in den gesamten Innovationsprozess ein. „[...] in open innovation, companies look inside out and outside in, across all aspects of the innovation process, including ideation, development, and commercialization."[266]

Die Anwendung des agilen Stage-Gate-Prozess kann von den spezifischen Erfordernissen im Unternehmen abhängig gemacht werden und zu unterschiedlichen Kombinationen anhand der Dimensionen der agilen und der strukturierten Innovation führen.[267] Daraus ergibt sich die interessante Kombination von hoher Agilität bei gleichzeitig hoher Struktur. Zur praktischen Umsetzung werden vier Möglichkeiten vorgeschlagen:[268]

1. **Agil zwischen den Toren** (Agile within Gating)**.** Strukturierte und agile Prozesse mit wechselseitigen Abhängigkeiten werden interaktiv kombiniert.
2. **Agil vor den Toren** (Agile before Gating)**.** Zusammen mit Anwendern werden Produktkonzepte erarbeitet, bevor der Stage-Gate-Prozess mit einer sequenziellen Abhängigkeit gestartet wird.
3. **Agil nach den Toren** (Agile after Gating)**.** Agile Methoden werden zwar auch im Stage-Gate-Prozess, aber vor allem gegen Ende angewendet.
4. **Agil während der Tore** (Agile alongside Gating)**.** Gleichzeitige, unabhängige Anwendung strukturierter und agiler Prozesse und Zusammenführung auf organisatorischer Ebene.

In der Praxis entscheiden Unternehmen oftmals anhand klarer Kriterien, welcher Prozess für das spezielle Entwicklungsprojekt anzuwenden ist. Dabei sind agile Prozesse eher effektiv und strukturierte Stage-Gate-Prozesse eher effizient, wobei die ausgewogene Kombination entscheidend ist. „Agile methods can deliver effective results due to shorter time to market, closer interactions with customers, and higher managerial flexibility. Gating system are more efficient, predictable, and suited for innovations with a high level of complexity. A suitable combination of agile and systematic processes helps to balance the benefits."[269]

Bei aller Euphorie sind vereinzelte kritische Töne zu hören. Eine empirische Studie kann die Zeitvorteile nicht bestätigen, weil trotz einer agilen Vorgehensweise Nachteile bei Zeit und Kosten bestehen bleiben.[270] Bei dem agilen Ansatz

[266] Cooper (2017), S. 257–258.

[267] Vgl. Lichtenthaler (2020), S. 42–48.

[268] Vgl. Lichtenthaler (2020), S. 44.

[269] Lichtenthaler (2020), S. 46.

[270] Vgl. Bianchi, Marzi, Guerini (2020), S. 17.

werden darüber hinaus dessen mangelnde Verbindlichkeit und Eignung für verschiedene Geschäftszweige kritisiert. „What you won't find is a prescription to use a single approach or specific types of gates in every circumstance, as a business face different challenges depending on their industry, their strategic intent, and the types of innovation pursued."[271] Eine Studie weist bei Softwareentwicklung die grundsätzliche Eignung von Scrum als Übergang vom Stage-Gate-Prozess in agile Formen der Entwicklung nach, empfiehlt aber eine eher behutsame Vorgehensweise. „[…] Stage gate systems should start a stepwise transition towards Agile by adopting sprints for micro-planning and task execution."[272]

Literatur

Aghina, W., De Smet, A., & Weerda, K. (2015). Agility: it rhymes with stability. *McKinsey Quartely*. https://www.mckinsey.com/business-functions/organization/our-insights/agility-it-rhymes-with-stability. Zugegriffen: 29. Mai 2021.

Ahuja, S. B. (2019). *Disrupt it yourself. Eight ways to hack a better business – before the competition does*. (o. O.): HarperCollins Leadership.

Al-Baik, O., & Miller, J. (2014). The kanban approach, between agility and leanness: a systematic review. *Empirical Software Engineering*. https://doi.org/10.1007/s10664-014-9340-x. Zugegriffen: 29. Mai 2021.

Allmendinger, M., Horstmann, M., & Horstmann, O. (2020). *Digitale Innovationen entwickeln. Die besten Ansätze und Methoden*. Freiburg: Haufe-Lexware.

Alqudah, M., & Razali, R. (2017). *A comparison of Scrum and Kanban for identifying their selection factors.**Published in**6th International Conference on Electrical Engineering and Informatics (ICEEI) 2017*. https://ieeexplore.ieee.org/document/8312434. Zugegriffen: 29. Mai 2021.

Asakawa, K., Song, J., & Kim, S.-J. (2014). Open Innovation in multinational companies. New insights from the Global R&D research stream. In Chesbrough, H., Vanhaverbeke, W., & West, J. (Hrsg.), *New frontiers in Open Innovation* (S. 157–168). Oxford: Oxford University Press.

Augustin, L., & Schabacker, M. (2019). *Combining Scrum and Design Thinking for a highly iterative and user-centric hardware development project. In Proceedings of the 22nd International Conference on Engineering Design (ICED19).*https://www.researchgate.net/publication/334711615_Combining_Scrum_and_Design_Thinking_for_a_Highly_Iterative_and_User-Centric_Hardware_Development_Project. Zugegriffen: 29. Mai 2021.

Baghai, M., Coley, S., & White, D. (1999). *The alchemy of growth. Kickstarting and sustaining growth in your company*. London: Orion Business.

[271] Brazil (2020), S. 31.

[272] Bianchi, Marzi, Guerini (2020), S. 18.

Bass, J. M. (2013). *Agile method tailoring in distributed enterprises: product owner teams. 2013 IEEE 8th International Conference on Global Software Engineering*http://openair.rgu.ac.uk, https://ieeexplore.ieee.org/document/6613080. Zugegriffen: 30. Mai 2021.

Bhavsar, K., Shah, V., & Gopalan, S. (2020). Scrumbanfall: an agile integration of Scrum and Kanban with waterfall in software engineering. *International Journal of Innovative Technology and Exploring Engineering (IJITEE)*, 9(4), S. 2075–2084.

Bianchi, M., Marzi, G., & Guerini, M. (2020). Agile, Stage-Gate, and their combination: exploring how they relate to performance in software development. *Journal of Business Research*. https://doi.org/10.1016/j.jbusres.2018.05.003. Zugegriffen: 30. Mai 2021.

Birkinshaw, J., Bouquet, C., & Barsoux, J.-L. (2011). The 5 myths of innovation. *MIT Sloan Management Review*, 4, S. 1–8.

Blank, S. (2013). *The four steps to the epiphany. Successful strategies for products that win* (5. Aufl.). o. O.: Steve Blank.

Blank, S. (2019). McKinsey's Three Horizon Model defined innovation for years. Here's why it no longer applies. *Harvard Business Review*. https://hbr.org/2019/02/mckinseys-three-horizons-model-defined-innovation-for-years-heres-why-it-no-longer-applies. Zugegriffen: 30. Mai 2021.

Blank, S., & Dorf, B. (2012). *The startup owner's manual. The step-by-step guide for building a great company*. Pescadero: K&S Ranch Press.

Blosch, M., Brand, S., & Osmond, N. (2020). Enterprise architects combine Design Thinking, Lean Startup and agile to drive digital innovation. *Gartner*. Refreshed 2 December 2020, published 25 June 2019. GARTNER is a registered trademark and service mark of Gartner, Inc. and/or its affiliates in the U.S. and internationally and is used herein with permission. https://www.gartner.com/en/documents/3941917/enterprise-architects-combine-design-thinking-lean-start. Zugegriffen: 12. September 2021.

Bogers, M., Zobel, A. K., Afuah, A., Almirall, E., Brunswicker, S., Dahlander, L., Frederiksen, L., Gawer, A., Gruber, M., Haefliger, S., Hagedoorn, J., Hilgers, D., Laursen, K., Magnusson, M. G., Majchrzak, A., McCarthy, I. P., Moeslein, K. M., Nambisan, S., Piller, F. T., Radziwon, A., Rossi-Lamastra, C., Sims, J., & Ter Wal, A. L. J. (2017). The open innovation research landscape: established perspectives and emerging themes across different levels of analysis. *Industry and Innovation*, 24(1), S. 8–40.

Bogers, M., Afuah, A., & Bastian, B. (2010). Users as innovators: a review, critique, and future research directions. *Journal of Management*, 36(4), S. 857–875.

Bogers, M., Chesbrough, H., Heaton, S., & Teece, D. J. (2019). Strategic Management of Open Innovation: A Dynamic Capabilities Perspective. *CaliforniaManagement Review*, 62(1), S. 77–94.

Bradt, T. H. (2021). Design Thinking: agil zu neuen Produkten & Services. *Wissensmanagement*, o. Jg.(1), S. 46–48.

Brandsen, T., & Honingh, M. (2018). Definitions of Co-Production and Co-Creation. In Brandsen, T, Steen, T., & Verschuere, B. (Hrsg.), *Co-Production and Co-Creation. Engaging citizens in public services* (S. 9–17). New York: Routledge.

Brazil, T. (2020). *Agile innovation management system. Using the agile innovation master plan framework*. o. O.: Thomas Brazil.

Brown, T. (2008). Design Thinking. *Harvard Business Review*. https://hbr.org/2008/06/design-thinking. Zugegriffen: 30. Mai 2021.

Brown, T. (2019). *Change by design*. New York: HarperCollins.

Brunswicker, S., & van de Vrande, V. (2014). Exploring open innovation in small and medium-sized enterprises. In Chesbrough, H., Vanhaverbeke, W., & West, J. (Hrsg.), *New frontiers in Open Innovation* (S. 135–168). Oxford: Oxford University Press.

Chesbrough, H. (2003). *Open innovation. The new imperative for creating and profiting from technology*. Boston: Harvard Business School Publishing.

Chesbrough, H. (2006). *Open business models. How to thrive in the new innovation landscape*. Boston: Harvard Business School Press.

Chesbrough, H. (2011). The era of Open Innovation. *MIT Sloan Management Review*, 44(3), S. 35–41.

Chesbrough, H. (2020). *Open innovation results. Going beyond the hype & getting down to business*. Oxford: Oxford University Press.

Chesbrough, H., & Bogers, M. (2014). Explicating Open Innovation. Clarifying an emerging paradigm for understanding innovation. In Chesbrough, H., Vanhaverbeke, W., & West, J. *New frontiers in Open Innovation* (S. 3–28). Oxford: Oxford University Press.

Chesbrough, H., & Tucci, C. L. (2020). The interplay between Open Innovation and Lean Startup, or, why large companies are not large versions of startups. *Strategic Management Review*. https://www.nowpublishers.com/article/Details/SMR-0013. Zugegriffen: 3. Juni 2021.

Christensen, C. M., & Raynor M. E. (2003). *The innovator's solution. Creating and sustaining successful growth*. Boston: Harvard Business Review Press.

Čirjevskis, A. (2021). Exploring the link of real options theory with dynamic capabilities framework in Open Innovation-type merger and acquisition deals. *Journal of Risk and Financial Management*, 14(168). https://doi.org/10.3390/jrfm14040168. Zugegriffen: 3. Juni 2021.

Collins, J., & Porras J. I. (2004). *Built to last. Successful habits of visionary companies*. New York: HarperCollins.

Cooper R. G. (2017). *Winning at new products. Creating value through innovation* (5. Aufl.). New York: Basic Books.

Cooper R. G., & Sommer, A. F. (2018). Agile-Stage-Gate for manufacturers. Changing the way new products are developed. *Research-Technology Management*, 61(2), S. 17–26.

Dobrigkeit, F., de Paula, D., & Uflacker, M. (2019). InnoDev: a software development methodology integrating Design Thinking, Scrum and Lean Startup. In Meinel, C., & Leifer, L. (Hrsg.), *Design Thinking Research* (S. 199–227). Cham: Springer.

Doerr, J. (2017). *Measure what matters. OKRs – The simple idea that drives 10x growth*. New York: Penguin Business.

Duncan, R. B. (1976). The ambidextrous organization: Designing dual structures for innovation. In Kilmann, R. H., Pondy, L. R., & Slevin, D. (Hrsg.), *The management of organization design: Strategies and implementation* (S. 167–188). New York: North Holland.

Duwe, J. (2016). *Ambidextrie, Führung und Kommunikation. Interne Kommunikation im Innovationsmanagement ambidextrer Technologieunternehmen*. Wiesbaden: Springer Gabler.

Duwe, J. (2018). *Beidhändige Führung. Wie Sie als Führungskraft in großen Organisationen Innovationssprünge ermöglichen*. Wiesbaden: Springer Gabler.

Ebersberger, B, Galia, F., Laursen, K., & Salter, A. (2021). Inbound Open Innovation and innovation performance: a robustness study. *Research Policy*, 50(7), S. 1–13.

Eckert, R. (2018). Lean Start-up – Eine neue Methode im Wettbewerb um Chancenanteile! In Grote, S., & Goyk, R (Hrsg.), *Führungsinstrumente aus dem Silicon Valley* (S. 99–114). Wiesbaden: Springer Gabler.

Eisenberg, I. (2011). Lead-User research for breakthrough innovation. *Research-Technology Management*, 54(1), S. 50–58.

Ewald, B., Menning, A., Nicolai, C., & Weinberg, U. (2019). Emotions along the Design Thinking process. In Meinel, C., & Leifer, L. (Hrsg.), *Design Thinking Research. Looking further: Design Thinking beyond solution-fixation* (S. 41–60). Cham: Springer Nature.

Fojcik, T. M. (2015). *Ambidextrie und Unternehmenserfolg bei einem diskontinuierlichen Wandel. Eine empirische Analyse unter besonderer Berücksichtigung der Anpassung von Veränderung von Organisationsarchitekturen im Zeitablauf.* Wiesbaden: Springer Gabler.

Frömling, S. (2021). Was Scrum und Kanban unterscheidet. *Computerwoche*. https://www.computerwoche.de/a/was-scrum-von-kanban-unterscheidet,3548315. Zugegriffen: 3. Juni 2021.

Future Today Institute (2021). *2021 Tech Trends Report*. New York: Future Today Institute.

Gans, J., Scott, E. L., & Stern, S. (2018). Strategy for Start-Ups. First answer two questions; then explore the paths. *Harvard Business Review*. https://hbr.org/2018/05/strategy-for-start-ups. Zugegriffen: 3. Juni 2021.

Gassmann, O., & Enkel, E. (2004). *Towards a theory of Open Innovation: three core process archetypes. R & D Management Conference (RADMA) Lissabon*. https://www.alexandria.unisg.ch/274/. Zugegriffen: 11. Juli 2021.

Gerstbach, I. (2018). Design Thinking – Weil Innovation kein Zufall ist. In Grote, S., & Goyk, R (Hrsg.), *Führungsinstrumente aus dem Silicon Valley* (S. 63–78). Wiesbaden: Springer Gabler.

Ghezzi, A., & Cavallo, A. (2020). Agile business model innovation in digital entrepreneurship: Lean Startup approaches. *Journal of Business Research*, 110(March), S. 519–537.

Gibson, C. B., & Birkinshaw, J. (2004a). *Building and ambidextrous organization. Advanced Institute of Management Research Paper*. https://ceo.usc.edu/wpcontent/uploads/2004/08/2004_15-t04_15-Building_an_Ambidextrous_Org.pdf. Zugegriffen: 6. Juni 2021.

Gibson, C. B., & Birkinshaw, J. (2004b). The antecedents, consequences, and mediating role of organizational ambidexterity. *Academy of Management Journal*, 47(2), S. 209–226.

Globocnik, D., & Faullant, R. (2020). Do Lead Users cooperate with manufacturers in innovation? Investigating the missing link between lead userness and cooperation initiation with manufacturers. *Technovation*, 100, S. 102–187.

Gold, B. (2018). *Silicon Valley Start-ups and Corporate Innovation. Approaches to resolve the innovator's dilemma*. Wiesbaden: Springer Gabler.

Griesbach, D., & Schlüchter J. (2020). Werkzeug (65), Three Horizon Modell – Denkrahmen für Wachstum. *OrganisationsEntwicklung*, 39(4), S. 101–105.

Grönlund, J., Sjödin, D. R., & Frishammar, J. (2010). Open Innovation and the Stage-Gate process: a revised model for new product development. *California Management Review*, 52(3), S. 106–131.

Gruner, K. E. (1997). *Kundeneinbindung in den Produktinnovationsprozeß*. Wiesbaden: Gabler.

Gupta, A. K., Smith, K. G., & Shalley, C. E. (2006). The interplay between exploration and exploitation. *Academy of Management Journal*, 49(4), S. 693–706.

Harsch, K., & Schäfer, L. (2019). Talentmanagement und Agilität. In Thomaschewski, D., & Völker R. (Hrsg.), *Agiles Management* (S. 127–153). Stuttgart. W. Kohlhammer.

Hauschildt, J., Salomo, S., Schultz, C., & Kock, A. (2016). *Innovationsmanagement*. München: Verlag Franz Vahlen.

He, Z.-L., & Wong, P.-K. (2004). Exploration vs. Exploitation: an empirical test of the Ambidexterity hypotheses. *Organization Science*, 15(4), S. 481–494.

Herstatt, C. (1991). *Anwender als Quellen für die Produktinnovation*. Zürich: Dissertation.

von Hippel E. (1980). The user's role in industrial innovation. *Management of Research & Innovation*, 15, S. 53–65.

von Hippel E. (1994). „Sticky information" and the locus of problem solving: implications for innovation. *Management Science*, 40(4), S. 429–439.

von Hippel, E., & Sonnack, M. (1999). *Breakthroughs to order at 3M via Lead User innovation*. Cambridge: MIT Sloan School of Management.

Hofert, S. (2018). *Das agile Mindset. Mitarbeiter entwickeln, Zukunft der Arbeit gestalten*. Wiesbaden: Springer.

Hohberger, P. (2018). SCRUM – Die „neue" Art des Projektmanagement. In Grote, S., & Goyk, R. (Hrsg.), *Führungsinstrumente aus dem Silicon Valley* (S. 115–128). Wiesbaden: Springer Gabler.

Hossain, M., & Kauranen, I. (2015). Open Innovation in SMEs: a systematic literature review. *Journal of Strategy Management*, 9(1), S. 58–73.

Huang, C.-C., & Kusiak, A. (1996). Overview of Kanban systems. *International Journal Computer Integrated Manufacturing*, 9(3), S. 169–189.

Hutton, S., Demir, R., & Eldrigde, S. (2021). How does open innovation contribute tot he firm's dynamic capabilities? *Technovation*. https://doi.org/10.1016/j.technovation.2021.102288. Zugegriffen: 3. Juni 2021.

Iskander, N. (2018). Design Thinking is fundamentally conservative and preserves the status quo. *Harvard Business Review*. https://hbr.org/2018/09/design-thinking-is-fundamentally-conservative-and-preserves-the-status-quo. Zugegriffen: 3. Juni 2021.

Johansson-Sköldberg, U., Woodilla, J., & Cetinkaya, M. (2013). Design thinking: past, present and possible futures. *Creativity and innovation management*, 22(2), S. 121–146.

Kaltenecker, S., & Rumpler, M. (2016). Werkzeugkiste (48). Kanban – vom Arbeitsstau zum Wertstrom. *OrganisationsEntwicklung*, 35(3), S. 85–90.

Kaufmann, T., & Servatius, H.-G. (2020). *Das Internet der Dinge und Künstliche Intelligenz als Game Change*. Wiesbaden: Springer Vieweg.

Kidder, D., & Geraci, J. (2018). To innovate like a startup, make decisions like VCs do. *Harvard Business Manager*. https://hbr.org/2018/05/to-innovate-like-a-startup-make-decisions-like-vcs-do. Zugegriffen: 4. Juni 2021.

Kolko, J. (2015). Design Thinking comes of age. *Harvard Business Review*. https://hbr.org/2015/09/design-thinking-comes-of-age. Zugegriffen: 4. Juni 2021.

Kollmann, T., Jung, P. B., Kleine-Stegemann, L., Ataee, J., & Cruppe, K. de (2020). *Deutscher Startup Monitor 2020. Innovation statt Krise*. o. O.: Bundesverband Deutsche Startups e. V.

Kozica, A., & Ehnert, I. (2014). Lernen von Nachhaltigkeit: Exploration und Exploitation als Lernmodi einer vollständige ambidextren Organisation. *Schmalenbach Zeitschrift für betriebswirtschaftliche Forschung Sonderheft*, 68(14), S. 147–167.

Kreutzer, R. T., Neugebauer, T., & Pattloch, A. (2017). *Digital Business Leadership. Digitale Transformation – Geschäftsmodell-Innovation – agile Organisation – Change-Management*. Wiesbaden: Springer Gabler.

Kusay-Merkle, U. (2018). Einführung in Kanban. In Kusay-Merkle, U. (Hrsg.), *Agiles Projektmanagement im Berufsalltag* (S. 211–222). Berlin: Springer Gabler.

Ladd, T. (2016). The limits of the Lean Startup method. *Harvard Business Review*. https://hbr.org/2016/03/the-limits-of-the-lean-startup-method. Zugegriffen: 4. Juni 2021.

Lambert, S. C., & Davidson, R. A. (2013). Applications of the business model in studies of enterprise success, innovation and classification: An analysis of empirical research from 1996 to 2010. *European Management Journal,* 31(6), S. 668–681.

Lambert, S. C., & Montemari, M. (2017). Business model research: From concepts to theories. *International Journal of Business and Management*, 12(11), S. 41–51.

Lauritzen, G. D., & Karafyllia, M. (2019). Perspective: Leveraging Open Innovation through Paradox. *Journal of Product Innovation Management*, 36(1), S. 107–121.

Laursen, K., & Salter, A. (2006). Open for innovation: The role of openness in explaining innovation performance among U.K. manufacturing firms. *Strategic Management Journal*. (27)2, S. 131–150.

Lazzarotti, V., & Manzini, R. (2009). Different modes of Open Innovation: A theoretical framework and an empirical study. *International Journal of Innovation Management,* 13(4), S. 615–636.

Leatherbee, M., & Katila, R. (2019). The Lean-Startup method: Early-stage teams and hypotheses-based probing of business ideas. *Strategic Entrepreneurship Journal*, 14(4), S. 570–593.

Lenarduzzi, V., & Taibi, D. (2016). *MVP explained: A systematic mapping study on the definitions of Minimum Viable Product. 2016 42th Euromicro Conference on Software Engineering and Advanced Applications (SEAA)*. o. O.: IEEE.

Lettl, C. (2004). *Die Rolle von Anwendern bei hochgradigen Innovationen. Eine explorative Fallstudienanalyse in der Medizintechnik*. Wiesbaden: Gabler.

Lewrick, M. (2018). *Design Thinking. Radikale Innovationen in einer digitalisierten Welt*. München: C. H. Beck.

Lichtenthaler, U. (2020). A conceptual framework for combining agile and structured innovation processes. *Research-Technology Management*, 63(5), S. 42–48.

Lima, M. (2020). *Entrepreneurship and innovation education: Frameworks and tools*. o. O.: John Wiley & Sons.

Lobacher, P., & Jacob, C. (2020). *OKR Objectives & Key Results. Das agile Betriebssystem für modern Organisationen*. München: die.agilen.

Lukas, T. (2018). Business Model Canvas – Geschäftsmodellentwicklung im digitalen Zeitalter. In rote, S., & Goyk, R. (Hrsg.), *Führungsinstrumente aus dem Silicon Valley. Konzepte und Kompetenzen* (S. 143–159). Berlin: Springer Gabler.

Lüthje, C., & Herstatt, C. (2004). The Lead User method: an outline of empirical findings and issues for future research. *R&D Management*, 34(5), S. 553–568.

Ma, J., Zhou, X., Chen, R., & Dong, X. (2019). Does ambidextrous leadership motivate work crafting? *International Journal on Hospitality Management,* 77, S. 159–168.

Macharzina, K., & Wolf, J. (2018). *Unternehmensführung. Das internationale Managementwissen Konzepte – Methoden – Praxis* (10. Aufl.). Wiesbaden: Springer Gabler.

Mahalakshmi, M., & Sundararajan, M. (2013). Traditional SDLC vs. Scrum methodology – a comparative study. *International Journal of Emerging Technology and Advanced Engineering,* 3(6), S. 192–196.

Maier, J. (2020). Ambidextrie entwickeln. Drei Methoden zur praktischen Unterstützung. *OrganisationsEntwicklung,* 39(4), S. 52–57.

March, J. G. (1991). Exploration and Exploitation in organizational learning. *Organization Science*, 2(1), S. 71–87.

Markides, C. C., & Oyon, D. (2011). What to do against disruptive business models (when and how to play two games at once). *MIT Sloan Management Review. Top 10 lessons on the new business of innovation*, Winter, S. 42–49.

Maurya, A. (2012). *Running lean. Iterate from plan A to a plan that works.* Sebastopol: O'Reilly.

Mollick, E. (2019). What the Lean Startup method gets right and wrong. *Harvard Business Review.* https://hbr.org/2019/10/what-the-lean-startup-method-gets-right-and-wrong. Zugegriffen: 5. Juni 2021.

Moore, G. A. (2007). The succeed in the long term, focus on the middle term. *Harvard Business Review.* https://hbr.org/2007/07/to-succeed-in-the-long-term-focus-on-the-middle-term. Zugegriffen: 5. Juni 2021.

Moore, G. A. (2011). *Escape velocity. Free your company's future from the pull of the past.* New York: HarperCollins.

Morris, L. (2017). *The agile innovation master plan.* o. O.: Futurelab Press.

Mortara, L., & Minshall, T. (2014). Patterns of implementation of OI in MNCs. In Chesbrough, H., Vanhaverbeke, W., & West, J. (Hrsg.), *New frontiers in Open Innovation* (S. 223–241). Oxford: Oxford University Press.

Mueller, R. M., & Thoring, K. (2012). *Design Thinking vs. Lean Startup: A comparison of two user-driven innovation strategies. Leading innovation through design. Proceedings of the DMI 2012 international research conference.* Boston, MA. USA, S. 151–161.

Nawroth, G, Struck, M., & Warschat, J. (2019). Verifikation und Visualisierung der Auswirkungen von Open Innovation mithilfe eines Multi-Agenten-Systems. In Gausemeier, J., Bauer, W., & Dumitrescu, R. (Hrsg.), *Vorausschau und Technologieplanung. 15. Symposium für Vorausschau und Technologieplanung 21. und 22. November 2019 Berlin* (S. 401–426). Paderborn: Heinz Nixdorf Institut.

Nguyen, T. P. T., Huang, F., & Tian, X. (2021). When and how does Open Innovation enhance innovation output? A Meta-Analysis. *IEEE Transaction on Engineering Management.* https://doi.org/10.1109/TEM.2021.3061155. Zugegriffen: 4. Juni 2021.

Nicolai, A. (2020). Aufbruch in das Ungewisse. Die Logik des iterativen Innovierens als zeitloser Kern agiler Innovationsansätze. *OrganisationsEntwicklung*, 39(4), S. 46–51.

Niven, P. R., & Lamorte B. (2016). *Objectives and Key Results. Driving focus, alignment, and engagement with OKRs.* Hoboken: Wiley.

Noll, J., & Beecham, S. (2019). *How agile is Hybrid Agile? An analysis of the HELENA data.* https://www.researchgate.net/profile/Sarah_Beecham/publication/337801216_How_Agile_Is_Hybrid_Agile_An_Analysis_of_the_HELENA_data/links/5deaac344585159aa4688e75/How-Agile-Is-Hybrid-Agile-An-Analysis-of-the-HELENA-data.pdf. Zugegriffen: 5. Juni 2021.

Nowotny, V. (2016). *Agile Unternehmen. Nur was sich bewegt, kann sich verbessern*. Göttingen: Business Village.

o. V. (2021). *Die sechs Schritte im Design Thinking Innovationsprozess*. https://hpi.de/school-of-design-thinking/design-thinking/hintergrund/design-thinking-prozess.html. Zugegriffen: 4. Juni 2021.

o. V. (2021). *Manifest für Agile Softwareentwicklung*.https://agilemanifesto.org/iso/de/manifesto.html. Zugegriffen: 4. Juni 2021.

o. V. (2021). Prinzipien hinter dem Agilen Manifest. https://agilemanifesto.org/iso/de/principles.html. Zugegriffen: 4. Juni 2021.

o. V. (2021). *Was ist Design Thinking?*https://hpi-academy.de/design-thinking/was-ist-design-thinking.html. Zugegriffen: 4. Juni 2021.

O'Reilly, C. A., & Binns A. J. M. (2019). The three stages of disruptive innovation: Idea generation, incubation, and scaling. *California Management Review*, 61(3), 49-71.

O'Reilly, C. A., & Tushman, M. L. (2004). The ambidextrous organization. *Harvard Business Review*. https://hbr.org/2004/04/the-ambidextrous-organization. Zugegriffen: 5. Juni 2021.

O'Reilly, C. A., & Tushman, M. L. (2011). Organizational Ambidexterity in action: How managers explore and exploit. *California Management Review*, 53(4), S. 5–22.

O'Reilly, C. A., & Tushman, M. L. (2013). *Organizational Ambidexterity: Past, present and future*.https://www.hbs.edu/faculty/Publication%20Files/O%27Reilly%20and%20Tushman%20AMP%20Ms%20051413_c66b0c53-5fcd-46d5-aa16-943eab6aa4a1.pdf. Zugegriffen: 5. Juni 2021.

O'Reilly, C. A., & Tushman, M. L. (2016). *Lead and disrupt. How to solve the innovator's dilemma*. Stanford: Stanford University Press.

Osterwalder, A., Pigneur, Y., Bernarda, G., & Smith, A. (2014). *Value proposition design*. Hoboken: Wiley.

Osterwalder, A., Pigneur, Y., Bernarda, G., & Smith, A. (2020). *The invisible company*. Frankfurt: Campus.

Paluch, S., Antons, D., Brettel, M., Hopp, C., Salge, T.-O., Piller, F., & Wentzel, D. (2020). Stage-gate and agile development in the digital age: Promises, perils, and boundary conditions. *Journal of Business Research*, 110, S. 495–501.

Pförtsch, W., & Sponholz, U. (2019). *Das neue Marketing-Mindset. Management, Methoden und Prozesse für ein Marketing von Mensch zu Mensch*. Wiesbaden: Springer Gabler.

Pihlajamma, M. (2021). What does it mean to be open? A typology of inbound open innovation strategies and their dynamic capability requirements. *Innovation*. https://doi.org/10.1080/14479338.2021.1907192. Zugegriffen: 5. Juni 2021.

Piller F. T., Gülpen C., & Lüttgens D. (2016) Systematische Geschäftsmodellinnovation. Die Geschäftsidee von morgen muss kein Zufallsprodukt sein. In Granig P., Hartlieb E., & Lingenhel, D. (Hrsg.), *Geschäftsmodellinnovationen* (S. 146–152). Wiesbaden: Springer Gabler.

Piller, F. T., & West, J. (2014). Firms, users and innovation. An interactive model of coupled innovation. *New frontiers in Open Innovation*, 29(1), S. 29–49.

Pohl, A., & Engel, B. (2020). Open Innovation. In Kollmann, T. (Hrsg.), *Handbuch Digitale Wirtschaft* (S. 933–958). Wiesbaden: Springer Gabler.

Pundziene, A., Nikou, S., & Bouwman, H. (2021). The nexus between dynamic capabilities and competitive firm performance: the mediating role of Open Innovation. *European*

Journal of Innovation Management. https://www.emerald.com/insight/content/doi/10.1108/EJIM-09-2020-0356/full/html. Zugegriffen: 5. Juni 2021.

Raisch, S., & Birkinshaw, J. (2008). Organizational Ambidexterity: Antecedents, outcomes, and moderators. *Journal of Management*. https://doi.org/10.1177/0149206308316058. Zugegriffen: 5. Juni 2021.

Reichart, S. V. (2002). *Kundenorientierung im Innovationsprozess. Die erfolgreiche Integration von Kunden in den frühen Phasen der Produktentwicklung*. Wiesbaden: Deutscher Universitäts-Verlag.

Reichwald, R., Meyer, A., Engelmann, M., & Walcher, D. (2007). *Der Kunde als Innovationspartner. Konsumenten integrieren, Flop-Raten reduzieren, Angebote verbessern*. Wiesbaden: Gabler.

Ries, E. (2011). *The lean startup. How today's entrepreneurs use continuous innovation to create radically successful businesses*. New York: Currency.

Rigby, D. K., Sutherland, J., & Takeuchi, H. (2016). The secret history of agile innovation. *Harvard Business Review*. https://hbr.org/2016/04/the-secret-history-of-agile-innovation. Zugegriffen: 5. Juni 2021.

Santoro, G., Vrontis, D., Thrassou, A., & Dezi, L. (2017). The Internet of Things: Building a knowledge management system for Open Innovation and knowledge management capacity. *Technological Forecasting & Social Change*, 136(11), S. 347–354.

Schallmo, D. R. A., & Lang, K. (2020). *Design Thinking erfolgreich anwenden*. Wiesbaden: Springer Gabler.

Scheller, T. (2017). *Auf dem Weg zur agilen Organisation. Wie Sie Ihr Unternehmen dynamischer, flexibler und leistungsfähiger gestalten*. München: Verlag Franz Vahlen.

Schrader, M. F. (2008). *Das Management einer Innovationskooperation zwischen einem Investitionsgüterhersteller und einem Lead User im Rahmen des Beziehungsmarketings. Eine branchenunabhängige Analyse aus Herstellersicht*. München: Hampp.

Schumacher, T., & Wimmer, R. (2020). Widersprüchlichkeit gestalten. Zum Management von Kern- und Innovationsgeschäft in der ambidextren Organisation. *OrganisationsEntwicklung*, 39(4), S. 10–15.

Schwery, M. P. (2018). *Lean Startup orientation: Empirical evidence on venture success*. Master Thesis University of Twente/Technische Universität Berlin.

Sedano, T., Ralph, P., & Péraie, C. (2019). *The product backlog. 2019 IEEE/ACM 41st International Conference on Software Engineering (ICSE)*.

Seitz, T. (2017). *Design Thinking und der neue Geist des Kapitalismus. Soziologische Betrachtungen einer Innovationskultur*. Bielefeld: transcript Verlag.

Shingo, S. (1989). *A study of the Toyota production system from an industrial engineering viewpoint*. Cambridge: Productivity Press.

Sitkin, S. B., Miller, C. C., & See, K. E. (2017). The stretch goal paradox. *Harvard Business Manager*. https://hbr.org/2017/01/the-stretch-goal-paradox. Zugegriffen: 6. Juni 2021.

Sniukas, M., Lee, P., & Morasky, M. (2016). *The art of opportunity. How to build growth and ventures through strategic innovation and visual thinking*. Hoboken: Wiley.

Steffen, A. (2019). *Menschen und Organisationen im Wandel. Ein interdisziplinärer Werkzeugkasten für Veränderungsprozesse*. Berlin: Springer Gabler.

Stoica, M., Ghilic-Micu, B., Mircea, M., & Uscatu, C. (2016). Analyzing agile development – from waterfall style to Scrumban. *Informatica Economică*, 20(4), S. 5–14.

Sutherland, J., & Sutherland, J. J. (2014). *Scrum. The art of doing twice the work in half the time.* New York: Currency.

Sverrisdottir, H. S., Ingason, H. T., & Johansson, H. I. (2014). The role of the product owner in scrum – comparison between theory and practices. *Procedia – Social and Behavioral Sciences*, 119(3), S. 257–267.

Takeuchi, H., & Nonaka, I. (1986). The new product development game. *Harvard Business Review*. https://hbr.org/1986/01/the-new-new-product-development-game. Zugegriffen: 5. Juni 2021.

Teece, D. J., Pisano, G., & Shuen, A. (1997). Dynamic capabilities and strategic management. *Strategic Management Journal*, 18(7), S. 509–533.

Teipel, P., & Alberti, M. (2019). Vision und Strategie verwirklichen mit OKR. *Controlling & Management Review*, 63(5), S. 34–39.

Tschimmel, K. (2012). *Design Thinking as an effective toolkit for innovation. Proceedings of the XXIII ISPIM Conference: Action for Innovation. Innovating from Experience.* Barcelona: The International Society for Professional Innovation Management (ISPIM).

Tushman, M. L., & Schumacher, T. (2020). Ambidextrie gestern und heute. Ein Interview mit Michael Tushman. *OrganisationsEntwicklung*, 39(4), S. 4–9.

Ulwick, A. W. (2002). Turn costumer input into innovation. *Harvard Business Review*. https://hbr.org/2002/01/turn-customer-input-into-innovation. Zugegriffen: 6. Juni 2021.

Urban, G. L., & von Hippel, E. (1988). Lead User analysis for the development of new industrial products. *Management Science*, 34(5), S. 569–582.

Vahs, D., & Brem, A. (2015). *Innovationsmanagement. Von der Idee zur erfolgreichen Vermarktung* (5. Aufl.). Stuttgart: Schäffer-Poeschel.

Vanhaverbeke, W. (2013). Rethinking Open Innovation beyond the innovation funnel. *Technology Innovation Management Review*, 3(4), S. 6–10.

Vanhaverbeke, W., & Chesbrough H. (2014). A classification of Open Innovation and Open Business models. In Chesbrough, H., Vanhaverbeke, W., & West, J. (Hrsg.), *New frontiers in Open Innovation* (S. 50–68). Oxford: Oxford University Press.

Vanhaverbeke, W., Chesbrough, H., & West, J. (2014). Surfing the new wave of Open innovation research. In Chesbrough, H., Vanhaverbeke, W., & West, J. (Hrsg.), *New frontiers in Open Innovation* (S. 281–294). Oxford: Oxford University Press.

Vanhaverbeke, W., Du, J., Leten, B., & Aalders, F. (2014). Exploring Open Innovation at the level of R&D projects. In Chesbrough, H., Vanhaverbeke, W., & West, J. (Hrsg.), *New frontiers in Open Innovation* (S. 115–131). Oxford: Oxford University Press.

Vanhaverbeke, W., & Cloodt, M. (2014). Theories of the firm and Open Innovation. In Chesbrough, H., Vanhaverbeke, W., & West, J. (Hrsg.), *New frontiers in Open Innovation* (S. 256–278). Oxford: Oxford University Press.

Vedsmand, T., Kielgast, S., & Cooper, R. G. (2016). *Integrating agile with Stage-Gate – how new agile-scrum methods lead to faster and better innovation.* https://innovationmanagement.se/2016/08/09/integrating-agile-with-stage-gate/. Zugegriffen: 6. Juni 2021.

Venohr, M. B. W. (2020). *Wie können Unternehmen einerseits die Effizienz des Kerngeschäfts sicher und andererseits neue Produkte und Geschäftsfelder entwickeln? Wie kann der Ansatz der Ambidextrie dies unterstützen?* Bachelorarbeit. Zeppelin University.

Vrontis, D., Thrassou, A., Santoro, G., & Papa, A. (2017). Ambidexterity, external knowledge and performance in knowledge-intensive firms. *The Journal of Technology Transfer*, 42(2), S. 374–388.

Webb, A. (2019). How to do strategic planning like a futurist. *Harvard Business Review*. https://hbr.org/2019/07/how-to-do-strategic-planning-like-a-futurist. Zugegriffen: 6. Juni 2021.

Webb, A. (2020). The 11 sources of disruption every company must monitor. *MIT Sloan Management Review*, 61(3), S. 65–70.

Weinberg, G., & Mares, J. (2015). *Traction. How any startup can achieve explosive customer growth.* New York: Portfolio Pengiun.

West, J. (2014). Challenges of funding open innovation platforms. In Chesbrough, H., Vanhaverbeke, W., & West, J. (Hrsg.), *New frontiers in Open Innovation* (S. 71–93). Oxford: Oxford University Press.

West, J., & Bogers, M. (2013). Leveraging external sources of innovation: a review of research on Open Innovation. *Journal of Product Innovation Management*. http://www.ttcenter.ir/ArticleFiles/ENARTICLE/3433.pdf. Zugegriffen: 6. Juni 2021.

Williamson, O. E. (1979). Transaction-Cost Economics: The governance of contractual relations. *Journal of Law and Economics*, 22(2), 233-261.

Wladawsky-Berger, I. (2020). *The current state of Open Innovation.*https://blog.irvingwb.com/blog/2020/03/rethinking-open-innovation-to-get-better-business-results.html. Zugegriffen: 6. Juni 2021.

Wobser, G. (2000). *Internetbasierte Kooperation bei der Produktentwicklung.* Freiberger Arbeitspapiere Nr. 35.

Wobser, G. (2003). *Produktentwicklung in Kooperation mit Anwendern. Einsatzmöglichkeiten des Internets.* Wiesbaden: Gabler.

Wobser, G. (2020). *Neu erfinden. Was der Mittelstand vom Silicon Valley lernen kann.* Berlin: Beshu Books.

Wodtke, C. (2016). *Radical Focus. Achieving the most important goals with Objectives and Key Results.* o. O.: Wodtke.

York, J. M. (2021). The impact of Lean Startup in advancing innovative products and business models: an organizational learning perspective. *International Journal of Management Studies and Social Science Research*, 3(1), S. 87–118.

Žužek, T, Kušar, J., Rihar, L., & Berlec, T. (2020). Agile-concurrent hybrid: A framework for concurrent product development using Scrum. *Concurrent Engineering: Research and Applications*, 28(4), S. 255–264.

Die digitale Revolution

5

Die Auswirkungen der digitalen Technologien auf die Lebens- und Arbeitswelt und somit auch auf Innovationen selbst sind so umfassend, dass sie ohne Übertreibung als digitale Revolution bezeichnet werden können.[1] Es findet nicht nur eine Transformation statt, denn viele Unternehmen transformieren nicht, sondern gehen weit darüber hinaus. Sie bauen digitale Geschäftsmodelle völlig neu auf. Traditionsunternehmen zu transformieren, hat ebenfalls revolutionären Charakter, ist aber eine völlig andere Aufgabe, die sich an der gesamten Wertschöpfungskette orientiert.[2] Disruption im weiteren Sinne wird immer als Prozess gesehen; die Wirksamkeit dieser Prozesse hat durch die digitale Revolution erheblich an Fahrt gewonnen.[3] Die rasante Durchdringung des Lebens mit Computern und Internettechnologie ist der zentrale Auslöser, der verschiedene wichtige Effekte für das Innovationsmanagement mit sich bringt.[4] Darüber hinaus wirken weitere digitale Technologien wie z. B. 3-D-Druck und Robotik, die jedoch gerade erst in Verbindung mit Internettechnologie ihre volle Wirkung entfalten.[5] In diesem Zusammenhang bildet die dezentrale Internettechnologie einen Kontrast zu den traditionellen hierarchischen Unternehmensstrukturen und wirkt entsprechend auf sie ein. „The Web is all periphery and no center. In that sense, it is a direct affront to the organizational model that has predominated since the beginnings of human history."[6] Trotz der teilweise

[1] Vgl. Kollmann (2020), S. 44; Lexa (2021), S. 15–19.

[2] Vgl. Paluch, Wittkop (2017), S. 192–200.

[3] Vgl. Gunther McGrath (2020), S. 32.

[4] Vgl. Morris (2017). S. 62–66.

[5] Vgl. Rifkin (2015), S. 107–131, 147–162.

[6] Hamel (2007), S. 252.

G. Wobser, *Agiles Innovationsmanagement*,
https://doi.org/10.1007/978-3-662-64515-4_5

kritischen öffentlichen Diskussion sehen Unternehmen laut einer repräsentativen Befragung die Digitalisierung ausnahmslos eher als Chance denn als Risiko.[7]

Die Einflüsse des Internets werden im Folgenden einzeln betrachtet und in einen logischen Zusammenhang gestellt. Zunächst werden die Möglichkeiten des Internets erörtert, wobei das Internet ein Innovationsbeschleuniger und somit ein „doppelschneidiges Schwert" ist. Auf der Chancenseite bekommen auch kleinere Unternehmen durch die einfache und kostengünstige Verfügbarkeit Zugang zu noch nie da gewesenen Möglichkeiten.

Anschließend werden die für ein agiles Innovationsmanagement besonders wichtigen Technologien E-Commerce, Künstliche Intelligenz und Quantencomputer anwendungsbezogen vorgestellt, die einen besonders hohen Einfluss auf die Innovationsaktivitäten von Unternehmen haben. Neue Technologien, die ihre Leistung oftmals exponentiell erhöhen, beschleunigen in der Folge die Innovationsgeschwindigkeit. Bestimmte technische Megatrends, wie z. B. das Aufkommen von 5G, durch Künstliche Intelligenz durchdrungene IoT-Netze und die Anwendung von Gesundheitsversorgung zu Hause, ermöglichen neue und wichtige Anwendungen.[8] Die Beschleunigung geschieht zwar auch aus der Entwicklung der Technologie heraus, aber vor allem durch Marktveränderungen, wie z. B. das Aufkommen neuer Wettbewerber und eine schnelle Veränderung des Kundenverhaltens. Technologie an sich macht jedoch noch nicht den Unterschied, sondern vielmehr erst die agile Anwendung der Technologie und ihre konsequente Ausrichtung auf Kundenbedürfnisse.[9] Schließlich begünstigt die digitale Technologie die Entstehung von Netzwerken wie Ökosystemen und aktiv im Austausch stehenden Akteuren auf Plattformen mit enormen Auswirkungen auf das agile Innovationsmanagement von Unternehmen und Institutionen.

Während früher Kooperationen vor allem zwischen zwei bestimmten Parteien bilateral stattfanden, ermöglicht Internettechnologie nicht nur die Modularisierung von Unternehmen, sondern vielmehr Kooperationsformen von mehreren Parteien bis hin zu virtuellen Unternehmen.[10] Arbeiten in Netzwerken ist insbesondere für agile Formen des Innovierens im Sinne der Open Innovation wichtig. „Today, though, we see many instances in which the concept is being used to orchestrate a significant number of players across multiple roles in the innovation process. Put

[7] Vgl. Bitkom (2020), S. 5.

[8] Vgl. CTA Consumer Technology Association (2021), S. 5–6.

[9] Vgl. Denning (2018), S. XVII.

[10] Picot et al. (2020), S. 274–277. Vgl. Beispiel zu Crowdworking in Mrass, Peters (2019), S. 273–282.

simply, designing and managing innovation communities is going to become increasingly important to Open Innovation's future."[11] Als besonders wichtige Erscheinungsformen von Netzwerken werden Ökosysteme und Plattformen verstärkt diskutiert, die hier getrennt betrachtet werden, was weder in der wissenschaftlichen Literatur noch in der Praxis stringent gegeben ist.[12] Manchmal wird sogar von der „Plattform-Ökosysteme" gesprochen.[13]

5.1 Das Internet als Ermöglicher

5.1.1 Einfacher Aufbau der Infrastruktur

Die niedrigen Kosten des Aufbaus einer internetbasierten Infrastruktur erleichtern den Aufbau eines kompletten Unternehmens und damit die Aufnahme der Geschäftstätigkeit.[14] Während früher erhebliche Produktionsmittel zur Erstellung von Fabriken notwendig waren und deshalb Unternehmensgründungen mit hohen Investitionen verbunden waren, kann heute mit wenigen Euro technisch ein komplettes, weltweit agierendes Unternehmen einschließlich einer Cloud-Struktur und neuen, digitalen Produkten und Dienstleistungen gegründet werden. „In the past eras, to build and operate a company of significant scale required dozens of stakeholders to give you permissions. You needed access to capital, machinery, factories, warehouses, distribution partners, mass-market advertising, and so on. Today, anyone with a credit card can rent all these capabilities and more."[15] Insbesondere die intensivierte Nutzung der Cloud-Technologie verspricht in allen Industrien bis zum Jahre 2030 Gewinnerhöhungspotenziale von mehr als 20 Prozent.[16] Mit dem Begriff Digital Entrepreneurship werden der Aufbau digitaler Geschäftsmodelle und ein neues Unternehmertum beschrieben. „Many of the fundamental issues of entrepreneurship still apply in the new world: cultivating an entrepreneurial mindset; identifying good opportunities; building a great team; knowing your customers; fulfilling legal obligations; and raising capital, to name just a few. Yet each

[11] Chesbrough (2020), S. 47.
[12] Vgl. Becker et al. (2020), S. 14–22; Kett et al. (2021), S. 68–71.
[13] Vgl. Übersicht in Schüler, Petrik (2021), S. 27–28.
[14] Vgl. Allen (2019), S. 3–8.
[15] Maurya (2012), S. XIV. Vgl. auch Rifkin (2015), S. 85–95.
[16] Vgl. Forrest et al. (2021), S. 3–4.

one of these areas is changed by the digital world; sometimes subtly, sometimes more fundamentally.“[17]

Ein wesentlicher Vorteil des Internets ist neben der weltweiten Verfügbarkeit die Standardisierung, die eine einheitliche Kommunikation und einen weltweiten Austausch von Informationen ermöglicht. Bei dem eigenen Aufbau der Unternehmung müssen diese vorherrschenden Standards berücksichtigt werden.[18] Leider haben die administrativen Bedingungen in den meisten Ländern mit der rasanten Entwicklung in keiner Weise Schritt gehalten und sind deshalb Hemmschuh für viele Jungunternehmer. Die Hälfte der deutschen Start-ups wünscht sich als Erstes eine erhebliche Vereinfachung der Verwaltungsdienstleistungen.[19]

Auf der anderen Seite sind Investitionen in IT-Sicherheit für Unternehmen einer bestimmten Größe mit verteilten Standorten bei Öffnung über Internettechnologie stark angestiegen. Dies führt zu neuen Formen der Kriminalität, bei denen z. B. technisch versierte Hacker-Organisationen in die IT-Systeme eindringen, diese blockieren und für die Wiederherstellung der Handlungsfähigkeit hohe Lösegeldsummen verlangen. Im Jahr 2019 waren 75 Prozent der in einer Studie befragten Unternehmen von diesen Angriffen betroffen. Der Gesamtschaden für die deutsche Wirtschaft in einem Zweijahreszeitraum wird auf über 200 Mrd. Euro geschätzt.[20] Trotz dieser technischen Herausforderungen und der wirtschaftlichen Auswirkungen der Corona-Krise geben fast die Hälfte der in einer Studie befragten Geschäftsführer an, ihre digitalen Investitionen um mindestens zehn Prozent steigern zu wollen.[21] Allerdings zeichnet sich ab, dass sich die deutschen Unternehmen in die zwei Gruppen der Vorreiter und Nachzügler aufteilen.[22]

Ein besonderes Phänomen des Internets ist die mithilfe der Technologie durchgeführte Kooperation rechtlich unabhängiger Unternehmen.[23] Dabei wird aus Sicht des Kunden eine gemeinsame Komplettlösung erbracht, die sich nach innen in einzelne, für den Kunden jedoch nicht wahrnehmbare Teilleistungen aufgliedert.[24] Davon abzugrenzen sind virtuelle Teamstrukturen und virtuelle Arbeitsplätze, bei denen Mitarbeiter eines oder auch verschiedener Unternehmen von verschiedenen Orten aus ihre Leistung erbringen. Durch die Zwänge der weltweiten

[17] Allen (2019), S. 2.

[18] Vgl. Kreutzer, Neugebauer, Pattloch (2017), S. 177–183.

[19] Vgl. Kollmann et al. (2020), S. 28.

[20] Vgl. Berg, Niemeier (2019), S. 2, 6.

[21] Vgl. Boswell et al. (2021), S. 13.

[22] Vgl. Berg (2021), S. 5.

[23] Vgl. Picot et al. (2020), S. 118–120.

[24] Vgl. Kollmann (2020), S. 52.

Corona-Pandemie ist diese Arbeitsweise von virtuellen Arbeitsplätzen im eigenen Haushalt sehr populär geworden und wird unter dem Begriff Homeoffice als Sonderform eines virtuellen Arbeitsplatzes besonders intensiv diskutiert.[25]

5.1.2 Einbezug der Anwender

Die wichtigsten externen Partner für Innovationen mit Unterstützung durch digitale Medien sind auf der Seite des Marktes tätig, z. B. Kunden, aber auch Lieferanten und Händler.[26] Darüber hinaus können Forschungs- und Ausbildungsstätten, staatliche Einrichtungen und Organe sowie Wettbewerber wichtige Informationsquellen sein.[27] Sehr illustrativ ist die Schilderung einer Anwenderinnovation durch den legendären Ökonomen Adam Smith, der einen Jungen beschreibt, der durch das Anbringen einer Schnur an den Hubkolben eines Feuerwehrautos ein automatisches Schließen erreichte und durch das Überflüssigmachen seiner monotonen Aufgabe weiter mit seinen Freunden spielen konnte.[28] So ist Innovation auch von Zufällen bestimmt.[29] Im Idealfall müssen neuartige Ideen von Unternehmen entdeckt und kommerzialisiert werden.

Die Aufgaben von Anwendern beim Entwicklungsprozess können in drei Rollen unterschieden werden (vgl. Abb. 5.1). Zunächst ist Marktforschung für agiles Innovationsmanagement in dynamischen Märkten grundsätzlich von entscheidender Bedeutung (Design for). „[…] the processes that render good companies capable of responding to change are often those that define how market research is habitually done.“[30] Traditionelle Marktforschung orientiert sich an bestehenden Produkten oder artikulierten Bedürfnissen und ist daher eher für die Verbesserung bzw. Ausweitung bestehender Produkte geeignet. Agile Ansätze richten den Blick weg von den Bedürfnissen auf nicht adressierte Kundenprobleme und die gewünschten Ergebnisse, weil diese Chancen für größere Innovationsschritte und neue, bisher unbearbeitete Märkte ermöglichen.[31]

Das Internet erleichtert neben vereinfachter, eher konventioneller Marktforschung vor allem die Interaktion mit Kunden (Design with) bis hin zur Integration

---

[25] Vgl. BMWi (2021), S. 6–8.

[26] Vgl. Ridely (2020), S. 297–299.

[27] Vgl. Hauschildt et al. (2016), S. 244–247.

[28] Vgl. Schilderung in Bogers, Afuah, Bastian (2010), S. 858.

[29] Vgl. Ridely (2020), S. 246–250.

[30] Christensen (2016), S. 164.

[31] Vgl. Nicolai (2020), S. 47; Ulwick (2002), S. 3–8.

Design for	Produkte werden auf Basis von Kundeninformationen entwickelt
Design with	Produkte werden den Kunden zusätzlich zur Beurteilung vorgelegt
Design by	Kunden werden aktiv in die Produktentwicklung einbezogen

Abb. 5.1 Ebenen des Einbezugs von Anwendern in den Entwicklungsprozess (in Anlehnung an Kaulio (1998), S. 143, eigene Darstellung)

von besonders befähigten Personen als temporäres oder dauerhaftes Teammitglied (Design by).[32] „Today, design costs and communication costs are declining rapidly, and modular design architectures are becoming more and more common for many products and processes. […] we argue that these largely exogenous technological trends are making single user innovation and collaborative innovation viable across a wider range of innovation activities than was the case before the arrival of technologies such as personal computers and the Internet."[33]

Neben dem Nutzen ist die Aufwandsdimension zu berücksichtigen, die durch die technologische Umsetzung und den Einsatz geeigneter Methoden einschließlich der personellen Betreuung bestimmt wird. Die Berücksichtigung von Anwendern im Innovationsmanagement kann anhand der beiden Dimensionen des zunehmenden Einbezugs der Anwender und des technologischen und methodischen Aufwands in die vier Ebenen Information, Interaktion, Transaktion und Integration unterteilt werden (siehe Abb. 5.2).

Auf der Informationsebene geht es zum einen um Recherchen im Internet, z. B. in den Sozialen Medien, um Informationen zu den eigenen Produkten, dem Markt und möglichen zukünftigen Anwendern zu finden.[34] Dabei wird der Anwender zunächst nicht direkt einbezogen und bekommt von dem Interesse des Unternehmens erst einmal nichts mit. Allerdings kann diese Stufe auch eine Vorauswahl für eine intensivere Zusammenarbeit darstellen. Des Weiteren können Anwender in der Form von „Virtual Communities" zur Übermittlung von Ideen aufgefordert

[32] Vgl. Ernst, Soll, Spann (2004), S. 122–136; Piller et al. (2008), S. 60–63.

[33] Baldwin, von Hippel (2011), S. 1402.

[34] Vgl. Pohl, Engel (2020), S. 942.

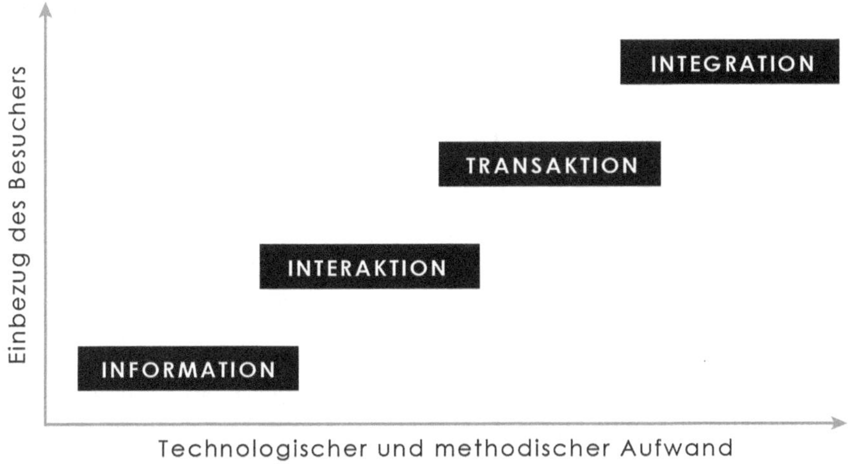

Abb. 5.2 Vierstufiges Ebenen-Modell zur Nutzung der Internettechnologie beim Einbezug von Anwendern (vgl. Wobser (2003), S. 56, eigene Darstellung)

werden.[35] Wenn daraufhin keine weitere Reaktion des Unternehmens erfolgt, wird – bewusst oder unbewusst – auf weitere Erkenntnisse verzichtet. „The Idea-Sharing process is suboptimal because more often than not, crowds are not allowed to tackle the most important problems of today […]. As such, crowds start out being under-leveraged and consequently have minimal influence and, as a self-fulfilling prophecy, are deemed ineffective to innovatively solve problems."[36]

Ein populärer Begriff bei der Nutzung des Wissens von bestimmten internen und insbesondere externen Personengruppen ist das Crowdsourcing, bei dem extern die Schwarmintelligenz von Kunden für die betrieblichen Prozesse, insbesondere das Innovationsmanagement, genutzt wird.[37] Eine beliebte Variante ist die Durchführung in Form eines Wettbewerbs, bei dem zur Überwindung der inneren Widerstände ein interner Prozesspromotor sinnvoll ist.[38] In der Praxis haben derartige Programme aber oftmals nicht den erhofften Erfolg, weil die vielen gewonne-

[35] Vgl. Pohl, Engel (2020), S. 940–941.

[36] Majchrzak, Malhotra (2020), S. 18.

[37] Vgl. Engel, Pohl (2020), S. 941–942; Keinz (2015), S. 35–69; Kreutzer, Neugebauer, Pattloch (2017), S. 146–152.

[38] Vgl. Lüttgens et al. (2014), S. 340–371.

nen Ideen nicht umgesetzt werden.[39] Zur Umsetzung können Dienstleister mit entsprechenden Internetangeboten genutzt werden.[40] Aufschlussreich sind bei der weiteren Betrachtung der Informationsebene im Sinne des Crowdsourcings die Ergebnisse eines umfassenden Experiments der anonymen, gemeinschaftlichen Ideenentwicklung.[41] Hier wurden 20 Gruppen zur Lösung eines tückischen Problems (Wicked Problem) aufgefordert.[42] Davon wurden sieben Gruppen gebeten, ausschließlich Ideen zu veröffentlichen (Idea-Sharing), während die Teilnehmer der restlichen 13 Gruppen im Sinne von ungezwungenen Voraussetzungen (Unmindcuffed) keinerlei Restriktionen hatten. Sie wurden vielmehr dazu ermutigt, Fakten, Beispiele, Zielkonflikte, „wilde Gedanken" und integrierende Lösungen beizutragen. Obwohl das Engagement aller Teilnehmer minimal war und im Durchschnitt nur zwei Beiträge gepostet wurden, haben die Teilnehmer der 13 Gruppen nicht vorrangig eigene Ideen eingebracht oder vorhandene Ideen explizit weiterentwickelt, sondern Beiträge zu bereits vorhandenen Ideen im Sinne von Wissens-Staffelläufern (Knowledge Baton Passers) an beliebigen Stellen im Kommunikationsverlauf durch die Äußerungen angereichert. Die wichtigste Erkenntnis ist, dass Gruppen mit ungezwungenen Voraussetzungen im Innovationsprozess effizienter sind, da sie zwar weniger, durch die gegenseitigen Beiträge jedoch innovativere Ideen hervorbrachten. „For the unmindcuffed crowds, 49 % of the total number of posts were ideas while, for the Idea-Sharing crowds, 61 % of their posts were ideas. Given that the unmindcuffed crowds produced more innovative solutions, these crowds offered more innovative ideas even while contributing a fewer number of ideas. Thus, unmindcuffed crowds are more efficient at the innovation-production process than Idea-Sharing crowds."[43]

Die darauffolgende Interaktionsebene beinhaltet eine konkrete, wenn auch rudimentäre Zusammenarbeit zwischen Kunden und dem entwickelnden Unternehmen. Durch Internettechnologie können seit vielen Jahren Befragungen als einfache Interaktion mithilfe von E-Mails, einer Webseite oder Nutzergruppen durchgeführt werden.[44] Es ist wichtig, beim Einsatz von Online-Foren deren Nutzer samt ihrer Motive genau zu verstehen. „The most important point is to understand the types of interaction that occur in online forums, so that you use them in

[39] Vgl. Acar (2019), S. 2–4; Brunneder et al. (2020), S. 2–5.

[40] Vgl. Christ et al. (2019), S. 261–269.

[41] Vgl. Majchrzak, Malhotra (2020), S. 53–67.

[42] Vgl. zum Begriff „Wicked Problem" Crowley, Head (2017), S. 540–546.

[43] Majchrzak, Malhotra (2020), S. 91.

[44] Vgl. Zou (1999), S. 80–85.

the right way."[45] Die Methode Kundendesign (Customer oder User Design) geht ein deutliches Stück weiter. Beim Kundendesign unterstützen qualifizierte Kunden die Entwickler über entsprechende Softwarewerkzeuge konkret bei der Entwicklung der Produkte.[46]

Bei der Transaktionsebene stehen Austauschbeziehungen zwischen dem Unternehmen und den Anwendern im Vordergrund. Hierbei sind besondere Möglichkeiten der Überprüfung von Hypothesen im Zusammenhang mit der Lean-Startup-Methode interessant.[47] Schon in einer sehr frühen Phase können z. B. mit Bildern und digitalen CAD-Produktmodellen Webseiten der in einem sehr frühen Stadium befindlichen Produktideen erstellt werden.[48] Durch Bewerbung z. B. mit Facebook werden Besucher auf die Seiten gelockt, wo diese sich für einen Newsletter anmelden oder das Produkt eventuell sogar mit Eingabe der Kreditkartendaten vorbestellen können. Diese Vorgehensweise ähnelt der Funktionsweise von Crowdfunding-Plattformen wie Kickstarter oder Indiegogo, bei denen geplante Innovationen tatsächlich vorbestellt und vorbezahlt werden können.[49] Allerdings muss nicht zwangsläufig ein wirklicher Kaufvorgang vollzogen werden, gerade für den Fall, dass noch gar kein verkaufsfähiges Produkt existiert. Nach Eingabe der Kreditkartendaten durch den Interessenten kann der Vorgang z. B. mit dem Vorwand eines technischen Fehlers abgebrochen werden, sodass kein Kaufvorgang zustande kommt. Diese Vorgehensweise kann parallel mit in sich homogenen Kundengruppen und mehreren Websites durchgeführt werden, die sich in wichtigen Merkmalen wie z. B. dem Preis unterscheiden, sodass im Sinne eines A/B-Testverfahrens Ergebnisse direkt verglichen werden können.[50] Durch typische Kennzahlen wie Besuche, Abbruchraten beim Verkaufsvorgang und schließlich Verkäufe ist es möglich, die Überlegenheit eines der getesteten Konzepte herauszufinden. „In an A/B test, visitors are randomly sent to two different versions of a business prototype site. The version that successfully converts more visitors into customers is the better solution."[51]

Internettechnologie in der Integrationsebene ermöglicht als höchste Stufe den Einbezug von Anwendern in mehreren Schritten. Zunächst können potenzielle

---

[45] Birkinshaw, Bouquet, Barsoux (2011), S. 4.

[46] Vgl. Cooper (2017), S. 237–238.

[47] Vgl. Ries (2017), S. 174–178.

[48] Vgl. Maurya (2012), S. 117–120.

[49] Vgl. zur Funktionsweise von Crowdfunding für Start-ups de Cruppe (2021), S. 485–506, Rifkin (2015), S. 314–316.

[50] Vgl. Allen (2019), S. 201–206.

[51] Allen (2019), S. 201.

Anwender mit Unterstützung der Internettechnologie einfach identifiziert werden. „[…] those customers with an inherent motivation to develop novel solutions in their field […] are generally willing to reveal details of their innovations with peers on the web […].“[52] Aufbauend auf den bereits dargestellten Grundzügen der Open Innovation überwindet Internettechnologie vor allem beim Einbezug von Anwendern im Sinne der Lead-User-Methode eine Grenze, die für beide involvierten Parteien Aufwand bedeutet, der ökonomisch auch mit Kosten bzw. Geldeinheiten bewertet werden kann. Dies geschieht aufwandsbezogen, unabhängig davon, ob letztendlich tatsächlich Geld fließt. Dieser Aufwand wird auf Herstellerseite durch Technologie wie z. B. durch moderne CAD-Software zur Visualisierung eines Produktes tendenziell geringer.[53] Bei der Zusammenarbeit mit Anwendern ist deren Motivation vorab zu berücksichtigen, die sich grundlegend in extrinsische – von außen bestimmte – Motive und intrinsische – von innen heraus gebildete – Motive unterscheiden lässt.[54]

5.1.3 Zugang zu neuen Geschäftsmodellen

Internettechnologie verändert nicht nur bestehende Marktmechanismen und Unternehmensprozesse, sondern öffnet Zugänge zu neuen, durch das Internet erst möglichen Geschäftsmodellen. Das Internet der Dinge (Internet of Things, IoT) ermöglicht die Vernetzung von Menschen und Geräten und wird mit dem Schlagwort „Internet of Everything“ bezeichnet. Dadurch entsteht eine umfassende Neudefinition von bestehenden und neuen Geschäftsfeldern, der sich alle Akteure auf einem strategischen Spielbrett stellen müssen.[55]

Aus der Unternehmensperspektive haben relevante Geschäftsmodelle strategischen Charakter, da sie die unternehmerische Tätigkeit einschließlich der Kunden und Partner ganzheitlich beschreiben.[56] Eine besondere Bedeutung kommt durch Internettechnologie ermöglichten, servicebasierten Geschäftsmodellen zu, die von produktbegleitenden Dienstleistungen, wie z. B. Fernwartung, bis hin zu nutzungsbasierten Abrechnungsmodellen (Pay-per-Use) für Produkte statt des traditionellen physischen Produktverkaufs reichen können. „This trend is referred to as servitiz-

[52] Leary, Kaulartz (2019), S. 3.

[53] Vgl. Baldwin, von Hippel (2011), S. 1410–1414.

[54] Vgl. Boudreau, Lakhani (2011), S. 52. Für eine umfassende Darstellung vgl. Wobser (2003), S. 77–81.

[55] Vgl. Kreutzer (2017), S. 37–39.

[56] Vgl. Kreutzer, Neugebauer Pattloch (2017), S. 62.

ation, in other words the shift from selling products to selling integrated product-service bundles that deliver value in use or even service level agreements for guaranteed outcomes.“[57] Der Begriff Internet der Dinge bezeichnet die Digitalisierung und Verknüpfung physischer Gegenstände durch Ergänzung einer Informationstechnologie, was sich auf Kundenseite durch eine neue digitale Dienstleistung abbildet.[58] Internettechnologie ermöglicht grundsätzlich den Zugriff auf ausführliche Daten, durch deren Analyse wiederum wichtige Rückschlüsse auf das Geschäftsmodell möglich werden.[59]

Spezifische internetbasierte Geschäftsmodelle lassen sich in verschiedene Gruppen unterteilen:[60]

- **Werbebasiertes Modell:** Frühes Modell der Abrechnung von Werbeanzeigen, z. B. Google
- **Mitglieds-/Abonnement-Modell:** Abrechnung über regelmäßige Nutzungsgebühr, z. B. Spotify
- **Bezahl-Modell für Inhalte:** Honorierung von redaktionellen Leistungen, z. B. Die Zeit
- **Transaktionsbasiertes Modell:** Bezahlung pro Vorgang, z. B. Verkauf eines Gegenstandes über eBay
- **E-Commerce-Modell:** Erzielen einer Marge über den Verkauf von Produkten, z. B. Amazon
- **Spenden-Modell:** Aufruf zu einer freiwilligen Spende, z. B. Wikipedia
- **Datenbasiertes Modell:** Kostenlose Nutzung des Service durch Bereitstellung der Daten, z. B. der persönlichen gespeicherten Kontakte bei Clubhouse oder der Bewegungsdaten bei Google Maps

Die elektronische Wertschöpfung bietet dem Kunden ein Bündel von Vorteilen, die auch in Kombination auftreten können. Die Bestellplattform Amazon ermöglicht z. B. eine Kombination der Mehrwerte durch Überblick, Auswahl und Abwicklung. Varianten der Wertschöpfung sind Vermittlung von Anbietern und Nachfragern (z. B. eBay), Kooperation von verschiedenen Anbietern im Sinne einer einfacheren Koordination des Angebots (z. B. regionale Marktplätze und Tourismusangebote) und Austausch, wodurch mehrere Nachfrager besser miteinander

57 Linz, Müller-Stewens, Zimmermann (2021), S. 39.

58 Vgl. Fleisch, Weinberger, Wortmann (2015), S. 446–448.

59 Vgl. Allen (2019), S. 193–209.

60 Vgl. Kreutzer, Neugebauer Pattloch (2017), S. 66–68.

kommunizieren können (z. B. WhatsApp).[61] Im Industriekontext können physische Produkte mit digitalen Dienstleistungen verbunden und so Daten gesammelt werden.[62] Allerdings ist dies mit den aktuell für die Produktentwicklung zuständigen Abteilungen häufig schwer zu erreichen und sollte deshalb eigenständig als Geschäftsmodell als agiler, offener Prozess durchgeführt werden.[63] Als erste Orientierung dienen in der Praxis bereits erfolgreiche Geschäftsmodelle aus anderen Branchen oder Themenfeldern, welche Widersprüche im Unternehmen überwinden und so Hinweise für neuartige Geschäftsmodelle bieten.[64]

5.2 Technologie als Innovationsbeschleuniger

5.2.1 E-Commerce

Auf der Grundlage der Internettechnologie haben sich als Technologievariante Möglichkeiten der Abwicklung elektronischer Geschäftsprozesse entwickelt, die unter dem Begriff E-Business sowohl Einkauf, Verkauf als auch im Besonderen den Handel massiv beeinflussen.[65] Gerade im Corona-Jahr 2020 ist in Deutschland der Online-Handel um 23 Prozent auf 73 Mrd. Euro Umsatz gewachsen.[66] Dabei ist das Format der Marktplätze sogar um 40 Prozent gewachsen, wodurch Amazon alleine einen Anteil von 53 Prozent am deutschen Online-Handels-Umsatz erreicht. Mit einem Wachstum von 60 Prozent waren Lebensmittel als Kategorie die Gewinner und wuchsen 2020 dreimal so hoch wie Nicht-Lebensmittel. Neue, rein internetbasierte Unternehmen bedrohen zunehmend die Geschäftsmodelle der etablierten Anbieter.[67] „Today, start-ups with little capital can innovate on top of platforms by leveraging highly scalable cloud infrastructures, which increase the pressure of incumbents' business models even further."[68] In etablierten Unternehmen wirken jedoch oftmals, wie bereits in den Dilemmata beschrieben, beharrende Kräfte, welche eine Antwort auf die neuen, ausschließlich internetbasierten Unternehmen erschweren. So haben während der Corona-Krise weniger als 30 Prozent des deut-

[61] Vgl. Kollmann (2019), S. 93.

[62] Vgl. Fleisch, Weinberger, Wortmann (2015), S. 458–461.

[63] Vgl. Burmeister, Lüttgens, Piller (2016), S. 144.

[64] Vgl. Piller, Gülpen, Lüttgens (2016), S. 149–152.

[65] Vgl. Kollmann (2019), S. 65–74.

[66] Vgl. zum Folgenden HDE Handelsverband Deutschland (2020), S. 3–9.

[67] Vgl. Hoisl (2019), S. 18–19; Nicolai (2020), S. 49.

[68] Linz, Müller-Stewens, Zimmermann (2021), S. 36.

schen Einzelhandels einen eigenen Online-Shop neu eingerichtet, aktuell sind es immerhin schon 62 Prozent.[69] Fast 40 Prozent der großen Unternehmen in der Europäischen Union nutzen Cloud-Services, aber nur 17 Prozent der kleinen und mittelständischen Unternehmen (KMU).[70] Zur Erschließung der Cloud-Technologie sind Änderungen der Strukturen und Abläufe notwendig.[71]

Internetkonzerne wie Amazon werden kritisiert, in den einzelnen Ländern wenig Steuern zu zahlen, da z. B. selbst physische Produkte aus dem steuergünstigeren Ausland verschickt werden.[72] Digitalkonzerne, die keine physischen Produkte versenden, können ihre Steuerlast ebenfalls erheblich senken. Bei Amazon tragen die unter den Namen Amazon Web Service (AWS) angebotenen Cloud-Dienstleistungen aktuell rund die Hälfte zum Gewinn bei.[73] Die Immaterialität von internetbasierten Dienstleistungen und Softwareprodukten erlaubt eine weltweite Verteilung der Wertschöpfung, sodass durch geschickte Strukturen Steuerzahlungen im Gegensatz zu stationär gebundenen Unternehmen minimiert und nationale Besteuerungssysteme überwunden werden. So wird geschätzt, dass Google in Europa in den vergangenen Jahren nur rund drei Prozent Steuern bezahlt hat.[74] Das ruft Politiker auf den Plan, die den Ort der Erbringung der Dienstleistung als Betriebsstätte qualifizieren möchten, um Steuern erheben zu können.[75]

Die so entstehenden höheren Unternehmensgewinne der Internetkonzerne können wieder in die Entwicklung von Innovationen und den Ankauf junger Unternehmen wie Start-ups investiert werden, was zwar Innovationen beschleunigt, aber die Wettbewerbssituation für Mitanbieter ohne derartige Strukturen erst einmal erschwert. Allerdings darf nicht vergessen werden, dass gerade die Aussicht auf signifikante Gewinne ein Antrieb für Angreifer ist, diese Monopole zukünftig aufzulösen. „Monopolies drive progress because the promise of years or even decades of monopoly profits provides a powerful incentive to innovate. Then monopolists can keep innovating because profits enable them to make the long-term plans and finance the ambitious research projects that firms locked in competition can't dream of."[76]

---

[69] Vgl. HDE Handelsverband Deutschland (2020), S. 25; Wittmann, Deichner (2020), S. 16.

[70] Vgl. European Commission (2020), S. 12.

[71] Vgl. Comella-Dorda et al. (2021), S. 2–7.

[72] Vgl. Hildebrand (2019), S. 1–3.

[73] Vgl. Plewinski (2021), S. 1–2.

[74] Vgl. Schimmel (2015), S. 1–5.

[75] Vgl. Wehner (2021), S. 1–3.

[76] Thiel (2014), S. 33.

Reine Softwareprodukte, die über das Internet vertrieben werden, haben im Gegensatz zu physischen Produkten fast keine Grenzkosten und können einfach skaliert werden.[77] Allerdings sind die anfänglichen Entwicklungs- und Marketingaufwendungen beträchtlich, entwickeln sich dann jedoch nicht proportional zu den möglichen Verkaufserlösen. „Aufgrund der speziellen Kostenstruktur mit geringen umsatzabhängigen Kosten führen weitere Umsatzzuwächse zu einer Ausweitung der Gewinnmarge."[78]

5.2.2 Künstliche Intelligenz

Künstliche Intelligenz (KI) hat ein enormes Potenzial, bestehende Geschäftsmodelle zu verändern und völlig neue zu schaffen.[79] In Fachkreisen gelten die frühen Gedanken des britischen Computer-Pioniers Alan M. Turing aus dem Jahre 1950 und eine sechswöchige Konferenz sechs Jahre später am Dartmouth College in Hanover im US-Bundessaat New Hampshire als Geburtsstunden der KI.[80] Die Teilnehmer der Konferenz kamen zu der Erkenntnis, dass auch außerhalb des menschlichen Gehirns Intelligenz geschaffen werden kann, was den Forschungsaktivitäten einen enormen Auftrieb verschaffte.[81] Künstliche Intelligenz versucht mithilfe von Computersystemen und Programmen, die Besonderheiten der menschlichen Intelligenz nachzubilden bzw. neu zu gestalten und gegebenenfalls zu übertreffen.[82] Im Jahre 1959 machte der KI-Pionier Arthur L. Samuel in seiner Simulation eines Dame-Spiels den Begriff des Maschinellen Lernens (Machine Learning) populär.[83] In seinem Fazit spricht er bereits euphorisch von einer Überlegenheit seines Systems gegenüber dem Menschen und einer möglichen Anwendung bei praktischen Herausforderungen. „As a result of these experiments one can say with some certainty that it is now possible to devise learning schemes which will greatly outperform an average person and that such learning schemes may eventually be economically feasible as applied in real-life-problems."[84]

[77] Vgl. Allen (2019), S. 12–13.

[78] Hoisl (2019), S. 32.

[79] Vgl. Kett et al. (2021), S. 63–73.

[80] Vgl. Ramge (2018), S. 29–41.

[81] Vgl. Buxmann, Schmidt (2019), S. 3–7.

[82] Vgl. Ramge (2018), S. 18–22; Zink, Bosse (2019), S. 50–52.

[83] Vgl. Future Today Institute (2021), S. 9–10. Vgl. zu Begriffen und Inhalten Buxmann, Schmidt (2019), S. 7–14.

[84] Samuel (1959), S. 548.

In der Praxis werden die Begriffe KI und Maschinelles Lernen oftmals synonym verwendet.[85] Maschinelles Lernen ist vom Grundsatz her eine Anwendung der KI, sodass im weiteren Verlauf in einem übergeordneten Sinne weiterhin von KI gesprochen wird. Heute ist KI auch im Privatbereich bereits allgegenwärtig und begegnet uns z. B. in den zahlreichen Sprachassistenten, sei es von Amazon, Google oder Apple.[86] Die Sprachassistentin Alexa von Amazon kann durch Durchsuchen von Dokumenten und Referenzierung mit verschiedenen Quellen heute schon eine große Anzahl einfacher Fragen mithilfe von KI beantworten.[87] Die Nutzung von KI ist eng mit der Leistungsfähigkeit des Internets verbunden, da sehr große Datenmengen in kurzer Zeit analysiert werden müssen.[88] Künstliche Intelligenz nutzt dabei Rückkopplungen, um zu lernen und sich weiter zu verbessern. „Der Feedbackeffekt […] führt dazu, dass Systeme immer smarter werden, je mehr Menschen oder Maschinen Feedbackdaten liefern."[89]

Dennoch ist der praktische Nutzen von KI noch sehr eingeschränkt. In der Europäischen Union nutzen immerhin fast 33 Prozent der großen Unternehmen die Ausprägung der Datenanalytik, während sie bei mittelständischen Unternehmen (KMU) nur rund zwölf Prozent einsetzen.[90] Das kann auch daran liegen, dass einige Wissenschaftler den allgemeinen Nutzen von KI unterschätzen, während Praktiker zur Implementierung drängen. „Many of the most respected researchers and academics see things differently, however. They argue that we are decades away from realizing AGI [Artificial General Intelligence], and some even predict that we won't see AGI in this century. With so much uncertainty, why should executives care about AGI today? The answer is that, while the timing of AGI is uncertain, the disruptive effects it could have on society cannot be understated."[91] So erstreckt sich die Entwicklung von KI vorrangig auf die Industrie und weniger auf die Wissenschaft, was sich daran zeigt, dass 2019 fast zwei Drittel der US-amerikanischen promovierten Experten sofort in die für sie attraktivere Industrie wechselten, während es 2010 nur rund 45 Prozent waren.[92] Doch der KI-Boom geht noch weiter. Die großen Anbieter Amazon Web Service, Azure und Google

[85] Vgl. zum Folgenden Kühl et al. (2020), S. 1–10.

[86] Vgl. zu den Meilensteinen der Künstlichen Intelligenz Diamandis, Kotler (2020), S. 33–37.

[87] Vgl. Herbrich (2019), S. 70–71.

[88] Vgl. Gürtler (2019), S. 97.

[89] Ramge (2018), S. 51.

[90] Vgl. European Commission (2020), S. 12.

[91] Berruti, Nel, Whiteman (2020), S. 2.

[92] Vgl. Zhang et al. (2021), S. 12.

Cloud ermöglichen es jedermann, seine eigenen KI-Applikationen ähnlich der Erstellung einer Webseite selbst zu kreieren.[93]

Die Verbreitung von KI ist in Deutschland noch unterdurchschnittlich, was auch mit der generellen kulturellen Haltung zur Innovation in Verbindung gebracht werden kann. „In Europa sind Roboter Feinde, in Amerika Diener, in China Kollegen und in Japan Freunde."[94] Im Jahre 2019 setzten in Deutschland erst 5,8 Prozent der produzierenden Unternehmen und unternehmensnahen Dienstleister KI ein. Die Gesamtausgaben im Berichtsjahr betrugen 4,8 Mrd. Euro, was 2,7 Prozent der gesamten Innovationsausgaben und einem Durchschnitt von 270.000 Euro pro Unternehmen mit KI-Einsatz entspricht. Die Bedeutung der KI wird allerdings von 65 Prozent der Unternehmen als wichtig eingeschätzt.[95] Im deutschen Online-Einzelhandel planen über 73 Prozent der Unternehmen aktuell keinen Einsatz von KI; nur rund ein Fünftel hat KI-Projekte im Einsatz.[96] Erfreulich ist die Führungsrolle europäischer Start-ups bei der Anwendung von KI im industriellen Bereich, die laut einer Studie einen Anteil von rund 42 Prozent der weltweit rund 825 Start-ups ausmachen.[97]

Eine große Zahl der jungen Bundesbürger glaubt, dass ihnen KI künftig ein besseres Leben bringt. 42,6 Prozent der in einer Studie Befragten nennen dies als ihre Wunschvorstellung. Nur 7,2 Prozent sehen in der neuen Technologie ein negatives Szenario. Allerdings zeigt sich auch ein hoher Informationsbedarf. 41,8 Prozent waren bei dieser Frage noch unentschlossen und 8,4 Prozent konnten dazu keine Aussage treffen.[98]

Einige Studien und Berichte zeigen, dass in bestimmten Bereichen KI der menschlichen Intelligenz bereits überlegen ist.[99] So ergibt eine deutsche Studie mit 157 Hautärzten, dass KI Hautkrebs besser diagnostiziert als die Hausärzte zusammen als Gruppe.[100] Die Mehrheit der Experten sieht dieses Phänomen kritisch und widerspricht der Behauptung des Vordenkers Ray Kurzweil, dass bereits im Jahr 2045 KI dem Menschen in nahezu sämtlichen Fähigkeiten überlegen sein wird.[101] Alan M. Turing führte in seinem berühmten Aufsatz aus dem Jahr 1950 als ein

[93] Vgl. Future Today Institute (2021), S. 27.

[94] Ramge (2018), S. 20.

[95] Vgl. BMWi (2020), S. 1; BMWi (2018), S. 7.

[96] HDE Handelsverband Deutschland (2020), S. 45–46.

[97] Vgl. Buchenau, Knitterscheidt (2021), S. 16–17.

[98] Vgl. Kaspersky (2020), S. 1–4.

[99] Vgl. Suh (2021), S. 2–6.

[100] Vgl. o. V. (2019), S. 1–2.

[101] Vgl. Buchter, Straßmann (2013), S. 1–6; Ramge (2018), S. 84–85.

Kriterium des Vorhandenseins von KI an, dass Menschen nicht zwischen der Maschine und einem echten Menschen unterscheiden können (Turing-Test).[102] Das berühmte Anrufbeispiel auf der Google-Konferenz im Jahre 2018, bei der ein künstlicher Sprachassistent, ohne als solcher entlarvt zu werden, einen Frisörtermin vereinbarte, führte genau zu diesem Ergebnis.[103]

KI ermöglicht schon heute kostengünstige Lösungen. So werden bereits rund 60 Prozent aller Börsentransaktionen über Computer mit entsprechenden Algorithmen erledigt, bei besonderen Schwankungen sogar bis zu 90 Prozent. Durch sogenannte Robo-Advisors können Endkunden mit einer App direkt ohne Makler auf diese Mechanismen zugreifen und zahlen z. B. beim Anbieter Wealthfront eine deutlich niedrigere Gebühr von etwa 0,25 Prozent statt der sonst üblichen rund ein bis zwei Prozent.[104] Andere Aktienfonds erzielen durch Einsatz von KI mit über 40 Prozent überdurchschnittliche Erträge.[105] In Unternehmen können Elemente der KI bereits Routineaufgaben wie z. B. die Zuordnung von Rechnungen und das Zahlungsmanagement offener Posten vereinfachen.[106] KI kann zudem im Maschinenbau durch vorausschauende Wartung die Dauerbetriebssicherheit erhöhen.[107] Außerdem können Beschaffungsprozesse durch den Einsatz von KI verbessert werden, indem z. B. innovative Lieferanten identifiziert, auf kurzfristige Lieferantenausfälle reagiert und Risiken durch Lieferkettentransparenz reduziert werden können.[108]

5.2.3 Quantencomputer

Die Technologie der Quantencomputer wird die Innovationstätigkeiten in den nächsten Jahren massiv beeinflussen und steht bezüglich ihrer Leistungsfähigkeit mit bereits beschriebenen Phänomenen wie z. B. dem Exponentialdilemma und der weiteren Gültigkeit des Mooreschen Gesetzes sowie der Nutzung von Künstlicher Intelligenz in einem unmittelbaren Zusammenhang. Für das Jahr 2020 werden die weltweiten Umsätze mit Quantentechnologie erst auf 260 Mio. Euro geschätzt,

[102] Vgl. Spender (2015), S. 3.
[103] Vgl. Fuest (2018), S. 1–4.
[104] Vgl. Davenport, Bean (2021), S. 1–8; Diamandis, Kotler (2020), S. 195.
[105] Vgl. Narat (2021), S. 1–6.
[106] Vgl. Leukert, Müller, Noga (2019), S. 46–47.
[107] Vgl. Fallbeispiel in Knapp, Wagner (2019), S. 161–164.
[108] Vgl. Heinrich, Stühler (2018), S. 83–88.

allerdings mit einer dramatischen angenommenen Steigerung auf 9 Mrd. Euro bis spätestens im Jahr 2030.[109]

Quantencomputer lösen sich von der bekannten Einheit Bit der konventionellen Rechner, die sich bekanntermaßen auf die Ausprägungen 0 oder 1 beschränkt. Sogenannte Qubits können unterschiedliche Zustände auf einmal annehmen.[110] Aus diesem Grund können Quantencomputer bestimmte Arten komplexer Rechenaufgaben erheblich schneller lösen.[111] „A classical computer requires thousands of steps to solve a hard problem, but a quantum computer can accomplish that same task in two or three steps total."[112] Als Google im Jahre 2019 seinen Sycamore-Chip mit 53 Qubits vorstellte, konnte er eine komplexe Berechnung von Zufallszahlen, für die ein konventioneller Computer 10.000 Jahre braucht, in nur drei Minuten und 20 Sekunden erledigen.[113] Allerdings gibt es Meinungen, dass erst bei einer mittleren dreistelligen Qubit-Anzahl wirtschaftlich lohnende Anwendungen machbar sein werden, was technisch schon in wenigen Jahren als möglich erachtet wird.[114] Über die Leistung hinaus erlauben Quantencomputer sichere Formen der Verschlüsselung von Daten. „This fundamentally unhackable encryption is based on the law of physics, and not on the complex mathematical algorithms used today."[115] Dennoch stehen neben Fragen der Anwendungen und ethischer Maßstäbe und nach wie vor Sicherheitsaspekte im Vordergrund.[116]

In Deutschland ist die bis 2025 vorgesehene Förderung für Quantencomputer mit einem Budget von rund 2,7 Mrd. US-Dollar weltweit am höchsten, dennoch wagt sich kein deutsches Unternehmen, trotz des Vorhandenseins von einschlägiger Forschung und nationalen Zuliefernetzwerken, an den Bau einer komplett eigenen Version.[117] Der deutsche Halbleiterhersteller Infineon hat im Jahr 2020 jedoch rund 1,1 Mrd. Euro für die Entwicklung geeigneter Chips als wichtige Komponente für Quantencomputer ausgegeben und rechnet mit einer Massenproduktion in zehn Jahren.[118] Zehn führende deutsche Unternehmen haben sich zusammengeschlossen, um durch konkrete Entwicklungsprojekte Anwendungen der Quanten-

---

[109] Vgl. European Commission (2020), S. 90–92; Welchering (2021), S. 1–5.

[110] Vgl. Briegel, Cirac, Zoller (1999), S. 37–43; DeBenedictis (2020), S. 71–73.

[111] Vgl. Ghose (2020), S. 2–5.

[112] Diamandis, Kotler (2020), S. 28.

[113] Vgl. Drösser (2019), S. 1–5.

[114] Vgl. Tyborski, Koch (2021), S. 8; Lindinger (2021), S. 1–3.

[115] Ghose (2020), S. 3.

[116] Vgl. Ghose (2020), S. 4–5.

[117] Vgl. Holzki, Tyborski (2021), S. 16; Tyborski, Koch (2021), S. 2–3.

[118] Vgl. Hofer (2021), S. 4.

computer gemeinsam zu erarbeiten.[119] In Deutschland wurde inzwischen Europas erster Quantencomputer mit 27 Qubits für Versuchszwecke installiert.[120] Er wurde in Teilen aus den USA geliefert und in Ehningen bei Stuttgart aufgebaut.[121]

5.3 Entstehung von Netzwerken

5.3.1 Ökosysteme mit komplementären Akteuren

Die Analyse bestehender Ökosysteme ist ein wesentlicher Schritt zum Aufbau neuer Geschäftsmodelle.[122] Ökosysteme sind begrifflich der Natur entlehnt und beschreiben dort einen Lebensraum, in dem alle Bestandteile wie Pflanzen und Lebewesen zur Lebensfähigkeit des Ganzen beitragen.[123] Im unternehmerischen Kontext sind Ökosysteme besondere Netzwerke, in denen verschiedene Hersteller sich ergänzende Produkte und Dienstleistungen anbieten.[124] „Hierbei handelt es sich um ein in sich geschlossenes System, das der Nutzer auch dann nicht verlassen muss, wenn er verschiedenen Anwendungen starten möchte."[125] In diesem Sinne könnte man einen Wochenmarkt im Zusammenspiel mit der bestehenden Infrastruktur einer Stadt als funktionierendes Ökosystem bezeichnen. Alle Akteure ergeben in Summe einen höheren Nutzen als einzeln, stehen jedoch im Gegensatz zu Plattformen in keinerlei wechselseitiger Leistungsbeziehung. Es fehlt zudem der Plattformbetreiber, der direkte Einnahmen erzielt.[126]

Wirtschaftliche Ökosysteme entstehen ursprünglich, wie in der Natur, aus sich selbst ohne notwendige Koordination durch einen Dritten, z. B. eine touristische Infrastruktur in der Nähe einer bedeutenden Sehenswürdigkeit. Grundsätzlich können etablierte Unternehmen durch eine Zusammenarbeit mit verschiedenen komplementären Start-ups ein Start-up-Ökosystem aufbauen, das bei erfolgreicher Durchführung neue Teilnehmer auf beiden Seiten anziehen kann.[127] Ebenso kann

[119] Vgl. Tauber (2021), S. 1–2.

[120] Vgl. Lindinger (2021), S. 1–2.

[121] Vgl. Armbruster, Finsterbusch (2021), S. 1–3.

[122] Vgl. Gassmann, Frankenberger, Choudury (2021), S. 31–47.

[123] Vgl. Becker et al. (2020), S. 13–16.

[124] Vgl. Moore (2005), S. 9–26; West (2014), S. 73–74.

[125] Vgl. Kreutzer, Neugebauer, Pattloch (2017), S. 32.

[126] Die Stadt selbst wird nicht als Plattformbetreiber gesehen. Die Einnahmen durch den Wochenmarkt entstehen allenfalls indirekt z. B. durch Gewerbesteuer.

[127] Vgl. Leitner, Leitterstorf, Kammerlander (2019), S. 31–33.

ein Start-up ein Ökosystem mit weitaus größeren Partnern aufbauen und erfolgreich zu deren Nutzen orchestrieren.[128] Ein besonders erfolgreiches geografisches Ökosystem ist die Region Silicon Valley in Kalifornien.[129] Die Analyse von zehn im Silicon Valley beheimateten Start-ups zeigt auf, dass die wesentlichen Elemente des Ökosystems wie Zugang zu Kapital und Talenten, der ausreichend große Markt, das ausgezeichnete soziale Netzwerk und die spezifische Geschäftskultur den Erfolg ermöglichen.[130] Demgegenüber spielen sonst übliche Faktoren wie allgemeine Infrastruktur, Steuern, gesetzliche Regulierung und unterstützende Industrien keine ausgeprägte Rolle. Die Bedeutsamkeit des dortigen einzigartigen Ökosystems ist daran erkennbar, dass alle Start-ups von ihrer Zentrale im Silicon Valley mithilfe des Ökosystems international expandieren konnten.

Ökosysteme nehmen stark an Bedeutung zu.[131] Zudem sind sie eine wichtige Grundlage für offene Innovationssysteme im Sinne der Open Innovation. „Open Innovation isn't just about the firm anymore. It's also about the surrounding environment in which innovation occurs. For Open Innovation to thrive, we need to build ecosystems of innovating organizations."[132] Ökosysteme bilden komplexe Systeme ab, die mehrere Akteure zu einem Gesamtgefüge vernetzen und so wiederum gegenüber externen Einflussfaktoren agil und flexibel reagieren können.[133] Im Unternehmenskontext sind wie in einem Ökosystem in der Natur die Akteure für den individuellen Erfolg voneinander abhängig, so z. B. ein Softwarehersteller, unabhängige Vertriebs- und Implementierungspartner sowie Technologiepartner, die notwendige Hardware und weitere benötigte Software bereitstellen.[134] „In a business ecosystem, companies coevolve capabilities around a new innovation: they work cooperatively and competitively to support new products, satisfy customer needs, and eventually incorporate the next round of innovations."[135]

Ökosysteme entwickeln sich in verschiedenen Stufen, die idealtypisch in fünf Phasen als Geburt, Wachstum, Führung, Selbsterneuerung oder Tod beschrieben werden können. Dabei stehen Bestandteile der Kooperation und des Wettbewerbs in einem ständigen Spannungsfeld zueinander. „Yet I've observed the four stages

[128] Vgl. Lingens, Böger, Gassmann (2021), S. 138–140.

[129] Vgl. zum kritischen Blick auf das Silicon Valley Gumbrecht (2018), S. 33–62; zur Denkweise Herger (2017), S. 115–321; zur umfassenden Geschichte O'Mara (2019), S. 10–92.

[130] Vgl. Gold (2018), S. 82–128.

[131] Vgl. Überblick über Studien in Becker et al. (2020), S. 36–45.

[132] Chesbrough (2020), S. 29.

[133] Vgl. Becker et al. (2020), S. 13.

[134] Vgl. Hoisl (2019), S. 133–135; Morris (2017), S. 292–296.

[135] Moore (1993), S. 76.

in many companies over time, across businesses as diverse as retailing, entertainment, and pharmaceuticals. What remains the same from business to business is the process of co-evolution: the complex interplay between competitive and cooperative business strategies.“[136]

Der gezielte Aufbau und das Management eines Ökosystems als Erweiterung der hier verwendeten Begriffsdefinition erfordern bestimmte Handlungsweisen, die in sieben Schritten dargestellt werden können:[137]

1. Eine überzeugende geschäftsmodellorientierte Vision vermitteln
2. Strategische Handlungsfelder des Ökosystems identifizieren und lancieren
3. Offenes Netzwerk aufbauen
4. Selbstorganisation in Teams ermöglichen
5. Lebendige Kommunikationsplattformen schaffen
6. Agiles Betriebssystem implementieren
7. Förderer und Mentoren gewinnen

Für Analyse und Aufbau bestimmter Ökosysteme kann die Einordnung in ein kreisförmiges Diagramm, das Ökosystem-Kuchenmodell (Ecosystem Pie Model), helfen.[138] In den einzelnen Sektoren des Kreises werden zunächst neben dem betrachteten Segment selbst (Segment Alpha) in die einzelnen Kuchenstücke die beteiligten Akteure im Uhrzeigersinn eingetragen. Im nächsten Schritt werden für das betrachtete Segment, z. B. eine Anwendergruppe von Zugfahrgästen, im Zentrum das zentrale Nutzenversprechen (Value Proposition) und in den umschließenden Kreisen die farbliche Einschätzung der Risiken (Risks) sowie auf kleinen Zetteln die Nutzenverwertung für die Akteure (Value Capture), der Zusatznutzen (Value Addition), die Aktivitäten (Activities) und schließlich ganz außen in einem zusätzlichen Kreis die benötigten Ressourcen (Resources) abgebildet. Schließlich können zusätzlich in drei Ausprägungen (niedrig, mittel, hoch) abgestufte, gekennzeichnete Abhängigkeiten der jeweiligen Akteure vom Erfolg des Ökosystems und durch verbindende Pfeile Abhängigkeiten einzelner Elemente dargestellt werden.

---

136 Moore (1993), S. 76.

137 Vgl. Duwe (2018), S. 79–89.

138 Vgl. Talmar et al. (2020), S. 2–8. Vgl. zur praktischen Anwendung https://ecosystem-pie.com/.

5.3.2 Besondere Dynamik von Plattformen

Mit der zunehmenden Leistung von Computern und der Internettechnologie haben Plattformen im besonderen Maße und geradezu blitzartig an Bedeutung gewonnen.[139] Durch die fortschreitende umfassende Digitalisierung werden virtuelle, örtlich losgelöste Ökosysteme sogar als Plattform-Ökonomie oder „Plattformisierung“ bezeichnet.[140] Für den Erfolg von Plattformen sind drei Hauptentwicklungen entscheidend.[141] Erstens wandeln sich Konsumenten zu Produzenten, indem sie wie z. B. auf eBay selbst die Leistung der Plattform bereitstellen. Zweitens verändern sich Wettbewerbsvorteile von eigenen Ressourcen zu orchestrierten Ökosystemen mit verschiedenen, dazu beitragenden Teilnehmern. Drittens verschiebt sich die Wertschöpfung von Prozessen, wie der Bereitstellung von Anzeigen in Printmedien, hin zu nutzenstiftenden Interaktionen zwischen Nutzern z. B. auf Twitter und Facebook.

Bereits heute sind sechs der zehn wertvollsten Unternehmen der Welt Plattform-Anbieter.[142] Eine Analyse von 200 Einhörnern, also von mit mehr als 1 Mrd. US-Dollar bewerteten Start-ups, zeigt, dass zwischen 60 und 70 Prozent der Geschäftsmodelle auf Plattformen fußen, denen ein hohes Disruptionspotenzial etablierter Geschäftsmodelle zugesprochen wird, gerade auch weil ein Trend weg vom Eigentum hin zur Nutzung von Produkten und Dienstleistungen besteht, was durch diese gut organisiert werden kann.[143] Unternehmen sind sich einig, dass spätestens in zehn Jahren Plattformen für sie sehr wichtig sein werden.[144] Im deutschen Mittelstand beträgt die aktuelle Nutzung jedoch unter zehn Prozent.[145] Dabei arbeiten Unternehmen mit externen Partnern vor allem an Plattformen, bei denen die gemeinsame Nutzenstiftung und die Integration ergänzender Produkte durch die Festlegung von Kompatibilitätsstandards zum Systemprodukt zu einem gemeinschaftlichen Gesamtpaket werden. Dabei können von einem Unternehmen kontrollierte, geschlossene Plattformen und offene, von mehreren Parteien administrierte Plattformen unterschieden werden.[146] Plattformen schaffen aus externer

[139] Vgl. Darstellung in Schrader (2017), S. 38–58.

[140] Vgl. Eisenegger (2021), S. 18–23, Kreutzer, Neugebauer, Pattloch (2017), S. 19–20.

[141] Vgl. zum Folgenden Choudary (2015), S. 25–28.

[142] Vgl. Drewel et al. (2019), S. 71.

[143] Vgl. Cusumano, Yoffie, Gawer (2020), S. 47–54.

[144] Vgl. Bitkom (2020), S. 34.

[145] Vgl. Becker et al. (2020), S. 169.

[146] Vgl. West (2014), S. 74.

Sicht eine Verbindung zwischen unterschiedlichen Nutzergruppen. Wenn Unternehmen Produkte nach außen öffnen, entstehen Plattformen, die monetarisiert werden können. Dabei können die Einnahmen in Form von Nutzergebühren erzielt werden.[147]

Es können grundsätzlich die drei Arten der Integratoren-Plattform, der Produkt-Plattform und der Zweiseitigen Plattform unterschieden werden. Bei der Integratoren-Plattform verkauft der Hersteller die Produkte anderer Anbieter mit. Bei der Produkt-Plattform bauen andere Anbieter ihre Produkte wiederum auf der Plattform auf und verkaufen diese eigenständig an ihre Kunden. Bei der Zweiseitigen Plattform hingegen interagieren verschiedene Anbieter eigenständig mit Kunden, sind aber mit dem Plattform-Anbieter verbunden.[148] Die grundlegende Analyse möglicher Kombinationen von Geschäftsmodellen zeigt innerhalb acht übergreifender Geschäftsmodelle vor allem zwei ganzheitliche, bekannte Varianten:[149] Neben den klassischen Händlermodellen (Merchant Model) sind vor allem Mehrseitige Plattformen (Multi-sided Market) zu nennen.

Bezogen auf das Beispiel des Wochenmarktes wäre diese meist regelmäßig stattfindende Veranstaltung eine Mehrseitige Plattform, weil mehrere Anbieter mit einer Vielzahl von Kunden zusammengebracht werden. Verlangt die ausrichtende Kommune eine direkte Gebühr und erbringt eventuell weitere Dienstleistungen, ist sie auch wirtschaftlicher Betreiber dieser Plattform. Eine Integratoren-Plattform liegt vor, wenn der Integrator, z. B. ein Anbieter von Brot, ergänzende Produkte anderer Produzenten, z. B. Käse, Wurst und Butter, mitverkauft. Eine Produkt-Plattform liegt vor, wenn verschiedene Anbieter das Brot kaufen und zusammen mit beispielsweise Käse oder Wurst weiterverkaufen.

Eine deutlich eingeschränkte Beschreibung digitaler Plattformen reduziert diese auf zwei- oder mehrseitige Märkte, auf denen verschiedene Akteure durch einen Intermediär zusammengebracht werden.[150] Obwohl diese Plattformen unbestritten am weitesten verbreitet sind, bezieht sich diese Definition nur auf Zweiseitige Plattformen und schließt deshalb Leistungsbeziehungen durch Integratoren- und Produkt-Plattformen aus.[151] Eine Zweiteilung bezüglich Innovationen und Transaktionen offeriert die Unterteilung in Innovations- und Transaktions-Plattformen mit der besonders populären Variante einer Hybrid-Plattform als Mischung der beiden.[152] Während Innovations-Plattformen durch komplementäre

[147] Vgl. Zhu, Furr (2016), S. 4–5.

[148] Vgl. Boudreau, Lakhani (2011), 54–55.

[149] Vgl. Weking et al. (2020), S. 454–456.

[150] Drewel et al. (2019), S. 72.

[151] Vgl. zum Plattformbegriff Wortmann et al. (2019), S. 195–212.

[152] Vgl. Cusumano, Yoffie, Gawer (2020), S. 47–49.

Produkte und Dienstleistungen einen Mehrwert bieten, ermöglichen Transaktions-Plattformen durch Intermediäre den Austausch von Produkten und Dienstleistungen. Durch unterschiedliche angebotene Definitionen entstehen uneinheitliche Begrifflichkeiten, wobei die digitale Umsetzung eine unbestrittene gemeinsame Klammer ist.[153]

Beispiele für erfolgreiche Produkt-Plattformen sind Softwarehersteller wie Salesforce, die Softwarepakete von Drittanbietern zulassen, um nicht nur das Kernprodukt zu stärken, sondern über Lizenzen weitere Umsatzpotenziale zu erschließen.[154] Die mit Abstand am meisten untersuchte Kategorie von Plattformen sind interessanterweise Spielkonsolenhersteller.[155] Herstellern von Produkten kommt eine besondere Verantwortung zu, denn alleine können diese insbesondere bei einem steigenden Softwareanteil und dem Aufbau von Plattformen die steigenden umfassenden Anforderungen der Kunden oftmals nicht mehr erfüllen. „Many manufacturers still think that they can offer all the necessary services to serve the customer holistically. But there is a substantial risk they will overestimate themselves. Hence, proprietary thinking needs to be overcome and replaced by an open ecosystem mindset."[156]

Digitale Plattformen haben besondere Effekte. Ein besonderer Zeitpunkt im Hinblick auf Innovationen ist bei Plattformen das Erreichen einer kritischen Masse, da die Effekte einer anfangs oft mit hohen Investitionen verbundenen Plattform erst bei einer entsprechend hohen Anzahl von Anwendern den erwarteten Nutzen bieten.[157] „All platforms aim to reap the benefits of network effects. In Alexander Graham Bell's original telephone system, the benefit of owning a telephone increased substantially when the number of users on the network grew […]."[158] Diese Netzwerkeffekte der Plattform-Ökonomie tragen auf der einen Seite zu besonders schnellem Wachstum der Start-ups und damit auf der anderen Seite zur Bedrohung etablierter Unternehmen bei.[159] Ist eine gewisse Größe erreicht, ermöglichen Plattformen einen langfristigen Geschäftserfolg. „If a platform achieves scale and becomes the de facto standard for its industry, the network effects of compatibility and standards […] create a significant and lasting competitive advantage […]."[160] Bei

---

[153] Vgl. Becker et al. (2020), S. 27–29.

[154] Vgl. Hoffman, Yeh (2018), S. 182–183.

[155] Vgl. Rietveld, Schilling (2020), S. 8.

[156] Linz, Müller-Stewens, Zimmermann (2021), S. 90.

[157] Vgl. zur kritischen Masse insbesondere Rogers (2003), S. 343–352.

[158] Linz, Müller-Stewens, Zimmermann (2021), S. 53. Vgl. auch Hölscher (2017), S. 103.

[159] Vgl. Choudary (2015), S. 72–78; Kreutzer, Neugebauer, Pattloch (2017), S. 20.

[160] Hoffman, Yeh (2018), S. 84.

Mehrseitigen Plattformen können Skalierungseffekte sowohl auf Anbieter- als auch auf Nachfragerseite auftreten, sodass eine Winner-Takes-It-All-Situation entstehen kann.[161] Während der Corona-Pandemie haben die drei größten Plattformen Google, Facebook und Amazon ihren Anteil am digitalen Werbemarkt der USA von 80 Prozent im Jahr 2019 auf 90 Prozent im Jahr 2020 ausgebaut.[162] Der massive Einfluss von Plattformen wird von der europäischen und inzwischen auch von Teilen der US-amerikanischen Politik allerdings sehr kritisch gesehen. Neben dem Zerschlagen der Firmenstrukturen wird sogar das Verbot der Nutzung der für die Geschäftsmodelle so wichtigen Verhaltensdaten von Kunden diskutiert.[163] Ebenso wird von einigen Wissenschaftlern der Einsatz von KI bei Plattformen kritisch gesehen, was sich in Forderungen nach fairem Wettbewerb, Besteuerung und Kontrollorganen zeigt.[164]

Literatur

Acar, O. A. (2019). Why Crowdsourcing often leads to bad ideas. *Harvard Business Review*. https://hbr.org/2019/12/why-crowdsourcing-often-leads-to-bad-ideas. Zugegriffen: 29. Mai 2021.

Allen, J. P. (2019). *Digital Entrepreneurship*. New York: Routledge.

Armbruster, A., & Finsterbusch, S. (2021). Rechnen mit kleinsten Teilen. *Frankfurter Allgemeine Zeitung*. https://www.faz.net/aktuell/wirtschaft/digitec/quantencomputer-vorgestellt-rechnen-mit-kleinsten-teilchen-17391358.html. Zugegriffen: 4. Juli 2021.

Baldwin, C., & von Hippel, E. (2011). Modeling a Paradigm Shift: From Producer Innovation to User and Open Collaborative Innovation. *Organization Science*, 22(6), S. 1399–1417.

Becker, W., Ulrich, P., Fibitz, A., Schuhknecht, F., & Stradtmann, M. (2020). *Ökosysteme im Mittelstand*. Wiesbaden: Springer Gabler.

Berg, A. (2021). *Ein Jahr Corona: Wie digital arbeiten deutsche Unternehmen?* o. O.: Bitkom.

Berg, A., & Niemeier, M. (2019). *Wirtschaftsschutz in der digitalen Welt*. o. O.: Bitkom.

Berruti, F., Nel, P., & Whiteman, R. (2020). An executive primer on artificial general intelligence. *McKinsey & Company*. https://www.mckinsey.com/business-functions/operations/our-insights/an-executive-primer-on-artificial-general-intelligence. Zugegriffen: 30. Mai 2021.

Birkinshaw, J., Bouquet, C., & Barsoux, J.-L. (2011). The 5 myths of innovation. *MIT Sloan Management Review*, 4, S. 1–8.

Bitkom (2020). *Digitale Plattformen. Chartbericht*. Berlin: Bitkom.

[161] Vgl. Schrader (2017), S. 100.

[162] Vgl. Hagey, Vranica (2021), S. 2.

[163] Vgl. Jakobs, Koch (2021), S. 1, 4. Zur grundsätzlichen Problematik vgl. Rifkin (2015), S. 243–250.

[164] Vgl. Kreye (2021), S. 1–4.

BMWi (2018). *Monitoring-Report Wirtschaft-DIGITAL 2018*. Berlin: BMWi.

BMWi (2020). *Einsatz von Künstlicher Intelligenz in der Deutschen Wirtschaft. Stand der KI-Nutzung im Jahr 2019*. Berlin: BMWi.

BMWi (2021). *Digitalisierung in Deutschland – Lehren aus der Corona-Krise. Gutachten des Wissenschaftlichen Beirats beim Bundesministerium für Wirtschaft und Energie (BMWi)*. Berlin: BMWi.

Bogers, M., Afuah, A., & Bastian, B. (2010). Users as innovators: a review, critique, and future research directions. *Journal of Management*, 36(4), S. 857–875.

Boswell, L., Geller, L., Spencer, H., Johnson, E., & Moore, C. (2021). *24th annual global CEO survey. A leadership agenda to take on tomorrow*. o. O.: PWC.

Boudreau, K. J., & Lakhani, K. R. (2011). How to manage outside innovation. *MIT Sloan Management Review Sloanselect Collection*. o. Jg.(Winter 2011), S. 50–57.

Briegel, H.-J., Cirac, I., & Zoller, P. (1999). Quantencomputer. Wie sich die Verschränkung für die Informationsverarbeitung nutzen läßt. *Physikalische Blätter*, 55(9), S. 37–43.

Brunneder, J., Acar, O. A., Deichmann, D., & Sarwal, T. (2020). A new model for crowdsourcing innovation. *Harvard Business Review*. https://hbr.org/2020/01/a-new-model-for-crowdsourcing-innovation. Zugegriffen: 30. Mai 2021.

Buchenau, M., & Knitterscheidt K. (2021). Künstliche Intelligenz. Europas große Chance. *Handelsblatt*. (75)53, S. 16–17.

Buchter, H., & Straßmann, B. (2013). Die Unsterblichen. *Die Zeit*. https://www.zeit.de/2013/14/utopien-ray-kurzweil-singularity-bewegung?utm_referrer=https%3A%2F%2Fwww.google.com%2F. Zugegriffen: 3. Juni 2021.

Burmeister, C., Lüttgens, D., & Piller F. T. (2016). Business Model Innovation for Industrie 4.0: Why the "Industrial Internet" mandates a new perspective on innovation. *Die Unternehmung*, 70(2), S. 124–152.

Buxmann, P., & Schmidt, H. (2019). *Künstliche Intelligenz. Mit Algorithmen zum wirtschaftlichen Erfolg*. Wiesbaden: Springer Gabler.

Chesbrough, H. (2020). *Open innovation results. Going beyond the hype & getting down to business*. Oxford: Oxford University Press.

Choudary, S. P. (2015). *Platform Scale. How a new breed of startups is building large empires with minimum investment*. o. O.: Platform Thinking Labs.

Christ, O., Czarniecki, M., Scherer L. A., & Blohm, I. (2019). Systematische Unternehmensentwicklung und Geschäftsmodellinnovation durch die Integration kollektiver Intelligenz. In Robra-Brissantz, S., & Lattemann, C. (Hrsg.), *Digital Customer Experience. Mit digitalen Diensten Kunden gewinnen und halten* (S. 255–269). Wiesbaden: Springer Vieweg.

Christensen, C. M. (2016). *The Innovator's Dilemma. When new technologies cause great firms to fail*. Boston: Harvard Business School Publishing.

Comella-Dorda, S., Desai, M., Gundurao, A., Krishnakanthan, K., & Sulos, S. (2021). Building a cloud-ready operating model for agility and resiliency. *McKinsey Digital*. https://www.mckinsey.com/business-functions/mckinsey-digital/our-insights/building-a-cloud-ready-operating-model-for-agility-and-resiliency. Zugegriffen: 3. Juni 2021.

Cooper R. G. (2017). *Winning at new products. Creating value through innovation* (5. Aufl.). New York: Basic Books.

Crowley, K., & Head, B. W. (2017). The enduring challenge of 'wicked problems': revisiting Rittel and Weber. *Policy Science*, 50(4), S. 539–547.

de Cruppe, K. (2021). Digital Prototyping: Funktionen und Einsatzmöglichkeiten für das Crowdfunding. In Kollmann, T. (Hrsg.), *Handbuch Digitale Wirtschaft* (S. 485–510). Wiesbaden: Springer Gabler.

CTA Consumer Technology Association (2021). *Inside CES 2021*. Trends & Takeaway. o. O.: Consumer Technology Association.

Cusumano, M. A., Yoffie, D. B., & Gawer, A. (2020). The Future of Platforms. *MIT Sloan Management Review*, 61(3), S. 46–54.

Davenport, T. H., & Bean, R. (2021). The pursuit of AI-driven wealth management. *MIT Sloan Management Review*. https://sloanreview.mit.edu/article/the-pursuit-of-ai-driven-wealth-management/. Zugegriffen: 10. Juli 2021.

DeBenedictis, E. P. (2020). Imagining the future of Quantum Computing. In Strous, L., Johnson, R., Grier, D. A., & Swade, D. (Hrsg.), *Unimagined Futures – ICT Opportunities and Challenges. IFIP Advances in Information and Communication Technology Vol. 555* (S. 70–83). Cham: Springer.

Denning, S. (2018). *The age of agile. How smart companies are transforming the way work gets done*. New York: AMACOM.

Diamandis, P. H., & Kotler, S. (2020). *The future is faster than you think. How converging technologies are transforming business, industries, and our lives*. New York: Simon & Schuster.

Drewel, M., Gausemeier, J., Vaßholz, M., & Homburg, N. (2019). Einstieg in die Plattformökonomie. In Gausemeier, J., Bauer, W., & Dumitrescu, R. (Hrsg.), *Vorausschau und Technologieplanung. 15. Symposium für Vorausschau und Technologieplanung Berlin* (S. 69–97). Paderborn: Heinz Nixdorf Institut.

Drösser, C. (2019). Problem gelöst – in rund drei Minuten statt 10.000 Jahren. *Die Zeit*. https://www.zeit.de/digital/datenschutz/2019-09/quantencomputer-google-technik-fortschritt-supercomputer/komplettansicht#print. Zugegriffen: 12. Juni 2021.

Duwe, J. (2018). *Beidhändige Führung. Wie Sie als Führungskraft in großen Organisationen Innovationssprünge ermöglichen*. Wiesbaden: Springer Gabler.

Eisenegger, M. (2021). Dritter, digitaler Strukturwandel der Öffentlichkeit als Folge der Plattformisierung. In Eisenegger, M., Prinzing, M., Ettinger, P., & Blum, R. (Hrsg.), *Digitaler Strukturwandel der Öffentlichkeit* (S. 17–38). Wiesbaden: Springer VS.

Engel, A., & Pohl, B. (2020). Open Innovation. In Kollmann, T. (Hrsg.), *Handbuch Digitale Wirtschaft* (S. 933–958). Wiesbaden: Springer.

Ernst, H., Soll, J. H., & Spann, M. (2004). Möglichkeiten der Lead-User-Identifikation in Online-Medien. In Herstatt, C., & Sander, J. G. (Hrsg.), *Produktentwicklung in virtuellen Communities. Kundenwünsche erfahren und Innovationen realisieren* (S. 121–140). Wiesbaden: Gabler.

European Commission (2020). *Digital economy and society index (DESI) 2020. Thematic chapters*. https://digital-strategy.ec.europa.eu/en/policies/desi. Zugegriffen: 12. Juni 2021.

Fleisch, E., Weinberger, M., & Wortmann, F. (2015). Geschäftsmodelle im Internet der Dinge. *Zeitschrift für betriebswirtschaftliche Forschung*, 67(12), S. 444–464.

Forrest, W., Gu, M., Kaplan, J., Liebow, M., Sharma, R., Smaje, K., & Van Kuiken, S. (2021). Cloud's trillion-dollar prize is up for grabs. *McKinsey Digital*. https://www.mckinsey.com/business-functions/mckinsey-digital/our-insights/clouds-trillion-dollar-prize-is-up-for-grabs. Zugegriffen: 3. Juni 2021.

Fuest, B. (2018). Das Telefonat mit dem Friseur übernimmt jetzt Google. *Die Welt*. https://www.welt.de/wirtschaft/webwelt/article176216464/Google-Assistant-Sprachsoftware-soll-demnaechst-simple-Telefongespraeche-fuehren-koennen.html. Zugegriffen: 6. Juni 2021.

Future Today Institute (2021). *2021 Tech Trends Report Artificial Intelligence*. New York: Future Today Institute.

Gassmann, O., Frankenberger, K., & Choudury, M. (2021). *Geschäftsmodelle entwickeln. 55+ innovative Konzepte mit dem St. Galler Business Model Navigator* (3. Aufl.). München: Hanser.

Ghose, S. (2020). Are you ready for the Quantum computing revolution? *Harvard Business Review*. https://hbr.org/2020/09/are-you-ready-for-the-quantum-computing-revolution. Zugegriffen: 3. Juni 2021.

Gold, B. (2018). *Silicon Valley Start-ups and Corporate Innovation. Approaches to resolve the innovator's dilemma*. Wiesbaden: Springer Gabler.

Gumbrecht, H. U. (2018). *Weltgeist im Silicon Valley. Leben und Denken im Zukunftsmodus*. Zürich: NZZ Libro.

Gunther McGrath, R. (2020). The new disrupters. *MIT Sloan Management Review*, 61(3), S. 28–33.

Gürtler, O. (2019). Künstliche Intelligenz als Weg zur wahren digitalen Transformation. In Buxmann, P., & Schmidt, H. (Hrsg.), *Künstliche Intelligenz* (S. 95–105). Berlin: Springer.

Hagey, K., & Vranica, S. (2021). How Covid-19 supercharged the advertising 'triopoly' of Google, Facebook abd Amazon. *Wall Street Journal*. https://www.wsj.com/articles/how-covid-19-supercharged-the-advertising-triopoly-of-google-facebook-and-amazon-11616163738. Zugegriffen: 4. Juni 2021.

Hamel, G. (2007). *The Future of management*. Boston: Harvard Business School Publishing.

Hauschildt, J., Salomo, S., Schultz, C., & Kock, A. (2016). *Innovationsmanagement*. München: Verlag Franz Vahlen.

HDE Handelsverband Deutschland (2020). *Online Monitore 2021*. https://einzelhandel.de/online-monitor. Zugegriffen: 12. Juni 2021.

Heinrich, C., & Stühler, G. (2018). Die Digitale Wertschöpfungskette: Künstliche Intelligenz im Einkauf und Supply Change Management. In Gärtner, C., & Heinrich, C. (Hrsg.), *Fallstudien zur Digitalen Transformation. Case Studies für die Lehre und praktische Anwendung* (S. 77–88). Wiesbaden: Springer Gabler.

Herbrich, R. (2019). Künstliche Intelligenz bei Amazon. Spitzentechnologie im Dienste des Kunden. In Buxmann, P, & Schmidt, H. (Hrsg.), *Künstliche Intelligenz* (S. 63–75). Berlin: Springer Gabler.

Herger, M. (2017). *Das Silicon Valley Mindset. Was wir vom Innovationsweltmeister lernen und mit unseren Stärken verbinden können*. Kulmbach: Plassen.

Hildebrand, J. (2019). Es muss ein Mindestmaß an Steuerfairness gelten – auch für Amazon. *Handelsblatt*. https://www.handelsblatt.com/meinung/kommentare/kommentar-es-muss-ein-mindestmass-an-steuerfairness-gelten-auch-fuer-amazon/24005754.html. Zugegriffen: 4. Juni 2021.

Hofer, J. (2021). Infineon: So drängt der Chiphersteller ins Geschäft mit Quantencomputern. *Handelsblatt*. https://www.handelsblatt.com/technik/it-internet/technologie-infineon-so-draengt-der-chiphersteller-ins-geschaeft-mit-quantencomputern/27033052.html?ticket=ST-12419120-oaa4XJYQggD1eZoEdHOm-ap4. Zugegriffen: 12. Juni 2021.

Hoffman, R., & Yeh, C. (2018). *Blitzscaling. The lightning-fast path to building massively valuable companies*. New York: Currency.

Hoisl, B. (2019). *Produkte digital-first denken. Wie Unternehmen software-basierte Produktinnovation erfolgreich gestalten*. Wiesbaden: Springer Gabler.

Hölscher, B. F. (2017). *Digitales Dilemma. Unternehmen im Spannungsfeld zwischen Effizienz und Innovation*. Hamburg: tredition.

Holzki, L., & Tyborski, R. (2021). Quantencomputer. Aufholjagd bei den Riesenrechnern. *Handelsblatt*, 75(54), S. 16–17.

Jakobs, H.-J., & Koch, M. (2021). „Zerschlagen reicht nicht". *Handelsblatt*, 75(121), S. 1, 4.

Kaspersky (2020). *Künstliche Intelligenz: Nutzung, Wissen und Wahrnehmung der 16- bis 30-Jährigen in Deutschland. Teil 1 der Kaspersky-Report-Serie über die Generation KI*. https://kas.pr/7ydp. Zugegriffen: 3. Juni 2021.

Kaulio, M. A. (1998). Customer, consumer and user involvement in product development: A framework and a review of selected methods. *Total Quality Management*, 9(1), S. 141–149.

Keinz, P. (2015). Auf den Schultern von … Vielen! Crowdsourcing als neue Methode in der Neuproduktentwicklung. *Schmalenbachs Zeitschrift für betriebswirtschaftliche Forschung*, 67(1), S. 35–69.

Kett, H., Evcenko, D., Falkner, J., Frings, S., & Neuhüttler, J. (2021). Künstliche Intelligenz als Veränderungstreiber für Geschäftsmodelle. In Bruhn, M., & Hadwuch, K. (Hrsg.), *Künstliche Intelligenz im Dienstleistungsmanagement* (S. 53–78). Wiesbaden: Springer Gabler.

Knapp, P., & Wagner, C. (2019). Künstliche Intelligenz schafft neue Geschäftsmodelle im Mittelstand. In Buxmann, P., & Schmidt, H. (Hrsg.), *Künstliche Intelligenz* (S. 161–171). Berlin: Springer.

Kollmann, T. (2019). *E-Business. Grundlagen elektronischer Geschäftsprozesse in der Digitalen Wirtschaft* (7. Aufl.). Wiesbaden: Springer Gabler.

Kollmann, T. (2020). *Digital Leadership. Grundlagen der Unternehmensführung in der Digitalen Wirtschaft*. Wiesbaden: Springer Gabler.

Kollmann, T., Jung, P. B., Kleine-Stegemann, L., Ataee, J., & Cruppe, K. de (2020). *Deutscher Startup Monitor 2020. Innovation statt Krise*. o. O.: Bundesverband Deutsche Startups e. V.

Kreutzer, R. T. (2017). Treiber und Hintergründe der digitalen Transformation. In Schallmo D., Rusnjak A., Anzengruber J., Werani T., & Jünger M. (Hrsg.), *Digitale Transformation von Geschäftsmodellen. Schwerpunkt: Business Model Innovation.* (S. 33–58). Wiesbaden: Springer Gabler.

Kreutzer, R. T., Neugebauer, T., & Pattloch, A. (2017). *Digital Business Leadership. Digitale Transformation – Geschäftsmodell-Innovation – agile Organisation – Change-Management*. Wiesbaden: Springer Gabler.

Kreye, A. (2021). Wie gefährlich ist Künstliche Intelligenz? *Süddeutsche Zeitung*. https://www.sueddeutsche.de/kultur/ki-ai-manifest-demokratie-kapitalismus-monopole-1.5324058. Zugegriffen: 10. Juli 2021.

Kühl, N., Goutier, M., Hirt, R., & Satzger, G. (2020). Machine Learning in Artificial Intelligence: Towards a common understanding. *arXiv Preprint*. https://arxiv.org/abs/2004.04686. Zugegriffen: 2. Juli 2021.

Leary, A., & Kaulartz, S. (2019). *Introducing a new era of Lead User innovation*. o. O.: Ipsos.

Leitner, L., Leitterstorf, M., & Kammerlander, N. (2019). *Startups und Familienunternehmen. Ein Leitfaden für Unternehmerfamilien und Startup-Gründer*. Vallendar: WHU – Otto Beisheim School of Management, Institut für Familienunternehmen.

Leukert, B., Müller, J., & Noga, M. (2019). Das intelligente Unternehmen: Maschinelles Lernen mit SAP zielgerichtet einsetzen. In Buxmann, P., & Schmidt, H. (Hrsg.), *Künstliche Intelligenz* (S. 41–61). Berlin: Springer.

Lexa, C. (2021). *Fit für die digitale Zukunft. Trends der digitalen Revolution und welche Kompetenzen Sie dafür brauchen*. Wiesbaden: Springer Gabler.

Lindinger, M. (2021). Nachhilfe beim Qubits-Computing. *Frankfurter Allgemeine Zeitung*. https://www.faz.net/aktuell/wissen/computer-mathematik/zukunftstechnologie-zum-testen-nachhilfe-beim-qubits-computing-17401109.html. Zugegriffen: 4. Juni 2021.

Lingens, B., Böger, M., & Gassmann, O. (2021). Even a small conductor can lead a large orchestra: How startups orchestrate ecosystems. *California Management Review*, 63(3), S. 118–143.

Linz, C., Müller-Stewens, G., & Zimmermann, A. (2021). *Radical business model transformation. How leading organizations have successfully adapted to disruption* (2. Aufl.). London: Kogan Page.

Lüttgens, D., Pollok, P., Antons, D., & Piller, F. (2014). Wisdom of the crowd and capabilities of a few: internal success factors of crowdsourcing for innovation. *Journal of Business Economics*, 84, S. 339–374.

Majchrzak, A., & Malhotra, A. (2020). *Unleashing the crowd. Collaborative solutions to wicked business and societal problems*. Cham: Palgrave Macmillan.

Maurya, A. (2012). *Running lean. Iterate from plan A to a plan that works*. Sebastopol: O'Reilly.

Moore, G. A. (2005). *Inside the tornado. Strategies for developing, leveraging, and surviving hypergrowth markets*. New York: HarperCollins.

Moore, J. F. (1993). A new ecology of competition. *Harvard Business Review*, 71(3), S. 75–86.

Morris, L. (2017). *The agile innovation master plan*. o. O.: Futurelab Press.

Mrass, V., & Peters, C. (2019). Digitale Wertschöpfung durch Crowd Services: Neue Formen des Kundensupports am Beisoiel Mila und Swisscom. In Robra-Bissantz, S., & Lattemann, C. (Hrsg.), *Digital Customer Experience. Mit digitalen Diensten Kunden gewinnen und halten* (S. 271–282). Wiesbaden: Springer Vieweg.

Narat, I. (2021). Bis zu 45 Prozent Ertrag: Algorithmen punkten mit Renditen. *Handelsblatt*. https://www.handelsblatt.com/finanzen/anlagestrategie/fonds-etf/kuenstliche-intelligenz-bis-zu-45-prozent-ertrag-algorithmen-punkten-mit-renditen/27291356.html. Zugegriffen: 10. Juli 2021.

Nicolai, A. (2020). Aufbruch in das Ungewisse. Die Logik des iterativen Innovierens als zeitloser Kern agiler Innovationsansätze. *OrganisationsEntwicklung*, 39(4), S. 46–51.

o. V. (2019). Künstliche Intelligenz erkennt Hautkrebs besser als Hausärzte. *Handelsblatt*. https://www.handelsblatt.com/technik/vernetzt/medizin-kuenstliche-intelligenz-erkennt-hautkrebs-besser-als-hautaerzte/24209424.html?ticket=ST-10558494-P9lueDdv9EPb4JBPTd6J-ap5. Zugegriffen: 5. Juni 2021.

O'Mara, M. (2019). *The Code. Silicon Valley and the remaking of America*. New York. Penguin Press.

Paluch, S., & Wittkop, T. (2017). Voice Marketing – Die Stimme der Zukunft? In Bruhn, M., Burmann, C., & Kirchgeorg, M. (Hrsg.), *Marketing Weiterdenken* (S. 510–520). Wiesbaden: Springer Gabler.

Picot, A., Reichwald, R., Wigand, R. T., Möslein, K. M., Neuburger, R., & Neyer, A. K. (2020). *Die grenzenlose Unternehmung*. Wiesbaden: Springer Gabler.

Piller F. T., Gülpen C., & Lüttgens D. (2016) Systematische Geschäftsmodellinnovation. Die Geschäftsidee von morgen muss kein Zufallsprodukt sein. In Granig P., Hartlieb E., & Lingenhel, D. (Hrsg.), *Geschäftsmodellinnovationen* (S. 146–152). Wiesbaden: Springer Gabler.

Piller, F. T., Klein-Bölting, U., Lüttgens, S., & Neuber, S. (2008). Die Intelligenz der Märkte nutzen: Open Innovation. *Insights*, 8, S. 50–63.

Plewinski, T. (2021). *Amazon kann Gewinn verdreifachen*. https://www.amazon-watchblog.de/unternehmen/2635-amazon-gewinn-verdreifachen.html. Zugegriffen: 2. Juli 2021.

Pohl, A., & Engel, B. (2020). Open Innovation. In Kollmann, T. (Hrsg.), *Handbuch Digitale Wirtschaft* (S. 933–958). Wiesbaden: Springer Gabler.

Ramge, T. (2018). *Mensch und Maschine. Wie Künstliche Intelligenz und Roboter unser Leben verändern*. Ditzingen: Reclam.

Ridely, M. (2020). *How innovation works*. London: 4th Estate.

Ries, E. (2017). *The startup way. How entrepreneurial management transforms culture and drives growth*. New York: Portfolio Penguin.

Rietveld, J., & Schilling, M. A. (2020). Platform competition: A systematic and interdisciplinary review of the literature. *Journal of Management*, 47(6), S. 1528–1563.

Rifkin, J. (2015). *The zero marginal cost society. The internet of things, the collaborative commons, and the eclipse of capitalism*. New York: St. Martin's Griffin.

Rogers, E. M. (2003). *Diffusion of innovations* (5. Aufl.). New York: Free Press

Samuel, A. L. (1959). Some studies in Machine Learning using the game of checkers. *IBM Journal*, 3(3), S. 535–554.

Schimmel, S.-P. (2015). So ertrickst sich Apple einen Steuersatz von zwei Prozent. *Focus*. https://www.focus.de/finanzen/steuern/tid-31358/deals-und-geistertoechter-so-ertrickst-sich-apple-einen-steuersatz-von-zwei-prozent_aid_996261.html. Zugegriffen: 5. Juni 2021.

Schrader, M. (2017). *Transformationale Produkte. Der Code von digitalen Produkten, die unseren Alltag erobern und die Wirtschaft revolutionieren* (2. Aufl.). Hamburg: Next Factory.

Schüler, F., & Petrik, D. (2021). Objectives of Platform research: A co-citation and systematic literature review analysis. In Seiter M., Grünert L., & Steur A. (Hrsg.), *Management Digitaler Plattformen*. ZfbF-Sonderheft, 75(20), S. 1–33.

Spender, J. C. (2015). Stop worrying about whether machines are „intelligent". *Harvard Business Review*. https://hbr.org/2015/08/stop-worrying-about-whether-machines-are-intelligent. Zugegriffen: 6. Juni 2021.

Suh, B. (2021). When should you use AI to solve problems? *Harvard Business Review*. https://hbr.org/2021/02/when-should-you-use-ai-to-solve-problems. Zugegriffen: 6. Juni 2021.

Talmar, M., Walrave, B., Podoynitsyna, K. S., Holmström, J., & Romme, A. G. L. (2020). Mapping, analyzing and designing innovation ecosystems: The ecosystem pie model. *Long Range Planning*. https://doi.org/10.1016/j.lrp.2018.09.002. Zugegriffen: 6. Juni 2021.

Tauber, J. (2021). Konzerne wollen Quantencomputer testen. *Süddeutsche Zeitung*. https://www.sueddeutsche.de/wirtschaft/quantencomputer-deutschland-konsortium-1.5317791. Zugegriffen: 4. Juli 2021.

Thiel, P. (2014). *Zero to one. Notes on startups, or how to build the future*. London: Virgin Books.

Tyborski, R., & Koch, M. (2021). Deutschland hinkt bei der Quantencomputer-Entwicklung hinterher – Konzerne schaudern. *Handelsblatt*. https://www.handelsblatt.com/technik/it-internet/quantencomputing-deutschland-hinkt-bei-der-quantencomputer-entwicklung-hinterher-konzerne-zaudern/26984870.html. Zugegriffen: 6. Juni 2021.

Ulwick, A. W. (2002). Turn costumer input into innovation. *Harvard Business Review*. https://hbr.org/2002/01/turn-customer-input-into-innovation. Zugegriffen: 6. Juni 2021.

Wehner, M. (2021). CSU fordert „Google- und Amazon-Steuer". *Frankfurter Allgemeine Zeitung*. https://www.faz.net/aktuell/politik/inland/csu-fordert-google-und-amazon-steuer-17126571.html. Zugegriffen: 6. Juni 2021.

Weking, J., Hein, A., Böhm, M., & Krcmar, H. (2020). A hierarchical taxonomy of business model patterns. *Electronic Markets*, 30, S. 447–468.

Welchering, P. (2021). Computer üben den Quantensprung. *Frankfurter Allgemeine Zeitung*. https://www.faz.net/aktuell/technik-motor/digital/computer-ueben-den-quantensprung-17221258.html. Zugegriffen: 12. Juni 2021.

West, J. (2014). Challenges of funding open innovation platforms. In Chesbrough, H., Vanhaverbeke, W., & West, J. (Hrsg.), *New frontiers in Open Innovation* (S. 71–93). Oxford: Oxford University Press.

Wittmann, G., & Deichner, N. (2020). *Der deutsche Einzelhandel 2020 – zweite IHK-ibi-Handelsstudie. Ergebnisse der deutschlandweiten Händlerbefragung zum Einfluss der Digitalisierung auf den deutschen Einzelhandel*. Regensburg: ibi research.

Wobser, G. (2003). *Produktentwicklung in Kooperation mit Anwendern. Einsatzmöglichkeiten des Internets*. Wiesbaden: Gabler.

Wortmann, F., Ellermann, K., Kühn, A., & Dumitrescu, R. (2019). Typisierung und Strukturierung digitaler Plattformen im Kontext Business-to-Business. In Gausemeier, J., Bauer, W., & Dumitrescu, R. (Hrsg.), *Vorausschau und Technologieplanung. 15. Symposium für Vorausschau und Technologieplanung Berlin* (S. 191–214). Paderborn: Heinz Nixdorf Institut.

Zhang, D., Mishra, S., Brynjolfsson, E., Etchemendy, J., Ganguli, D., Grosz, B., Lyons, T., Manyika, J., Niebles, J. C., Sellitto, M., Shoham, Y., Clark, J., & Perrault, R. (2021). *The AI Index 2021 Annual report*. Stanford: Stanford University.

Zhu, F., & Furr, N. (2016). Products to Platforms: Making the leap. *Harvard Business Review*. https://hbr.org/2016/04/products-to-platforms-making-the-leap. Zugegriffen: 6. Juni 2021.

Zink, K. J., & Bosse, C. K. (2019). Megatrends im Kontext von Arbeit und Organisation im 21. Jahrhundert. In Zink, K. J. (Hrsg.), *Arbeit und Organisation im digitalen Wandel* (S. 35–52). Baden-Baden: Nomos.

Zou, B. (1999). *Multimedia in der Marktforschung*. Wiesbaden: Deutscher Universitäts-Verlag.

Durchführung agiles Innovationsmanagement

6

Ausgerüstet mit den vorgestellten agilen Ansätzen, die sich je nach Ausprägung auch in mehreren Phasen des Innovationsmanagements einsetzen lassen, und mit einem Verständnis der digitalen Revolution, wird im Folgenden eine prozessuale Dreiteilung in die wesentlichen Aufgabenbereiche des agilen Innovationsmanagements mit ihren spezifischen Inhalten aufgezeigt. Die Ausgestaltung eines agilen Innovationsmanagements darf sich nicht nur an idealtypischen Verläufen, empirischen Ergebnissen oder gar Modeerscheinungen orientieren, sondern muss die aktuellen Voraussetzungen im Unternehmen berücksichtigen. Das gilt insbesondere bei der Herausbildung von ambidextrischen Organisations- und Bearbeitungsformen. „That suggests that to develop an organization that's capable of competing with dual business models (what we call an ‚ambidextrous organization'), we must first ask and answer the question: ‚What kind of culture, structures, incentives and people do we need to put in place in our organization to promote and encourage ambidextrous behaviors on the part of our employees?'"[1]

Zunächst muss der gewünschte Erfolg des Innovierens in dem ganzheitlichen Bezugsrahmen des Unternehmens verortet werden. Die vier Dimensionen Kultur, Strategie, Führung und Organisation bilden deshalb die notwendige Startrampe. Anschließend wird – ganz im Zeichen der Ambidextrie, des beidhändigen Handelns – das Portfolio der bestehenden Produkte und deren Zusammenhang mit Innovation betrachtet. Im Portfolio-Management werden Produkte oder Produktgruppen i. d. R. in eine zweidimensionale Matrix eingetragen, um Normstrategien

[1] Markides, Oyon (2011), S. 48.

G. Wobser, *Agiles Innovationsmanagement*,
https://doi.org/10.1007/978-3-662-64515-4_6

für die optimale Ressourcenverwendung zu entwickeln.[2] Im Sinne der Ambidextrie kommt der Betrachtung der vorhandenen Produkte sowie der innovativen Produkte und Geschäftsmodelle eine hohe Bedeutung zu. In diesem Zusammenhang werden wesentliche Inhalte des eher klassischen Portfolio-Managements mit besonderen agilen Ansätzen dargestellt.

Während Portfolio-Management die Analyse und bewusste Veränderung des bestehenden Programms beschreibt, setzt Geschäftsentwicklung am eher analytischen, bewussten Ausbau der Umsatzpotenziale an. Durch den strategisch gesteuerten Prozess grenzt sich Geschäftsentwicklung im auslösenden Moment vom Ideenmanagement ab. Im Ideenmanagement gibt es zwar auch klare Strukturen und Prozesse, die Impulse entstehen aber dann doch eher zufällig, da sie von den Ideen der Teilnehmenden abhängen. Auslöser können sowohl das Kerngeschäft als auch das Ideenmanagement sein. Es gibt also, bildlich gesprochen, eine „Annäherung von beiden Seiten" an die Märkte in der Nachbarschaft des Kerngeschäfts. Abschließend wird in einem separaten Abschnitt auf die besondere Rolle von Start-ups hingewiesen, die, neben zahlreichen weiteren wichtigen Impulsen, durch innovative Produkte ebenso ein Geschäftsfeld aufbauen oder erweitern können.

Der an das Portfolio-Management anschließende Aufgabenbereich der Geschäftsentwicklung bildet die Brücke zum dritten Aufgabenbereich des Ideenmanagements. Die Ausweitung des bestehenden Geschäfts kann grundsätzlich von beiden Seiten ausgehend gestartet werden, also vom Portfolio des Kerngeschäfts sowie von außerhalb des Kerngeschäfts, konkret vom Ideenmanagement.

Abschließend werden Ideen behandelt, die größtenteils außerhalb des Kerngeschäfts entstehen können. Das hier postulierte ganzheitliche Ideenverständnis schließt jedoch – wiederum Ambidextrie voraussetzend – auch Verbesserungen in den bestehenden Prozessen und Ideen im Kerngeschäft mit ein. Im Sinne des Aufbaus dieses Buches sind Innovationen bisher überwiegend in den Unternehmensfunktionen Portfolio-Management und Geschäftsentwicklung verortet. Allerdings können Innovationen auch darüber hinausgehen, z. B. durch davon losgelöste, besonders kreative Ideen, unter Umständen gespeist aus technologisch induzierten Impulsen wie neue Verfahren, Materialien oder Methoden. Das Finden von Ideen und vor allem das Weiterverfolgen der vielversprechenden Ideen haben für Unternehmen demnach eine sehr große Bedeutung. Dabei ist der Effizienzgedanke zu

[2] Vgl. Morris (2017), S. 86–87; zum klassischen Ansatz der Portfolioplanung vgl. z. B. Brockhoff (1999), S. 76–84.

berücksichtigen. Zusätzlich sind bei besonders innovativen Ideen in der Phase der Markteinführung einige Besonderheiten zu beachten.

6.1 Bezugsrahmen des Unternehmens

6.1.1 Gestaltbarkeit der Kultur

Kultur ist die wichtigste Determinante der Agilität eines Unternehmens, mit Auswirkungen positiver oder negativer Art. „Die Hauptverursacherin von Unbeweglichkeit in etablierten Unternehmen ist die Kultur. Die Unternehmenskultur ist die wesentlichste Ursache, die erfolgreicher Ambidextrie im Weg steht."[3]

Der Begriff der Kultur ist in der Praxis nicht klar bestimmt. Einen guten Anhaltspunkt liefert das bekannte Kulturebenen-Modell von Edgar H. Schein, bei dem Kultur die drei Ebenen der Grundannahmen, Werthaltungen und Artefakte umfasst, deren Sichtbarkeit in dieser Reihenfolge zunimmt.[4] Kultur bezieht sich meistens auf eine Volksgruppe, ein Land oder eine Region.[5] So hat die Kultur eines Landes gemäß einer Zusammenfassung von zwei wichtigen internationalen Untersuchungen durchaus Auswirkungen auf die Innovationsfähigkeit.[6] Innovative Länder sind durch kulturelle Werte wie Individualismus, eine niedrige Maskulinität, Pragmatismus und Genussorientierung gekennzeichnet. Ebenso sind geografische Räume, wie insbesondere das Silicon Valley, durch eine regional ausgeprägte Kultur besonders innovationsfördernd.[7]

Für die weitere Kulturbestimmung auf der hier vorrangig betrachteten Unternehmensebene sind deren Merkmale hilfreich:[8]

- Geschichte des Unternehmens und seiner Umwelt
- Ergebnis des Zusammenspiels der Handlungen vieler Akteure
- Individuelle, unternehmensspezifische Ausprägung
- Erlernbarkeit durch Vorbildlernen und Prozesse im Unterbewusstsein
- Vorwiegend implizite, informelle Natur

---

[3] Tushman, Schumacher (2020), S. 9.

[4] Vgl. Schein (1984), S. 3–14; Dahm, Holst, Schmitz (2020), S. 130–132.

[5] Vgl. Schreyögg, Koch (2020), S. 581–583. Vgl. grundlegende Systematik in Hofstede (2011), S. 3–26.

[6] Vgl. Cox, Khan (2017), S. 85–101.

[7] Vgl. Gold (2018), S. 82–131.

[8] Vgl. Macharzina, Wolf (2018), S. 237–239.

- Vielfältige Ausdrucksformen als verbale, interaktionale und artifizielle Symbole
- Von der Mehrzahl der Unternehmensangehörigen getragen
- Bezüge auf emotionaler und kognitiv-rationaler Ebene

In der betriebswirtschaftlichen Forschung besteht Konsens, dass starke Unternehmenskulturen als Subkulturen den Unternehmenserfolg steigern.[9] Allerdings kann eine zu stark ausgeprägte Unternehmenskultur den Blick für Veränderungen und dynamische, sogar widersprüchliche Veränderungsprozesse behindern.[10] Diese negativen Effekte können folglich einer spezifischen Innovationskultur und notwendigen Veränderungen entgegenstehen.[11] Gerade rein effizienzorientierte Kulturen, wie sie in den meisten Unternehmen vorzufinden sind, vertragen sich nicht mit einer erfolgreichen Innovationskultur. „This exposes a tradeoff between optimization of performance and innovations whereas management's role has typically focused on limiting variability (risk), the innovation culture introduces variability – but it does so specifically because this introduces the possibility of greater future rewards.“[12] Ebenso steht eine Kultur mit einem ausgeprägten NIH-Syndrom (Not Invented Here), dem Ablehnen von externen Impulsen, einem offenen Umgang mit Innovation entgegen.[13]

In der unternehmerischen Praxis stellt sich jetzt die Frage, ob eine Unternehmenskultur im Sinne einer förderlichen Innovationskultur überhaupt geformt und gestaltet werden kann. Zu diesem Aspekt gibt es Denkschulen, die einer Beeinflussung der Unternehmenskultur entweder völlig ablehnend gegenüberstehen oder Versuche der Veränderung als unethisch und dysfunktional ansehen. „In großen Unternehmen wird immer wieder versucht, Kultur und Werte zu bearbeiten. Wenn überhaupt, dann wirken diese Aktionen nur auf das Verhalten. Werte indes [...] folgen nicht rationalen Überlegungen und bleiben daher von Steuerungsversuchen unberührt.“[14] Allerdings verfolgen einige Wissenschaftler einen eher pragmatischen Ansatz und sehen eine gesunde, gestaltete Unternehmenskultur aufgrund der Integrations-, Orientierungs- und Motivationsfunktion als etwas Positives an.[15] So bewirkt insbesondere eine Veränderung des gesamten Unternehmens von einem hierarchischen Aufbau zu agilen Organisationsformen wie der Holokratie

[9] Vgl. Macharzina, Wolf (2018), S. 243–245.

[10] Vgl. Dahm, Holst, Schmitz (2020), S. 133–135.

[11] Vgl. Christensen, Raynor (2003), S. 189; Macharzina, Wolf (2018), S. 245.

[12] Brazil (2020), S. 32.

[13] Vgl. Chesbrough (2020), S. 45.

[14] Pfläging (2015), S. 61.

[15] Vgl. Macharzina, Wolf (2018), S. 247–249.

(siehe Abschn. 6.1.4), der Abschaffung hierarchischer Formen, einen sehr großen Kulturwandel.[16] „You cannot work on your organization's culture. What you can do, and should do, is work on your organization instead."[17]

Von der Digitalisierung selbst geht ein erheblicher Wandel der Unternehmenskulturen aus.[18] Unternehmenslenker sind heute zum großen Teil direkt über digitale Kanäle wie E-Mail und Soziale Medien prinzipiell rund um die Uhr erreichbar.[19] Kultur ist aber vom Wesen her vergleichsweise statisch und kann nicht als Einflussfaktor auf dynamische Konzepte einwirken.[20] Ein erfolgreicher Kulturwandel erfordert Zeit und die gezielte, dosierte Nutzung wirksamer Instrumente auf allen Ebenen, insbesondere der Führungsebene.[21] Ebenso können die Spezifika von Familienunternehmen einem Fokus auf Innovation entgegenstehen, sodass sogar von einem „Family Business Dilemma" gesprochen werden kann. „A major insight is that family influence is dysfunctional in situations that require fast recognition of discontinuous technologies, as well as aggressive investment in those technologies and flexible investment routines. [...] Perhaps even more interesting is our insight that family influence provides significant advantages once decision makers in family-influenced businesses understand the dilemmas that arise from family influence and overcome the cognitive-emotional hurdles to adoption."[22] Sind in einem Familienunternehmen mehrere Generationen gleichzeitig tätig, fokussiert sich die Führung in der Praxis meist auf den Senior, wodurch innovative Ideen der jüngeren Generation unterdrückt werden und dies Innovationen hemmt.[23]

Der Ansatz der Ambidextrie, der sich organisatorisch in einer eigenen, abgetrennten Einheit manifestieren kann, ist grundsätzlich auch ein Ausweg aus der möglichen Unveränderlichkeit oder zu langsamen Veränderung einer Unternehmenskultur. Doch Ambidextrie allein reicht nicht aus. Die Zusammenhänge treten in der Praxis wechselseitig beeinflussend, also interdependent, auf. „Es zeigte sich, dass es nicht mit struktureller Ambidextrie – in Gestalt formal etablierter dualer Organisation – getan ist, sondern dass die gefragte Beidhändigkeit,

---

[16] Vgl. Robertson (2016), S. 187–192; Laloux (2015), S. 225–226.

[17] Vgl. Pfläging (2020), S. 56.

[18] Vgl. Dahm, Holst, Schmitz (2020), S. 132–133.

[19] So schrieb dem Autor der Betriebsratsvorsitzende eines Tochterunternehmens am 1. Mai eine E-Mail und hakte eine Stunde später noch einmal nach, da sie noch nicht beantwortet wurde.

[20] Vgl. Yun, Liu, Zhao (2021), S. 8.

[21] Vgl. Denning (2018), S. 139–154.

[22] König, Kammerlander, Enders (2013), S. 434.

[23] Vgl. Kammerlander et al. (2015), S. 349.

kulturell etabliert, als Standard des Arbeitens anerkannt und auch jenseits formaler Regeln gelebt werden muss."[24]

Eine vorausschauende Selbsterneuerung, die sich auf eine stark ausgeprägte Innovationskultur stützt, ermutigt zu auf Eigeninitiative und Selbstorganisation basierenden Innovationsprozessen und stellt entsprechende Ressourcen bereit.[25] Eine wesentliche Größe ist ein Wertegerüst im Sinne der Kernstruktur einer agilen Organisation, welches Merkmale wie z. B. Exploration, Selbstverantwortung, Kundenorientierung und Flexibilität in den Mittelpunkt stellt.[26] Schließlich kann der Reifegrad einer Innovationskultur durch die tatsächliche Innovationstätigkeit des Unternehmens bestimmt werden. „Organizations that have an innovation culture create innovations, by definition, with some regularity, and actually the concept of regularity is a quick test to see if a company really does have one."[27] Ein populärer Ansatz der Kulturveränderung ist die interne Verankerung von Unternehmertum (Entrepreneurship), das durch Personen zur Führung des Unternehmens (Entrepreneurs), unternehmerisch Handelnde im Unternehmen (Intrapreneurs) und eine organisatorische Verankerung von Unternehmertum innerhalb der Organisation erreicht werden kann.[28] Eine besonders prominente Stellung in der öffentlichen Diskussion zu den Themen Innovation und Kultur nimmt die Fehlerkultur ein, die allerdings differenziert betrachtet werden sollte und nicht als Ausrede für einen Mangel an Sorgfalt gelten darf.[29] „In reality, while you should expect and accept failure when you are exploring the boundaries of the truly unknown – which is reaching beyond existing knowledge to explore the world of potentials – failures that occur due to lack of proper research […] will simply waste resources, time and energy."[30]

Für den gestaltbaren Wandel von Kulturen können umfassende Konzepte zur Anwendung kommen. Bekannte Ansätze sind z. B. das 3W-Modell nach Krüger mit den Voraussetzungen Wandlungsbedarf, Wandlungsbereitschaft und Wandlungsfähigkeit, das Drei-Phasen-Modell nach Lewin mit den Phasen Auftauen (Unfreezing), Verändern (Changing) und Einfrieren (Refreezing) sowie das

[24] Ortmann (2020), S. 128.

[25] Vgl. Schumacher, Wimmer (2020), S. 12.

[26] Vgl. Schmidt (2019), S. 84–85.

[27] Morris (2017), S. 238.

[28] Vgl. Yun, Liu, Zhao (2021), S. 6–21.

[29] Vgl. Kranert (2021), S. 52–54. Der Begriff „Failure" bezeichnet wörtlich übersetzt sogar ein Scheitern, erheblich weitgehender als die in Deutschland vorrangig diskutierte Fehlerkultur als eine deutlich mildere Form des Scheiterns.

[30] Brazil (2020), S. 38.

auf den Überlegungen Lewins aufbauende, feiner gegliederte 8-Stufen-Modell nach Kotter.[31] Wichtiges gemeinsames Merkmal einer Kulturveränderung ist die Erfassung des Ist-Zustandes in einem Kulturbild, welches in vier unterschiedlichen Bereichen eines expliziten, sichtbaren und impliziten, unsichtbaren Bereiches die ganzheitliche Unternehmenskultur darstellt.[32] In einem iterativen Prozessverlauf werden nach der Vorbereitungsphase (Preparation) zunächst der Ist-Zustand (Today) und Soll-Zustand (Tomorrow) erarbeitet, um dann den Veränderungsprozess (Change) durchzuführen und anhand festzulegender Kriterien zu messen.

Hilfreich ist das Stellen der Sinnfrage nach dem „Warum", dem viel zitierten „Purpose", also nach dem Antrieb, etwas zu tun.[33] „By WHY I mean what is your purpose, cause of belief? WHY does your company exist? WHY do you get out of the bed every morning? And WHY should anyone care."[34] Für 70 Prozent der Befragten wird der Sinn durch die Arbeit bestimmt, was für 85 Prozent der im mittleren und höheren Management Tätigen, aber nur für 15 Prozent der Mitarbeiter mit direktem Kundenkontakt erreicht wird.[35] Kulturveränderung muss auf verschiedenen Ebenen stattfinden, wie z. B. Unternehmensstruktur, Führungssystem, Mitarbeiterauswahl und -entwicklung, Vision, Ziele und die Vorbildfunktion des Managements.[36]

Im Folgenden sollen einige konkrete Maßnahmen für eine Kulturveränderung exemplarisch beleuchtet werden. Lernreisen zu Orten der Innovation sind im Rahmen eines Programms zur Kulturveränderung hilfreich, um selbst Erkenntnisse aus erster Hand zu erhalten.[37] Doch nicht immer ist ein Ortswechsel für Veränderung nötig. Eine Initiative mit dem Namen Working out Loud (WOL) basiert im Kern auf einem zwölfwöchigen Programm und den folgenden fünf Elementen: Gezielte Entdeckung (Purposeful Discovery), Beziehungen (Relationships), Großzügigkeit (Generosity), Sichtbare Arbeit (Visible Work) und Wachstumseinstellung (Growth Mindset).[38] Hierbei geht es hauptsächlich um eine vernetzte und transparente Zusammenarbeit mit anderen und die Sichtbarmachung der eigenen Arbeit.[39] Diese Arbeitsmethode nimmt nicht nur wichtige Aspekte einer agilen Arbeitswelt auf,

[31] Vgl. Dahm, Holst, Schmitz (2020), S. 135–139.

[32] Vgl. Dahm, Holst, Schmitz (2020), S. 142–148.

[33] Vgl. Illner (2021), S. 35–85.

[34] Sinek (2009), S. 39.

[35] Vgl. Dhingra et al. (2021), S. 4–6.

[36] Vgl. Hungenberg (2014), S. 42.

[37] Vgl. Beispiel in Berg, Nowotny, Weissmann (2021), S. 45–108.

[38] Vgl. Stepper (2020), S. 51–135.

[39] Vgl. Lietzke-Prinz, Gimbel (2020), S. 70–73.

sondern kann diese auch fördern und im Sinne der bewussten Gestaltung eine Unternehmenskultur verändern.[40] Ein weiteres Konzept ist Neue Arbeit (New Work), welches bereits in den 1980er-Jahren von dem am 23. Mai 2021 verstorbenen US-amerikanischen Philosophen Frithjof Bergmann entwickelt wurde und durch die Erfordernisse der Corona-Pandemie und der häufigen Nutzung von Homeoffice enorm an Popularität gewonnen hat.[41] Die Einführung der bereits vorgestellten, vermehrt eingesetzten Methode Objective Key Results (OKR) hat aufgrund ihrer durchgängigen, vertikal durchlässig ausgerichteten Verankerung im gesamten Unternehmen Auswirkungen auf die Kultur. „An OKR culture is an accountable culture. You don't push towards a goal just because the boss gave you an order. You do it because every OKR is transparently important to the company, and the colleagues who count on you."[42] Kulturverändernd ist im Besonderen die im Lean-Startup-Ansatz vorgeschlagene und bereits betrachtete Methode der Fünf Warums (Five Whys), einer strukturierten Fragemethode, um die Wurzel eines Problems festzustellen, die sich, so die Annahme, immer auf ein menschliches Problem bezieht.[43]

6.1.2 Strategie als Ausgangspunkt

Eine agile Vorgehensweise bedeutet nicht, generell auf Planung zu verzichten. Im Gegenteil: Strategie und Planung werden wichtiger, um den Blickwinkel zu öffnen, Handlungskorridore aufzuzeigen und Orientierung zu geben.[44] Allerdings muss sich die Art der Planung verändern, adaptiver werden.[45] So können z. B. Ziele grundsätzlich auf kürzere Einheiten heruntergebrochen und im Rahmen der längerfristigen Instrumente wie Vision und Strategie entsprechend angepasst werden.[46]

Strategien sind wohlüberlegte, abgestimmte Maßnahmenbündel, die sich ergänzen und in ihrer Wirkung verstärken.[47] Sie werden auf verschiedenen Ebenen formuliert und können das Gesamtunternehmen, einzelne Geschäfts- oder Funktionsbereiche betreffen. Auf der höchsten Ebene des Unternehmens stehen

[40] Vgl. Beispiele in Stepper (2020), S. 347–356.

[41] Vgl. Georgi (2021), S. 1–5; Krohn (2021), S. 2–5.

[42] Doerr (2017), S. 215.

[43] Vgl. Ries (2011), S. 229–244.

[44] Vgl. Pisano (2015), S. 12.

[45] Vgl. Reeves, Deimler (2011), S. 4–9.

[46] Vgl. Northrup (2021), S. 1–6.

[47] Vgl. Macharzina, Wolf (2018), S. 255–257.

Produkt-Markt-Strategien im Mittelpunkt, weil dadurch ganz wesentlich die Umsatz- und Ergebnisziele bestimmt werden. Agilität darf eben nicht auf der Methodenebene verharren, sondern muss ganz oben in der Strategieebene verankert werden. „Achieving operational Agility is necessary, but it may not be sufficient to achieve financial sustainability. Even firms that achieve full operational Agility still have another frontier to master: Strategic Agility.“[48]

Im Sinne eines agilen Managements muss strategisch zunächst der Kundennutzen, dann aber nicht nur die Einordnung in den Wettbewerb, sondern vielmehr die Schaffung eines echten Wettbewerbsvorteils im Vordergrund stehen. „[…] the idea that competitive advantage can be located has given way to the realization that competitive advantage has to be continuously created. Strategy is not a place – it's an activity.“[49] In diesem Sinne kommt allen Interessenvertretern (Stakeholder) des Unternehmens eine hohe Bedeutung zu. Anstatt die Strategie neu auszurichten oder die Ressourcen zu erhöhen, ist eine Schärfung der Strategie gegenüber allen Interessengruppen für die meisten Unternehmen tatsächlich die wirkungsvollere Maßnahme, wenn sie auch manchen Management-Moden widerspricht.[50] Außerdem sollten zur Strategieformulierung nicht nur das Top-Management, sondern alle Mitarbeiter in unterschiedlicher Intensität einbezogen werden. Das sorgt nicht nur für eine Informationssammlung im Sinne des Netzwerkeffektes, sondern mildert auch das Hauptrisiko des Scheiterns, den Übergang von der Strategieformulierung zur -umsetzung. Strategien dürfen nicht nur auf Daten und Erkenntnissen der Vergangenheit basieren, sondern müssen Annahmen über die Zukunft beinhalten.[51] Außerdem dürfen sie nicht starr sein, sondern müssen auch im Sinne einer von unten (bottom-up) aufgebauten, in gewissem Maße unvorhersehbaren Wachsenden Strategie (Emergent Strategy) an Veränderungen anpassbar sein. „Emergent strategy […] is the cumulative effect of day-to-day prioritization and investment decisions made by middle managers, engineers, salespeople, and financial staff. These tend to be tactical, day-to-day operating decisions that are made by people who are not in a visionary, futuristic, or strategic state of mind.“[52]

Eine Strategie im Kontext des agilen Innovationsmanagements geht folglich einen entscheidenden Schritt weiter und muss sich an einem Zukunftsbild, an einer Vision ausrichten. „Vision is the key enabler of creative genius, the ability, or willingness, or indeed the compulsion [Zwang, Drang] to see things not only for what

[48] Denning (2018), S. 137.

[49] Denning (2018), S. 232. Vgl. auch Mankins (2017), S. 2–5.

[50] Vgl. Hunsaker, Knowles (2021), S. 1–9.

[51] Vgl. Denning (2018), S. 230–232.

[52] Christensen, Raynor (2003), S. 215.

they are, but for what they could be."[53] Visionen geben ähnlich wie die Kultur Handlungshinweise und haben eine Identitäts-, Identifikations- und Mobilisierungsfunktion.[54]

Eine zielgerichtete Vorgehensweise umfasst vier aufeinander aufbauende Elemente:[55]

- Die eigene Betrachtungsweise, welche die Welt beschreibt, wie sie ist und wie man sie zu sein erwartet
- Die aktuelle Situation in der Wettbewerbslandschaft
- Die Ziele und die Art der Organisation, die man sein möchte, und die Leistung, die man zu erreichen erwartet
- Die strategische Hypothese in Form einer genauen Darstellung von Wenn-dann-Aussagen, die übermitteln, wie man dahin kommen möchte, und die positive Dynamik, dass man durch Erfolg dort verbleiben kann

Für ein erfolgreiches Innovationsmanagement muss sich aus der Unternehmensstrategie als weiterer Schritt eine Produktinnovations- oder Technologiestrategie ableiten.[56] „Running an innovation program without a strategy is like running a war without a military strategy."[57] Eine umfassende Produktinnovationsstrategie enthält fünf wesentliche Bestandteile:[58]

1. Übergeordnete Ziele und Detailziele (Goals and Objectives)
2. Die strategische Rolle von Produktinnovation im Zusammenhang mit den Geschäftszielen
3. Definition der Strategischen Bühnen (Strategic Arenas) und Priorisierung[59]

[53] Morris (2017), S. 278.

[54] Vgl. Banholzer et al. (2019), S. 5; Collins, Lazier (2020), S. 190–191; Gudergan, Feige, Krechting (2017), S. 163–164; Hungenberg (2014), S. 419.

[55] Vgl. Morris (2017), S. 43–55.

[56] Vgl. Cooper (2017), S. 352–357.

[57] Cooper (2017), S. 375.

[58] Vgl. Cooper (2017), S. 356. Die wichtige, im Englischen oftmals übersehene Unterscheidung zwischen „Goals" und „Objectives" wurde hier durch die deutschen Begriffe betont.

[59] Hier wurde die kämpferische Note abgeschwächt, denn Cooper nennt die Arenen später Schlachtfelder.

4. Verwendung (Deployment) der Ausgaben auf die einzelnen Bereiche, einschließlich der Strategischen Töpfe (Strategic Buckets)
5. Angriffspläne (Attack Plans), wie auf den Strategischen Bühnen gewonnen werden kann

Die sorgfältige Definition der Produktinnovationsstrategie mündet schließlich in einen Strategischen Fahrplan (Strategic Roadmap), der gerade bei erfolgreichen Firmen doppelt so häufig wie bei den weniger erfolgreichen Firmen genutzt wird.[60] Eine plakative Betrachtung einzelner Segmente umfasst die Analyse der Innovationsströme und die notwendigen Bewegungen anhand der Dimensionen der aktuellen und zukünftigen Fähigkeiten (Capabilities) und Kundenmärkte (New Markets and Customer Sets).[61]

Erfolgreiche Unternehmen müssen in einem weiteren Schritt über eine Produktinnovations- oder Technologiestrategie hinausgehen und ihre bestehenden Geschäftsmodelle auf den Prüfstand stellen. „To succeed in a business model transformation, it takes a strategy that is aligned with the (mega)trends in the business environment and also with the capabilities and resources in the organization."[62] Während sich bisherige Strategiebegriffe vorrangig auf bestehende Ressourcen konzentrieren, benötigt z. B. eine Nutzung von Open Innovation einen um externe Ressourcen erweiterten, neuen Strategiebegriff.[63]

Beim konkreten Einsatz agiler Umsetzungskonzepte wurde empirisch ein starker Zusammenhang zwischen der Unternehmensstrategie und der Implementierung agiler Formen der Ambidextrie nachgewiesen.[64] Dabei sind die wahrgenommene Dynamik des Marktumfelds und die Ressourcenverfügbarkeit weitere wichtige Einflussfaktoren. Gerade bei ambidextrischen Aktivitäten müssen strategische Elemente wie Unternehmensidentität und Zielsystem transparent sein, da in widerspruchsreichen Situationen belastbare Orientierungsanker notwendig sind.[65] Außerdem sollte insbesondere bei eher traditionellen Familienunternehmen klar kommuniziert werden, dass für die Zukunftssicherung die gleichzeitige Verbesserung des bestehenden Geschäfts und das Erschließen völlig neuer Märkte mit radikalen Innovationen erforderlich sind.

---

[60] Vgl. Cooper (2017), S. 389–394.

[61] Vgl. O'Reilly, Tushman (2016), S. 75–89.

[62] Linz, Müller-Stewens, Zimmermann (2021), S. 323.

[63] Vgl. Vanhaverbeke, Cloodt (2014), S. 260–261.

[64] Vgl. Fojcik (2015), S. 346–347.

[65] Vgl. Schumacher, Wimmer (2020), S. 13; Wimmer (2020), S. 37.

Ressourcen und Fähigkeiten bestimmen die Leistungsfähigkeit von Unternehmen.[66] Zur Umsetzung von agilen Konzepten muss deshalb sichergestellt werden, dass die dafür benötigten Ressourcen vorhanden sind. Bezüglich der notwendigen Entwicklungskapazitäten sind Reserven notwendig, die in der Praxis schwer zu identifizieren oder durch entsprechende Priorisierung zu schaffen sind. Diese Voraussetzung ist im Konzept der Slack Resources beschrieben, verstanden als vorhandene Überkapazitäten z. B. bei F&E, welche die Entwicklung größerer Innovationsschritte begünstigen.[67] Sehr wichtig sind finanzielle Ressourcen wie Gewinne und Cashflow, um zusätzliche für Innovation verfügbare Kapazität innerhalb und außerhalb des Unternehmens zu schaffen. In diesem Zusammenhang kann auch der Verkauf strategisch nicht so bedeutender Unternehmensbereiche eine Rolle spielen.[68] Vielversprechend ist die zusätzliche, abgestimmte Einführung eines Chancenberichts (Opportunity Statement), um die abstrakten und unterschiedlich interpretierbaren Ebenen von Vision und Strategie zu verlassen und über eine emotionale, persönliche Ansprache ein Dringlichkeitsgefühl für Veränderung und das Ergreifen der Chance zu erzeugen.[69]

Besonders bedeutend ist die Qualifikation der Beschäftigten für die agile Durchführung der Innovationsaktivitäten insbesondere hinsichtlich digitaler Kompetenzen und Formen der Zusammenarbeit. „Agile (digitale) Organisationen erfordern nicht nur tief greifende Veränderungen in der Arbeits- und Rollenverteilung innerhalb des hierarchisch geprägten Unternehmensteils. Agile Teams zeichnen sich auch durch Interdisziplinarität und Eigenverantwortung aus.“[70] Ein strategisches Personalmanagement mit z. B. Rotation der Tätigkeiten (Jobrotation), teilautonomen Arbeitsgruppen und entsprechenden Trainingsmaßnahmen ist für eine erfolgreiche Anwendung der agilen Methode Open Innovation erfolgskritisch.[71]

6.1.3 Agile Unternehmensführung

Der Bedarf von Führung ergibt sich aus der Koordination des Handelns von Personen im Hinblick auf angestrebte Ziele.[72] Die Verantwortung der Führung ist nicht

[66] Vgl. Hungenberg (2014), S. 149–153.

[67] Vgl. Greve (2007), S. 23–31.

[68] Vgl. Griesbach, Schlüchter (2020), S. 103.

[69] Vgl. Kotter (2015), S. 98–105.

[70] Kreutzer, Neugebauer, Pattloch (2017), S. 113. Vgl. auch Hellge et al. (2019), S. 205–210.

[71] Vgl. Engelsberger et al. (2021), S. 10–11.

[72] Vgl. Macharzina, Wolf (2018), S. 35–40.

mit bloßem Management gleichzusetzen. „[...] Management ist nicht gleich Führung. Führung bedeutet, eine Richtung vorzugeben. Führung heißt Visionen zu haben, andere von diesen Visionen zu begeistern und durch effektive Strategien in die Lage zu setzen, sie schnell und voller Energie zu verwirklichen.“[73]

Auch wenn Innovation von einer Innovationskultur und damit einem relevanten Teil der Beschäftigten getragen werden muss, kommt den Führungskräften in dem Prozess eine besondere Rolle zu. Dabei ist gerade die richtige Kalibrierung des bestehenden Geschäfts und des neuen Geschäfts bezogen auf die Notwendigkeit des Wandels entscheidend. „First, it is necessary to keep valuing the old strengths while building new ones. Unlike start-ups, established firms have a heritage.“[74] Für eine erfolgreiche ambidextrische Unternehmung ist eine entsprechende Führung besonders wichtig.[75] Es gibt bestimmte Führungsstile, die eine solche Entwicklung begünstigen. „From an organizational perspective, exploration is fundamentally a leadership task, while exploitation is about management.“[76] In einer feineren Aufteilung werden Führungsstile im Spannungsfeld der Ambidextrie am Beispiel der elementaren Innovationsaufgabe der Digitalisierung übersichtlich dargestellt (siehe Abb. 6.1).[77] Beim Wandel vom Bestands- zum Innovationsgeschäft und der Entwicklung von der digitalen Automatisierung hin zum digitalen Geschäftsmodell wandelt sich der Führungsstil einer ambidextrischen Führungskraft von einer eher expertenorientierten über eine strategische hin zu einer digitalen Führung. Die digitale Führung als für die Exploration geeignete Form zeichnet sich insbesondere durch den Willen des digitalen Wandels, die Beherrschung digitaler Technologien und die konsequente Umsetzung der Maßnahmen der digitalen Transformation aus.

Bei Betrachtung von Disruptionen und dem Umgang von Unternehmen damit geschieht selten eine Einbettung in die Unternehmensprozesse. Deshalb müssen Führungskräfte den Prozess selbst steuern, was die kritischste Unternehmensressource darstellt. Die Einbindung des Top-Managements sollte sich an den Umständen im Unternehmen ausrichten. „A better, circumstance-based theory can help managers decide which decisions ought to be made at which levels. For those decisions that the mainstream processes and values were designed to make efficiently (sustaining innovations, primarily), less senior executive involvement is needed. It is when senior executives sense [wahrnehmen] that the processes and values of the mainstream organization were not designed to handle important

[73] Kotter (2015), S. 46.

[74] Linz, Müller-Stewens, Zimmermann (2021), S. 329.

[75] Vgl. Gold (2018), S. 24.

[76] O'Reilly, Tushman (2016), S. 74.

[77] Vgl. Kollmann (2020), S. 32–36.

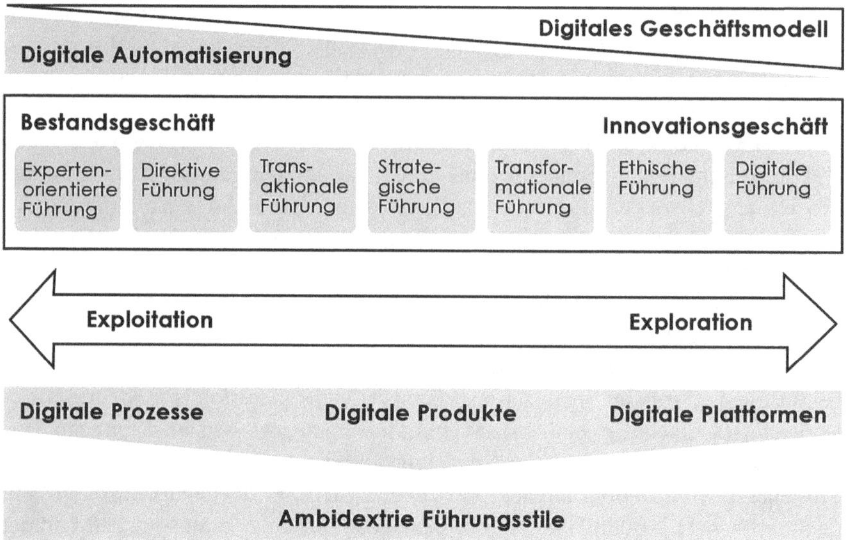

Abb. 6.1 Die Digitalisierung zwischen Bestands- und Innovationsgeschäft (nach Kollmann (2020), S. 35, eigene Darstellung)

decisions in an organization (which is typically the case in disruptive circumstances) that a senior executive needs to participate."[78]

Die verschiedenen Führungsstile lassen sich auch bezüglich des speziellen Einflusses der Digitalisierung in ein Kontinuum zwischen Verwertung (Exploitation) und Erkundung (Exploration) einordnen, was mit der Unterscheidung zwischen Leadership und Management korrespondiert. Es stellt sich die grundsätzliche Frage, ob Führungskräfte sich eher für einen Führungsstil entscheiden sollten oder situativ den am besten geeigneten Führungsstil, wie oft gefordert, übernehmen sollten. „For leaders, this means that, on the one hand, they need to foster exploration by opening leader behaviors and to foster exploration by closing leader behaviors. On the other hand, leaders need to have the knowledge or intuition of when and how to act and – even more importantly – they need to flexibly switch between behaviors according to situational requirements."[79]

[78] Christensen, Raynor (2003), S. 270–271. Christensen weist also nicht nur bei der Entwicklung von Produkten, sondern auch beim Führungsverhalten der Manager auf die Wichtigkeit der Umstände hin.

[79] Rosing, Frese, Bausch (2011), S. 972.

Das Konzept einer agilen Unternehmensführung basiert auf drei wesentlichen Elementen:[80]

1. **Transparenz der Arbeit.** Ein definiertes Ziel schafft Raum zur Unterstützung und Weiterentwicklung der Mitarbeiter, was wiederum Raum für Gestaltungsfreiheit und Inspiration bietet.
2. **Stärkung der Fehler- und Vertrauenskultur.** Mitarbeiter und Führungskräfte haben Vertrauen und pflegen einen offenen, kritikfähigen Umgang miteinander.
3. **Wichtigkeit von Teambuilding und Selbstorganisation.** Mitarbeiter werden als Individuum geschätzt und arbeiten eigenverantwortlich und selbstorganisiert an Projekten.

In einer aufwendigen Studie werden die positiven Auswirkungen eines eher geschlossenen Führungsstils auf Verwertung (Exploitation) und eines eher offenen Führungsstils auf Erkundung (Exploration) nachgewiesen.[81] Kein Zusammenhang ist jedoch zwischen dem Wechsel der Führungskraft zwischen einem geschlossenen und offenen Führungsstil mit dem positiven Einfluss auf Innovation festgestellt worden. Dieser Spagat kann bei beiden Einheiten unter demselben Unternehmensdach sogar zum Problem werden. „Denn wenn Explorations- und Exploitationsaktivitäten unter ein und demselben Unternehmensdach stattfinden, setzt dies die Führungsebene unter Druck, sich mit Widersprüchlichkeit, Paradoxen [sic] und den damit zusammenhängenden internen Spannungen auseinanderzusetzen.“[82] In der Praxis kann dies weitreichende Implikationen haben. Ein häufiger Wechsel zwischen den Führungsstilen scheint folglich nicht vielversprechend. Vielmehr sollte der Führungsstil des Managers konsistent mit dem erwünschten Ergebnis einer eher explorativen oder eher exploitativen Unternehmensstrategie sein. „Tatsächlich haben wir festgestellt, dass dem Scheitern eines ambidextren Entwurfs oft die Unfähigkeit des Führungsteams zugrunde liegt, mit den Spannungen zwischen der Vergangenheit und der Zukunft umzugehen. Wir haben herausgefunden, dass es in 90 Prozent der Fälle eine neue Geschäftsleitung braucht, um ambidextre Konzepte umzusetzen.“[83]

[80] Vgl. Kollmann (2020), S. 118. Die dort dargestellten fünf Säulen wurden vom Autor auf drei wesentliche Inhalte verdichtet und entsprechend umformuliert.

[81] Vgl. Klonek, Gerpott, Parker (2020), S. 19–21.

[82] Tushman, Schumacher (2020), S. 5.

[83] Tushman, Schumacher (2020), S. 6.

Über die Unternehmensführung hinaus kommt der Person an der Unternehmensspitze eine hohe Bedeutung zu.[84] Eine empirische Studie zeigt neben der Erkenntnis, dass eine ambidextrische Führung insbesondere für komplexe Aufgaben angemessen, die Ähnlichkeit (Prototypikalität) der Führungskraft mit dem Team für den Erfolg bedeutend ist.[85] Eine weitere Studie bestätigt die Bedeutung der Führungskraft bei exploitativen und explorativen Aktivitäten, die durch das Managerprofil des Erfolgstyps (Achievers) und eine hohe Wettbewerbsintensität begünstigt wird.[86] In Familienunternehmen ist zu beobachten, das die Innovationsaktivitäten (Innovation Input) zwar geringer, die Verwertung (Innovation Output) jedoch höher ist.[87] Ebenso sind Innovationsaktivitäten von der Familienzugehörigkeit des CEO und der Entwicklungsphase des Unternehmens abhängig. Bei der Leitung durch ein Familienmitglied werden Investitionen in Innovation zwar restriktiver gehandhabt, die Verwertung erfolgt jedoch effizienter als bei familienfremden Geschäftsführern. Bei Unternehmen in der ersten Generation verhält es sich umgekehrt. Dort sind die Innovationsaktivitäten zwar höher, die Innovationen werden jedoch seltener verwertet als bei reiferen Unternehmen.

Im Zusammenhang mit Managern wird oft der Begriff Mindset verwendet, mit dem eine im Grunde veränderliche Denklogik eines Menschen bezeichnet wird, die wiederum Handeln oder Nicht-Handeln auslöst und durch sein Umfeld mitbestimmt wird. Oftmals ist dieses Mindset auf die Vergangenheit und das Bewahren des Kerngeschäfts gerichtet. Selbst wenn Manager dies erkennen, können sie sich häufig aufgrund der Zwänge nicht selbst daraus befreien und haben eine verzerrte Wahrnehmung. „So in the optimal situation, the two, operational efficiency and fundamental innovation, are inextricably linked. However, while many executives tell us that they're working on incremental innovations and big breakthroughs, if you observe what their companies actually do, and the products and services they bring to market, you'll see a heavy bias toward the incremental, and a painful shortage of breakthroughs."[88]

Können Führungskräfte dieses Mindset besonders gut weiterentwickeln, wird von einem agilen Mindset gesprochen. „Ein agiles Mindset ist ein dynamisches Mindset. Das beinhaltet die Überzeugung, dass jeder Mensch sich zu jeder Zeit entwickeln kann, wenn er sich dazu entscheidet."[89] Wichtige Bestandteile eines

[84] Vgl. Banholzer et al. (2019), S. 2–3.

[85] Vgl. Kearney (2013), S. 93.

[86] Vgl. Kammerlander et al. (2015), S. 594–597.

[87] Vgl. zum Folgenden Duran et al. (2016), S. 1224–1264.

[88] Morris (2017), S. 8.

[89] Hofert (2018), S. 24.

agilen Mindsets sind z. B. die Denkweise und Unterstützung der Führungsebene, die organisatorischen Rahmenbedingungen, Vernetzung und Selbstwirksamkeit z. B. durch eigene Einsichten und eine verständliche, emotionale Sprache.[90] Sowohl Führungsstile, das Mindset des Einzelnen als auch eingesetzte Methoden haben wiederum Auswirkungen auf die Gestaltung der Unternehmenskultur.[91] Eine empirische Studie weist nach, dass gerade für eine erfolgreiche Anwendung von Open Innovation ein entsprechendes Mindset erfolgskritisch ist.[92]

Eine besonders wichtige Erscheinungsform von Führung insbesondere bei der digitalen Transformation ist das Change Management, bei dem nach dem Ausmaß der Bedrohung zum einen und der notwendigen Veränderungen in Denkhaltung und Verhaltensmustern zum anderen verschiedene typische Verhaltensmuster identifiziert werden können. Ebenso können anhand dieser beiden Dimensionen die Auslöser für den Change-Prozess eingeordnet werden, bevor ein systematischer Prozess mit entsprechendem Instrumenteneinsatz gestartet wird.[93] In bereits agilen Organisationen liegen Erfahrungen mit Veränderungen vor, sodass sich das Change Management mit seinen Methoden daran orientieren kann.[94] Bei der Digitalisierung ist die Digitalkompetenz der Führung wichtig. Eine empirische Studie aus den Jahren 2019/2020 weist in nur zwölf Prozent der untersuchten US-amerikanischen Unternehmen in der Führungsspitze eine solche Digitalkompetenz aus. Wenn diese vorhanden ist, ist das Umsatzwachstum im Vergleich mit den anderen Unternehmen um fast 50 Prozent höher.[95]

6.1.4 Organisatorischer Aufbau des Unternehmens

Sobald sich in Unternehmen Spezialisierungen und Arbeitsteilungen herausbilden, ist eine formelle Organisation notwendig. Diese unterscheidet sich grundlegend von der Strategie und der Planung, indem sie ein dazu passendes Gerüst bereitstellt und sich entsprechend unterordnet.[96] Strukturen sind aber nicht nur eine direkte,

[90] Vgl. Höbig, Kubsch (2020), S. 13–15.

[91] Vgl. Kollmann (2020), S. 118.

[92] Vgl. Engelsberger et al. (2021), S. 11.

[93] Vgl. Kreutzer, Neugebauer, Pattloch (2017), S. 218–220; Schreyögg, Koch (2020), S. 376–388. Vgl. zum Ansatz agiles Change Management Scheller (2017), S. 278.

[94] Vgl. Kohnke, Wieser (2019), S. 80–85.

[95] Vgl. Weil, Woerner, Shah (2021), S. 63–67.

[96] Vgl. Macharzina, Wolf (2018), S. 474–479.

einseitige Folge der Strategie, sondern können wiederum Auswirkungen auf die Strategie haben, was den Zusammenhang komplex macht.[97]

Arbeitsteilige Prozesse in Unternehmen bedürfen demnach organisatorischer Strukturen, die auf formalen, von der Geschäftsführung festgelegten Regeln basieren. Dabei unterliegt das Kernaufgabengebiet der Organisationsgestaltung einem Dualproblem, nämlich dem Problem der Arbeitsteilung und der Arbeitsvereinigung, mit dem Ziel eines optimalen Regelungsgrads.[98] Organisationsstrukturen werden durch Einflussgrößen wie z. B. Umwelt, Technologie, Menschen und den Lebenszyklus des Unternehmens bestimmt, die untereinander in wechselseitigen Abhängigkeiten stehen.[99]

Der organisatorische Bezugsrahmen kann auf das gesamte Unternehmen angewendet werden. Im Zusammenhang mit agilen Methoden und Prozessen wird die klassische, pyramidenartige Aufbauorganisation infrage gestellt, da sie stark hierarchisch geprägt ist und z. B. durch die Trennung der funktionalen Einheiten nachteilige Silo-Strukturen bildet.[100] Was zu Zeiten Frederick W. Taylors in statischen Märkten einen herausragenden Beitrag für den zunehmenden Wohlstand ausmachte, ist in dynamischen und komplexen Märkten überholt.[101] Dabei kommen auch Zwischenformen zur Bewältigung komplexer Aufgaben zum Tragen.[102] Innovationsprojekte werden oftmals in einer abteilungsübergreifenden, temporären Projektorganisation umgesetzt.[103] Dabei sind nicht nur die Struktur als Projektteam, sondern auch die Unternehmensführung und die begleitenden Prozesse agil anzupassen.[104] Das kann als Ausprobieren oder Vorbereitung für eine umfassendere Änderung genutzt werden. „Autarke agile Projekte sind eine nützliche Vorstufe, um Teams auf eine große Veränderung vorzubereiten."[105]

Über die temporäre Projektorganisation hinaus können innerhalb der bestehenden Organisation Einheiten als ständige Wachstumsgemeinschaften (Growth Communities) etabliert werden. „Having small units also confers strategic benefits such as focus and agility. Mimicking the speed and responsiveness of startups, small units overcome some of the disadvantages of being connected to a mammoth

[97] Vgl. Hall, Saias (1980), S. 153–162; Kavale (2012), S. 66–69.

[98] Vgl. Schreyögg, Koch (2020), S. 326–328.

[99] Vgl. Schreyögg, Koch (2020), S. 359–368.

[100] Vgl. Häusling, Kahl (2018), S. 62–64.

[101] Vgl. Laloux (2017), S. 59–61; Pfläging (2015), S. 12.

[102] Vgl. Wöhe, Döring, Brösel (2020), S. 116–117.

[103] Vgl. Albrecht, Albrecht (2021), S. 185–190; Kollmann (2020), S. 144–146.

[104] Vgl. Aghina, De Smet, Weerda (2015), S. 4–12.

[105] Fuhrmann (2019), S. 116.

enterprise. And working in small units gives people a greater sense of purpose, ownership, and control."[106]

Ähnlich der strukturellen Abtrennung von Innovationseinheiten kann bei umfassender Betrachtung des gesamten Unternehmens ein dauerhaftes duales Betriebssystem aufgebaut werden, das auf fünf Grundprinzipien beruht:[107]

1. Vorantreiben wichtiger Veränderungen von vielen Mitarbeitern aus allen Bereichen anstatt nur von den üblichen Auserwählten
2. Eine Haltung des Wollens und nicht des Müssens
3. Antrieb aus dem Herzen und dem Kopf, nicht nur aus dem Kopf
4. Betonung von Führung und nicht mehr nur Management
5. Untrennbare Partnerschaft von Hierarchie und Netzwerk anstatt einer nur optimierten Hierarchie

Vollständig agile Organisationsformen verlassen völlig das Prinzip der Aufbauorganisation und richten sich dynamisch über die Unternehmensgrenzen hinweg konsequent auf die Kundenstrukturen aus.[108] „Die Teams arbeiten cross-funktional, selbstverantwortlich und selbstorganisiert, um ein bestimmtes Produkt zu generieren bzw. Kundennutzen zu schaffen."[109] Bei diesem Paradigmenwechsel ist auf eine Synchronisation zwischen den Führungskräften und Mitarbeitern in Abstimmung mit Kultur, Strategie und Führung zu achten, damit keine unproduktiven Konstellationen entstehen.[110]

Bei einer agilen Unternehmensorganisation sind in den Teams oder Zellen wie in einem „Mini-Unternehmen" oder Start-up alle erforderlichen Funktionen vertreten.[111] „Hier soll keiner mehr der ,Boss, sein, da Hierarchie nicht kraftvoll genug ist, um der Komplexität zu begegnen. Im Zentrum stehen Selbstmanagement, Ganzheitlichkeit und eine evolutionäre Sinngebung."[112] Ähnlich der Aufteilung in kleine, autonome, funktionsübergreifende Teams, werden große und komplexe Aufgaben in kleine, beherrschbare Teile aufgelöst. Dabei agieren die kleinen Einheiten keinesfalls führungslos. Vielmehr haben Elemente

[106] Baghai, Coley, White (1999), S. 142.

[107] Vgl. Kotter (2015), S. 18-21. Vgl. zur dualen Organisation Bürkin (2021), S. 27–39.

[108] Vgl. Duwe (2018), S. 70–71.

[109] Häusling, Kahl (2018), S. 67.

[110] Vgl. Friedmann (2019), S. 97–114.

[111] Vgl. Pfläging, Hermann (2016), S. 56.

[112] Kreutzer, Neugebauer, Pattloch (2017), S. 118.

wie Kultur, Strategie und Ziele sowie Rollenbeschreibungen und Prozessbeschreibungen eine große Bedeutung.[113]

Übliche Teamgrößen der neuen agilen Einheiten bewegen sich zwischen fünf bis maximal 15 Personen.[114] Bekannt geworden ist der aus dem militärischen Sprachgebrauch entliehene Begriff der Squads, die üblicherweise aus acht bis zwölf Personen bestehen.[115] Die in kritischen Situationen eingesetzten Einheiten der Special Operations Forces der US-amerikanischen Armee haben genau zwölf Soldaten, die einen Einsatz durch alle damit abgedeckten Fähigkeiten komplett durchführen können. „Each team has all the capabilities to carry out the mission from start to finish. And they conduct cross-training across each skill set. [...] Another way the Special Forces operate is that [...] they don't separate intelligence gathering and operations planning."[116] Allerdings ist es im militärischen Kontext auch entscheidend, dass die Teams nicht durch starre Kommandostrukturen behindert werden und sich nicht siloartig auf ihre jeweiligen Missionen fokussieren. Vielmehr ist ein netzwerkartiger Ansatz mit dezentralen Entscheidungsstrukturen notwendig.[117] Die in der Praxis gewählte Personenanzahl sollte im Unternehmenskontext auf das Geschäftspotenzial der innovativen Projekte abgestimmt werden. „[...] the only companies that succeeded in addressing disruptive technology were those that created independent organizations whose size matched the size of the opportunity."[118]

Das Prinzip der Selbstorganisation hat durch das Aufkommen agiler Arbeitsformen einen enormen Aufschwung erfahren.[119] Diese Diskussion wird seit einigen Jahren stark von dem belgischen Berater Frédéric Laloux beeinflusst, der die drei Grundprinzipien Selbstführung, Ganzheitlichkeit und evolutionärer Sinn postuliert.[120] Das Prinzip der Soziokratie gibt Verantwortung für den Unternehmenserfolg an die Mitarbeiter und bindet diese konsequent in betriebliche Entscheidungsprozesse ein. Der Aufbau der Organisation erfolgt in Kreisen, allerdings bietet die Soziokratie kein eigenes Organisationsmodell, sondern vielmehr zahlreiche Gestaltungsmöglichkeiten.[121]

---

[113] Vgl. Denning (2018), S. 13–16.

[114] Vgl. Ries (2011), S. 250; Häusling, Kahl (2018), S. 68.

[115] Vgl. Alqudah, Razali (2016), S. 831–832; Gerster et al. (2020), S. 88–89.

[116] Sutherland, Sutherland (2014), S. 54.

[117] Vgl. Denning (2018), S. 81–89.

[118] Christensen (2016), S. 162.

[119] Vgl. Abrell (2021), S. 101–129; Grab, Olaru (2021), S. 144–146.

[120] Vgl. Laloux (2015), S. 54–55.

[121] Vgl. Schumacher, Wimmer (2019), S. 14–15.

Ganzheitlicher ist der Ansatz der Holakratie (Holacracy), der auf der Soziokratie und der integrativen Entscheidungsfindung aufbaut.[122] „Das Anliegen der Holakratie besteht darin, die Arbeit zu organisieren und nicht den Menschen. Dadurch entsteht eine große Freiheit für die Menschen, um sich im Zusammenhang mit den Rollen, die sie ausfüllen, selbst zu organisieren."[123] Der organisatorische Aufbau erfolgt in kreisförmigen Darstellungen der Organisationseinheiten, die mit verschiedenen Rollen besetzt sind, die wiederum spezifische Verbindungen innerhalb des Kreises und nach außen, in andere Kreise haben. Bemerkenswert sind die detaillierten Rollen- und Prozessbeschreibungen, die den Umgang miteinander regeln.[124] „In der Holakratie gibt es eine formelle geregelte Struktur, aber sie wird ständig verfeinert und modifiziert, in der Reaktion auf Spannungen, die von Mitarbeitern wahrgenommen werden, während sie ihre tägliche Arbeit erledigen."[125]

Agile Netzwerkorganisationen werden in einer weiteren Darstellungsform ebenfalls kreisförmig, jedoch in Analogie biologischer Zellen dargestellt (siehe Abb. 6.2).[126] Dabei befinden sich die Teams für die Kernfunktionen, wie z. B. Finanzen, im Zentrum und die kundenbezogenen Teams außen als periphere Zellen in direkter Verbindung zum Markt. Koordination und Kommunikation erfolgen nicht durch hierarchisch übergeordnete Manager, sondern selbstorganisiert im Team und auf gleicher Ebene mit den anderen Teams. Die Abgrenzung von so entstehenden agilen und nicht-agilen Teams ist wichtig. „Our studies show that companies can scale up agile effectively and that doing so creates substantial benefits. But leaders must be realistic, not every function needs to be organized into agile teams; indeed, agile methods aren't well suited to some activities."[127] Bei der Umsetzung muss zunächst eine grundsätzliche Systematik der agilen Teams erarbeitet werden, bevor die stufenweise Umsetzung erfolgen kann.[128]

Die Unterscheidung einer agilen Netzwerkorganisation in Kernfunktionen und kundenbezogene Teams korrespondiert sehr gut mit der Forderung an eine ambidextrische Organisation im Kontext der dynamischen Fähigkeiten (Dynamic

---

[122] Vgl. Bauer, Hohl, Zirkler (2019), S. 37–44; Laloux (2015), S. 57. Vgl. auch die Verfassung der Holakratie unter https://www.holacracy.org/.

[123] Robertson (2016), S. 37.

[124] Vgl. Goyk, Grote (2018), S. 80–96.

[125] Robertson (2016), S. 35.

[126] Vgl. zum Folgenden Pfläging (2015), S. 65–76; Häusling, Kahl (2018), S. 67–69.

[127] Rigby, Sutherland, Noble (2018), S. 4.

[128] Vgl. Rigby, Sutherland, Noble (2018), S. 6–8. Vgl. zu einem möglichen Umsetzungskonzept Hermann, Pfläging (2018), S. 42–137.

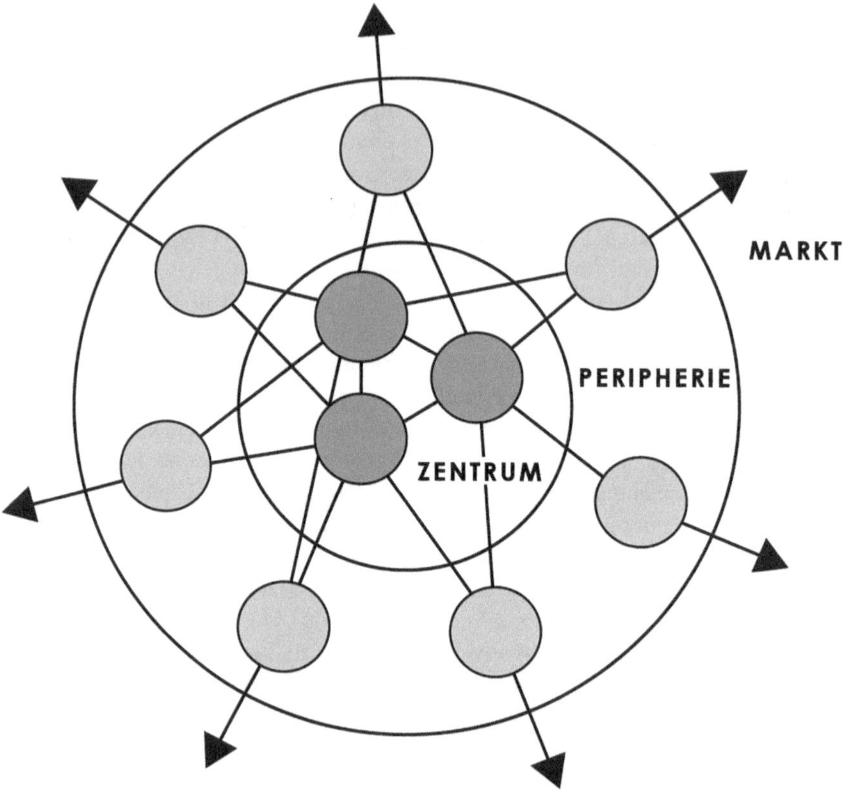

Abb. 6.2 Schematische Darstellung einer agilen Netzwerkorganisation (vgl. Pfläging (2015), S. 75, eigene Darstellung)

Capabilities).[129] Für Organisationen in einem dynamischen Umfeld können beständige, wenig veränderliche Funktionen im Kern platziert werden. „These routine-based capabilities are the foundation of a firm's activity."[130] Funktionen, die sich am dynamischen Marktumfeld ausrichten, werden hingegen außerhalb des Kerns angesiedelt.

[129] Vgl. Vanhaverbeke, Cloodt (2014), S. 266–269.

[130] Gold (2018), S. 25.

6.1.5 Verortung der Innovationsaktivitäten

Bei der konkreten Organisation der Innovationsaktivitäten stellt sich die grundsätzliche Frage, ob diese eher innerhalb oder außerhalb des Unternehmens angesiedelt werden sollen. Diese beiden Ansätze können in strukturelle Ambidextrie mit einer separaten Einheit oder kontextuelle Ambidextrie innerhalb der Kernorganisation unterschieden werden, wobei der Unternehmensführung, wie bereits dargestellt, eine besondere Bedeutung zukommt.[131] Schon der Management-Guru Michael E. Porter macht auf die Schwierigkeit des erfolgreichen Betreibens zweier unterschiedlicher Geschäftsmodelle aufmerksam und empfiehlt eher eine separate Einheit mit eigenständigem Marktauftritt.[132] Allerdings ist eine sorgfältige Analyse der Ausgangssituation des Unternehmens erforderlich, da die Tendenz besteht, einseitig Empfehlungen von Beratern oder dem Wettbewerb zu folgen. Zudem müssen Organisationsformen entsprechend der Geschäftsentwicklung angepasst werden.[133]

Wenn Innovationen eher auf Zukunftsthemen ohne einen disruptiven Bezug zu dem bestehenden Geschäft abzielen, sollten sie ähnlich dem Innovationslabor GoogleX in eine separate Einheit verlagert werden.[134] Allerdings war die fehlende Einbindung in die Gesamtstrategie auch ein wichtiger Grund, warum einige externe Innovationslabors schließen mussten.[135] Deshalb ist bei separaten Innovationseinheiten – trotz der bewusst eingeräumten Freiheitsgrade – die Einbindung in das übergeordnete Gesamtzielsystem der Unternehmung wichtig.[136] In diesem Zusammenhang ist ebenfalls zu bedenken, wie die Ergebnisse und Arbeitsformen zur Vermarktung wieder zurück in die Kernorganisation übergehen können.[137]

Clayton M. Christensen bezieht sich bekanntlich bei seiner Definition von Disruption auf die Gefahr durch Produkte, die zwar weniger leistungsfähig als die bestehenden Produkte sind, aber durch Eigenschaften wie Einfachheit, praktische Vorteile und einen günstigen Preis neue oder vernachlässigte Kundensegmente adressieren (siehe Abschn. 3.1). Er argumentiert, dass bei Innovationen mit besonders hohem Innovationsgrad grundsätzlich der Aufbau einer eigenständigen Innovationseinheit erwogen werden soll, weil dafür die Kernorganisation keine Ressourcen

---

[131] Vgl. Gold (2018), S. 50–52.

[132] Vgl. Porter (1996), S. 18.

[133] Vgl. Raisch (2008), S. 21–22.

[134] Vgl. Gans (2016), S. 85.

[135] Vgl. Ahuja (2019), S. 3–4.

[136] Vgl. Banholzer et al. (2019), S. 2–3. Vgl. zu den Risiken von Innovation Labs auch Bauer, Stiefel, Rief (2019), S. 130–137.

[137] Vgl. Ortmann (2020), S. 128.

bereitstellen wird. „A separate organization is required when the mainstream organization's values would render it incapable of focusing resources on the innovation project. Large organizations cannot be expected to allocate freely the critical financial and human resources on the innovation project."[138] Außerdem schätzt die etablierte Organisation das Potenzial der Geschäftsidee tendenziell als zu gering ein und ist von Natur aus versucht, die Beziehungen zu den bestehenden Kunden zu festigen.[139] Eine neue, separate Organisation hingegen fokussiert sich auf die Möglichkeiten und lässt sich von der anfänglichen kleinen Größe nicht demotivieren.[140] Dabei kommt hier der Geschäftsführung der Kerngesellschaft neben der Initialzündung auch bezüglich Ausstattung und Prozessen eine besondere Verantwortung zu.[141]

Aus kultureller Perspektive prophezeit Christensen Schwierigkeiten der bestehenden Einheit beim Umgang mit Fehlern und Scheitern. „Discovering markets for emerging technologies inherently involves failure, and most individual decision makers find it very difficult to risk backing a project that might fail because the market is not there. [...] But in disruptive situations, action must be taken before careful plans are made."[142] Er empfiehlt auch aus diesem Grund, eine eigene, kleine Einheit aufzubauen, für die die noch kleine Größe des aufkommenden Marktes relevant ist.[143]

Zur konkreten Ausgestaltung des notwendigen Teams und seiner organisatorischen Verankerung gibt eine Matrix mit vier möglichen Ausprägungen eine hilfreiche Orientierung (siehe Abb. 6.3). Ungewöhnlich sind die vier Achsen, welche die Quadranten charakterisieren. Die beiden horizontalen Achsen sind zunächst im Zusammenhang zu interpretieren. Auf der unteren horizontalen Achse können Manager einschätzen, ob das Innovationsprojekt zu den Gepflogenheiten des Unternehmens passt. Bei einer schlechten Übereinstimmung werden Manager dem Projekt eine eher niedrige Priorität geben. Die obere horizontale Achse gibt einen Hinweis auf die Anordnung der ausführenden Organisationseinheit. Für disruptive Innovationen ist das Errichten einer separaten Innovationseinheit ein obligatorisches Erfolgskriterium, für eher erhaltende Innovationen kann die Durchführung

138 Christensen (2016), S. 176.

139 Vgl. Christensen, Raynor (2003), S. 178.

140 Vgl. Christensen, Raynor (2003), S. 113–116.

141 Vgl. Christensen, Raynor (2003), S. 275–277. Vgl. auch Banholzer et al. (2019), S. 2–4.

142 Christensen (2016), S. 156.

143 Vgl. Christensen (2016), S. 129–130.

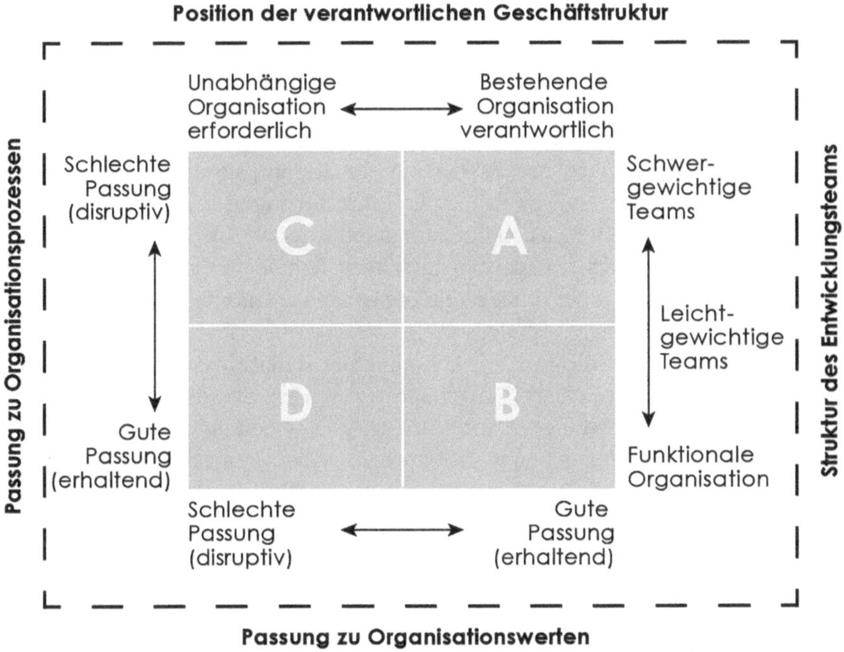

Abb. 6.3 Bezugssystem zum Finden der richtigen organisatorischen Struktur (vgl. Christensen, Raynor (2003), S. 191, eigene Darstellung)

durchaus in der Kernorganisation verbleiben. Die linke vertikale Achse bezieht sich auf den Neuheitsgrad der Unternehmensprozesse. Die gegenüberliegende rechte vertikale Achse gibt drei Typen organisatorischer Strukturen im Stammhaus vor. Anhand der Ausprägungen der insgesamt vier Achsen entstehen vier idealtypische Konstellationen, wobei die links angeordneten Möglichkeiten C und D eine separate Organisation erfordern und die rechts angeordneten Möglichkeiten A und B innerhalb der Kernorganisation entweder in der bestehenden Abteilung oder in zwei unterschiedlich ausgestatteten Projektteams durchgeführt werden können. Dabei nimmt die Umsetzung in einem leichtgewichtigen Team, bei dem die Mitarbeitenden ihrer funktionalen Organisation zugeordnet bleiben und teilweise an der Aufgabe arbeiten, eine Zwischenstellung zwischen den Quadranten A und B ein. Für schwergewichtige Teams hingegen sind die Teammitglieder komplett für die zu bearbeitende Aufgabe freigestellt. Die autonome Organisation Typ C bezieht sich dabei auf völlig neue Angebote, während die Angebote in der Variante D zwar ähnlich dem bestehenden Programm sind, aber dennoch einen unterschiedlichen organisatorischen, autonomen Ansatz erfordern, der sich z. B. durch eine erheblich günstigere Kostenstruktur auszeichnet.[144]

Das Konzept einer separaten Einheit greifen auch O'Reilly und Tushman als direkte Antwort auf das Innovator's Dilemma auf. Sie bekräftigen die Notwendigkeit einer eigenständigen Einheit, die allerdings für sich noch kein Erfolgsgarant sei. Vielmehr müsse auch der Zugriff auf die Kernorganisation geregelt sein. „Based on the evidence, however, it appears that although structural separation is necessary, it is not a sufficient condition for ambidexterity. Not only do exploratory units need the independence to develop their own alignments; they also need access to the assets and capabilities of the larger organization. Thus, they need to be separated and integrated."[145]

Die beiden Autoren bieten zur Einordnung der Relevanz der ambidextrischen Organisation eine Vier-Felder-Matrix mit zwei Achsen an (siehe Abb. 6.4). Entscheidend ist die niedrige oder hohe strategische Bedeutung (Strategic Importance), die in Verbindung mit den beiden Ausprägungen der operativen

Abb. 6.4 Relevanz der ambidextrischen Organisation (vgl. O'Reilly, Tushman (2007), S. 60, eigene Darstellung)

---

[144] Vgl. Christensen, Raynor (2003), S. 189–194.

[145] O'Reilly, Tushman (2016), S. 185.

Hebelwirkung (Operational Leverage) vier Handlungsmöglichkeiten bietet. Wenn die Hebel der eigenen Organisation eher niedrig sind, wird zu einer Ausgründung entweder als unabhängige Geschäftseinheit (Independent Business Unit) oder Abspaltung (Spin-off) geraten. Unabhängige Geschäftseinheiten sind insbesondere dann zu empfehlen, wenn eine alte Technologie durch eine neue Technologie mittelfristig ersetzt wird. „In unserer Grundannahme ist die Beharrung auf alten Mustern in Unternehmen so stark ausgeprägt, dass der einzige Weg, um der Trägheit der Firmenhistorie zu entrinnen, darin besteht, die Vergangenheit von der Zukunft zu trennen.“[146] Ist die Hebelwirkung auf der anderen Seite groß, muss bei einer hohen strategischen Bedeutung eine ambidextrische Organisation (Ambidextrous Organization) in der Kernorganisation etabliert werden, da sonst Synergien verloren gingen. Das kann insbesondere bei der Einführung von ergänzenden, digitalen Produkten und Dienstleistungen angenommen werden. „Spätestens jedoch, wenn Kerngeschäft und digitales Business stärker ineinandergreifen oder daraus Gesamtlösungen für den Kunden entstehen, so wie es in der vernetzten Produktionswelt meist der Fall ist, muss eine solche Trennung der Welten auf den Prüfstand.“[147]

Die Führung einer solchen Organisation ist anspruchsvoll und konfliktbehaftet, sodass die Autoren fünf Prämissen aufstellen:[148]

1. Klare strategische Ziele, welche die Bedeutung der ambidextrischen Durchführung rechtfertigen
2. Vision und Werte als überspannendes Dach zur emotionalen Verpflichtung und gemeinsamer Identität
3. Fokussiertes Senior-Managementteam mit der notwendigen Flexibilität und Kommunikationsfähigkeit
4. Organisatorische Architektur, die Trennung der Untereinheiten und gemeinsame Nutzung der Unternehmensressourcen zulässt
5. Ambidextrische Führung, die Widersprüche toleriert und Konflikte löst

Ein weiterer, über die betrachteten Konzepte hinausgehender relevanter Grund für eine eigenständige Einheit sind besondere Risiken, welche durch die Anwendung agiler Methoden im Sinne eines iterativen Vorgehens entstehen. Diese Iterationsbarrieren können z. B. rechtlicher Natur durch Einsatz einer neuartigen Software oder unsachgemäßes Verwenden von Konsumentendaten sein. So können durch frühe Versuche Risiken entstehen, etwa durch unter Umständen

[146] Vgl. Tushman, Schumacher (2020), S. 5.

[147] Duwe, Schumacher (2020), S. 29.

[148] Vgl. O'Reilly, Tushman (2007), S. 61.

unbeabsichtigte Verletzungen des Datenschutzrechts. Ebenso kann bei Fehlschlägen die eigene Marke oder der Unternehmensname negativ beeinflusst werden. Für börsennotierte und stark regulierte Unternehmen sind diese Risiken höher und folgenschwerer und behindern deshalb Innovationsaktivitäten.[149]

Eine Argumentation gegen die Ausgründung der separaten Innovationseinheit vertritt, wie bereits dargestellt, Henderson. Sie bezieht sich in ihrer Argumentation nicht auf die externe Kundenperspektive, sondern auf die interne Designperspektive des Produktes. Sie argumentiert, dass Unternehmen aus Effizienzgründen sich auf die Weiterentwicklung von Komponenten innerhalb einer bestehenden Produktarchitektur konzentrieren. Als problematisch sieht sie Änderungen der kompletten Produktarchitektur, verstanden als Zusammenwirken der Komponenten, und argumentiert, dass ein vorausschauendes Management eher eine darauf vorbereitete Kernorganisation benötige, zumal Architekturänderungen schwer zu erkennen seien. „Established organizations may invest heavily in the new innovation, interpreting it as an incremental extension of the existing technology or underestimating its impact on the embedded architectural knowledge. But new entrants to the industry may exploit its potential much more effectively since they are not handicapped by a legacy of embedded and partially irrelevant architectural knowledge."[150] Der Wechsel von Verbrenner- hin zu Elektromotoren kann als eine solche Änderung der gesamten Systemarchitektur eines Autos interpretiert werden. Eine eigenständige Innovationseinheit ist für die tief greifenden Veränderungsprozesse, welche die traditionelle Automobilindustrie aktuell bewältigt, sicher keine geeignete Maßnahme.

Bezogen auf die zwei Auslöser einer Disruption der Nachfrageseite (Demand-side) nach Christensen oder der Angebotsseite (Supply-side) nach Henderson sollen sich Innovationsaktivitäten auf Angebotsseite aufgrund der grundlegenden Änderungen von Produktarchitekturen eher in den Organisationen verorten. „By contrast, proactive management on the supply side requires creating a more integrated, fluid organization so that there is a reduced focus on component knowledge and a recognition and nurturing of new architectural knowledge. Given the two different theoretical approaches to proactive management against disruption, organizations will always face a hard choice between them."[151] Zu diesen grundsätzlichen organisatorischen Ausgestaltungen kommt hinzu, dass in größeren Unternehmen aufgrund unterschiedlicher Typen von Innovationen mehrere Organisationsmodelle parallel betrieben werden, was einer einheitlichen Steuerung

[149] Vgl. Nicolai (2020), S. 50–51.

[150] Henderson, Clark (1990), S. 18.

[151] Gans (2016), S. 47.

der Innovationsaktivitäten entgegensteht. Zudem bedürfen innovative Geschäftsmodelle im Laufe der Entwicklung unterschiedlicher organisatorischer Ansätze, was permanent zu überprüfen ist.[152]

Der Erfinder des Lean-Startup-Methode, Eric Ries, argumentiert für die Einrichtung einer eigenen unternehmensinternen Querschnittsfunktion für Entrepreneurship, die jeweils in den einzelnen Sparten eines Unternehmens die entsprechenden Aufgaben übernimmt.[153] Zu einem ähnlichen Ergebnis kommt eine empirische Studie bei der Geschäftsentwicklung von etablierten Unternehmen. „The first more formal step to establishing dedicated I40 [Industrie 4.0] BMI [Business Model Innovation] activities would be to separate BMI from product planning and foster an entrepreneurial spirit in close collaboration with top management and functional leaders.“[154] Weitere Funktionen einer separaten Einheit beziehen sich oftmals auf Start-ups, sowohl bei der Frage der Investitionen in Start-ups als auch des Aufbaus eigener Start-ups aus dem Unternehmen heraus.

6.2 Portfolio-Management

6.2.1 Erweiterungen des Portfolio-Managements

Bestehende Produkte werden in Analogie zur Finanzwirtschaft anhand von verschiedenen Kriterien, wie z. B. Marktwachstum und Marktanteil, in Portfolios aufgeteilt.[155] Eine vornehmlich statische Betrachtung des Produktportfolios blendet die wichtige Einflussgröße der zeitlichen Differenzierung aus. Deshalb hat sich zusätzlich eine Betrachtung nach Phasen des Produktlebenszyklus durchgesetzt, die wiederum anhand der Lebenszyklusphase eines Produktes und seiner Wettbewerbssituation bestimmte Handlungsvorschläge darstellt.[156] Ein typisches Produkt durchläuft die vier Phasen Einführung, Wachstum, Reife und Degeneration, wobei verschiedene Kenngrößen wie Umsatz, Deckungsbeitrag und Kapitalbedarf zunächst ansteigen, bevor sie nach dem Höhepunkt am Ende der Wachstums- bzw. in der Degenerationsphase wieder zurückgehen.[157]

[152] Vgl. Ebers (2017), S. 105.
[153] Vgl. Ries (2017), S. 125–127.
[154] Burmeister, Lüttgens, Piller (2016), S. 146.
[155] Vgl. Hungenberg (2014), S. 430–444.
[156] Vgl. Brockhoff (1999), S. 79–80.
[157] Vgl. Macharzina, Wolf (2018), S. 361--362.

Wichtige Kenngrößen für die Steuerung des Portfolios und der Produktlebenszyklen sind z. B. die strategische Passung (Strategic Fit), die Wertmaximierung (Value Maximization) und die Ausgeglichenheit des Portfolios (Portfolio Balance), die jedoch eine genaue Interpretation und Anwendung im Unternehmen erfordert. In der Praxis sind diese Größen nicht genau definiert. Außerdem fokussieren Produkt-Manager ihre Kapazitäten eher auf Neueinführungen und vernachlässigen tendenziell Produkte in den späteren Phasen. „Company executives can have a surprisingly modest understanding of their company's products or services. [...] Also, the product portfolio level analysis is modest, and focus has been on introducing new, rather than on products in the active, or later phases."[158] Darüber hinaus kommen in disruptiven Märkten auch bewusst defensive Strategien zur Anwendung, etwa das Abernten (Harvest) des auslaufenden Geschäfts oder der bewusste Rückzug (Retreat).[159]

Aufbauend auf der Theorie des Innovator's Dilemma (siehe Abschn. 3.2) postuliert Christensen wegen der aus Kundensicht zunehmend überflüssigen Produkteigenschaften einen ebenfalls vierstufigen Produktlebenszyklus, bei dem sich die Wettbewerbsbedingungen ändern.[160] In der ersten Phase unterscheidet sich ein Produkt aufgrund seiner Einzigartigkeit durch eine besondere Funktionalität (Functionality). Nach dem Eintreten erster Wettbewerber verschiebt sich die Differenzierung in Richtung Zuverlässigkeit (Reliability). Sind die verschiedenen Anbieter durch den technischen Fortschritt auf einem ähnlichen Niveau, wird das Argument des Komforts (Convenience) herangezogen, während in der vierten Phase des vergleichbaren Komforts aller Anbieter nur noch eine Differenzierung über den Preis (Price) übrig bleibt. Diese Logik ist laut Christensen nicht nur aus Sicht des Unternehmens, sondern insbesondere aus Kundensicht von besonders hoher Relevanz und beschreibt spezifische Herausforderungen bei der Markteinführung, um den Erwartungen der verschiedenen Kundengruppen im Sinne der Anwenderkategorisierung zu entsprechen. Außerdem verändert eine disruptive Technologie die Wettbewerbsbedingungen. „This evolving pattern in the basis of competition – from functionality, to reliability and convenience, and finally to price – has been seen in many of the markets so far discussed. In fact, a key characteristic of a disruptive technology is that it heralds [einläuten] a change in the basis of competition."[161]

[158] Lahtinen, Mustonen, Harkonen (2019), S. 9.

[159] Vgl. Loucks et al. (2016), S. 71–76.

[160] Vgl. Christensen (2016), S. 187–189.

[161] Christensen (2016), S. 190.

Der US-amerikanische Unternehmensberater Geoffrey A. Moore nimmt im Sinne des Portfolio-Managements eine Investorensicht auf das Unternehmen ein.[162] Ziel ist die Freisetzung von Kräften, um sich im Budgetprozess von der Innensicht, der Fokussierung auf die Vergangenheit und das periodische Wachstum (Cyclical Growth) zu lösen und einen notwendigen, lang anhaltenden Kurswechsel im Sinne eines einzigartigen Wachstums (Secular Growth) herbeizuführen. „Secular growth, in this context, means a ‚not to be repeated' expansion of the market that occurs whenever a new category or new class of customers is brought on board. It stands in contrast to cyclical growth, which refers to the ongoing returns of an established market […].“[163] Er setzt fünf Mächte entsprechend ihrer Bedeutung in eine hierarchische Ordnung:[164]

1. Produktsegmentmacht (Category Power)
2. Unternehmensmacht (Company Power)
3. Marktmacht (Market Power)
4. Angebotsmacht (Offer Power)
5. Durchführungsmacht (Execution Power)

Die Analyse der zuerst genannten Produktsegmentmacht in einer bestimmten Produktkategorie, wie z. B. Mobiltelefone oder Festplattenspeicher, hat für Moore innerhalb der fünf Mächte die größte Wirkung auf die Fluchtgeschwindigkeit (Velocity), um die Anziehungskraft zu überwinden und somit die eingeschlagene Flugbahn zu verlassen. „Category Power is the most powerful tool in the toolbox for creating escape velocity. Used to advantage, it continually repositions your company for attractive growth opportunities and steers it clear of sinkholes.“[165]

Ohne den Begriff der Ambidextrie explizit zu nennen, baut er auf einer beidhändigen Unternehmensführung auf, indem er bestehende und neue Geschäfte gleichzeitig entwickeln möchte. „This path accommodates both the sustaining demands of cyclical market positions and the disruptive one of new secular [einzigartigen] change.“[166] Die bestehenden Branchen werden im ersten Schritt der Produktsegmentmacht in ein Portfolio eingeordnet und anhand wichtiger Kriterien wie Wachstum, Erträge und zukünftige Wachstumsziele analysiert. Dabei bemängelt er, dass sich Führungskräfte bei der Verteilung der Ressourcen weitgehend

[162] Vgl. zum Folgenden Moore (2011), S. 3–26.
[163] Moore (2011), S. XVI.
[164] Vgl. Moore (2011), S. 4–5.
[165] Moore (2011), S. 57.
[166] Moore (2011), S. XVIII.

an der Vergangenheit orientieren und notwendigen neuen Projekten so nicht die erforderliche Ausstattung geben, obwohl dies erforderlich wäre.

Zunächst stellt Moore für die Umsetzung den Produktsegment-Reifelebenszyklus (Category Maturity Life Cycle) vor, bei dem er den Umsatzverlauf des Produktlebenszyklus anhand der nacheinander durchlaufenden idealtypischen Reifephasen eines Segments oder eines Produktes darstellt.[167] Segmente müssen sich zunächst in der Entwicklungsphase (Emerging Categories) behaupten, wobei diese für etablierte Unternehmen durch vage Marktdaten eher risikoreich, dagegen für Start-ups gerade die Chance sind, diese etablierten Unternehmen anzugreifen. Danach schließt sich die Wachstumsphase (Growth Categories) an, die dann in der Lebensmitte in die Reifephase (Mature Categories) mündet. Nach dieser Hochebene sinken die Umsätze in der Schrumpfungsphase (Declining Categories), bevor in der Lebensendphase (End of Life) die Umsätze gegen null sinken. Er kombiniert in den ersten beiden Phasen seine Produktdiffusionstheorie für innovative Produkte, die unter dem Buchtitel „Crossing the Chasm" berühmt geworden ist und bei den Herausforderungen der Markteinführung im Rahmen des Ideenmanagements in Abschn. 6.4.3 betrachtet wird.

Darauf aufbauend schlägt Moore vor, die Segmente in eine Wachstums-/ Wesentlichkeitsmatrix (Growth/Materiality Matrix) einzuordnen (siehe Abb. 6.5). Als mögliche Grenzwerte nennt er beim Wachstum 15 Prozent, nicht z. B. einen Durchschnitt der eigenen Wachstumsraten, und bei der Wichtigkeit für das Geschäft einen Anteil von fünf bis zehn Prozent am Gesamtumsatz oder -ertrag.

Im Beispiel in Abb. 6.5 sieht man, dass die exemplarisch dargestellte Firma aktuell signifikantes Geschäft hat, was an den umsatzbezogenen großen Kreisen im oberen rechten Quadranten C sichtbar wird. Die Segmente in den nicht-wesentlichen Wachstumsmärkten A und D liefern sehr kleine Beiträge zum Gesamtergebnis und haben relativ kleine Umsätze. Es fehlen zudem vollständig finanziell relevante Segmente in den wachstumsstarken Märkten B.

Moore schlägt zur weiteren Visualisierung der Entwicklungs- bzw. Investitionsprojekte (wie in Abb. 6.5 integriert) eine Einteilung der Matrix in die 3-Horizonte-Methode (siehe dazu Abschn. 4.1.3) vor. Diese Einteilung erweitert er um den Horizont 0, dem Beenden von Investitionen in Produkte oder Dienstleistungen. Er weist explizit auf den für einen lang anhaltenden Wachstumsschub (Secular Growth) kritischen Übergang von Horizont 2 in Horizont 1 hin, beschrieben als Überhang vom Quadranten 1 und 2, den er auch als ursächlich für das Innovator's Dilemma von Christensen beschreibt. „It is instead due to a complete

---

[167] Vgl. Moore (2011), S. 28–35. Zum Produktlebenszyklus vgl. Wöhe, Döring, Brösel (2020), S. 388–389. Erstmals wurde die Theorie des Produktlebenszyklus 1966 von Raymond Vernon vorgestellt. Vgl. Vernon (1966), S. 190–207.

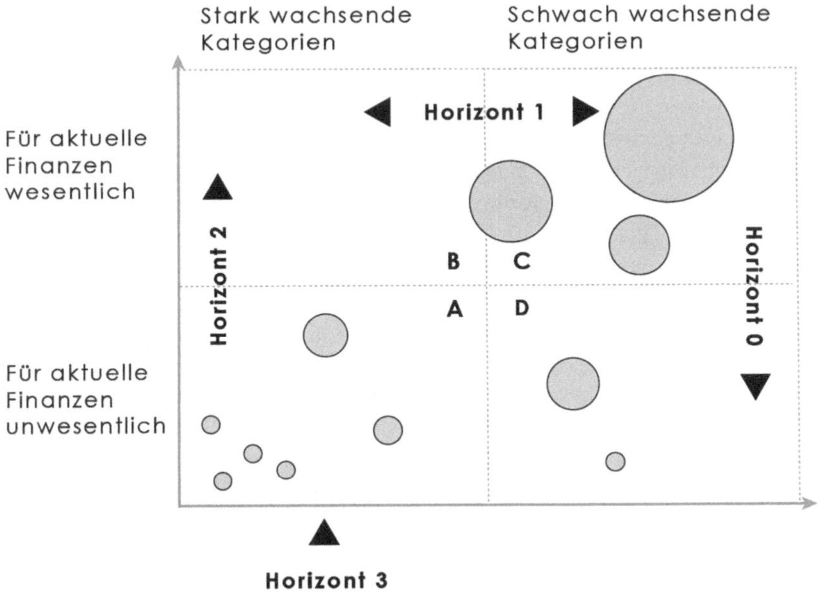

Abb. 6.5 Portfoliomuster der Wachstums-/Wesentlichkeitsmatrix mit kombinierter 3-Horizonte-Methode (vgl. Moore (2011), S. 37, 41, eigene Darstellung)

disconnect between, on the one hand, a field-facing management team driven by a Horizon 1 charter and compensation plan, and on the other, a covey [Trupp] of needy product and market managers with a Horizon 2 set of market development requirements. When these two forces collide, it is no contest: Horizon 1 prevails, hands down. Hence the prevalence [Übergewicht] of what we have come to call the Horizon 2 gap, a primary symptom of enterprises experiencing Christensen's innovator's dilemma."[168]

Zur Lösung dieses Problems schlägt Moore fünf Managementtechniken vor:[169]

1. **Ziele und Kennzahlen** (Goals and Metrics). Spezifische Ziele und Kennzahlen für die Segmente in den drei Horizonten
2. **Planung und Budgetierung** (Planning and Budgeting). Aufteilung der Ressourcen auf die drei Horizonte

[168] Moore (2011), S. 44.

[169] Vgl. Moore (2011), S. 45–57.

3. **Organisation und Führung** (Organization and Governance). Schaffung einer temporären, virtuellen Geschäftseinheit mit eigenem Geschäftsleiter
4. **Personal und Vergütung** (Talent and Compensation). Rekrutierung von unternehmerischen Führungskräften
5. **Unternehmensbeteiligungen** (Mergers and Acquisitions). Gezielte Beteiligungen an sich ergänzenden Unternehmen aus Horizont 2 für den Übergang der Gesamteinheit in wachstumsstarke Felder

6.2.2 Erweiterte Kundenreise

Die Kundenreise (Customer Journey) bezeichnet den Gesamtprozess, den der Kunde im Zusammenhang mit einem Unternehmen als Anbieter von Produkten und Dienstleistungen erlebt.[170] Dabei sind besonders die Kundenkontaktpunkte (Customer Touchpoints) zu beachten.[171] Die Analyse einer Kundenreise ist besonders geeignet, um nicht befriedigte Bedürfnisse oder Schmerzpunkte (Pain Points) herauszufinden, die z. B. in einem Design-Thinking- und/oder Lean-Startup-Prozess ergründet werden können.[172] Daraus ergeben sich wichtige Ergänzungen des bestehenden Portfolios und des durchgängigen Kundendialogs, um weitere Umsatzpotenziale zu erschließen.[173]

Die einzelnen Kundenkontaktpunkte können im konkreten Anwendungsfall in einer Landkarte (Customer Journey Roadmap) festgehalten und systematisiert werden.[174] Allerdings geht es nicht nur um die Analyse der möglichen Navigationskurse des Kunden, sondern vorrangig um die Qualität der einzelnen Interaktion.[175] Im Zusammenhang mit Digitalisierung verändern sich das Kundenverhalten und die Möglichkeiten der Unternehmen, mit den Kunden in Kontakt zu treten. „Digitalization allows companies to move closer to their customers. [...] In contrast to a physical forward integration [...] a digital forward integration is about establishing a digital connection with your customers or even the customers of your customers etc.“[176] Die heute erfolgreichen Konzerne wie Facebook, Google und Amazon

[170] Vgl. zum Begriff der Customer Journey Følstad, Kvale (2019), S. 1–28.
[171] Vgl. Kreutzer, Neugebauer, Pattloch (2017), S. 154–172.
[172] Vgl. Lima (2020), S. 116–118.
[173] Vgl. Kim, Mauborgne (2021), S. 1–4.
[174] Vgl. Rosenbaum, Otalora, Ramirez (2017), S. 143-150.
[175] Vgl. Schrader (2017), S. 91–93.
[176] Linz, Müller-Stewens, Zimmermann (2021), S. 34.

nutzen Daten und Algorithmen, um aufgrund der Erkenntnisse das Kundenerlebnis zu verbessern.[177]

Gerade das umfassende Produkterlebnis der Kundenreise bietet Potenzial für neue Produkte im Sinne marktschaffender Leistungsversprechen (Market-creating Value Propositions), die z. B. auch die Bedürfnisse der aktuellen Nicht-Konsumenten betrachten.[178] Die Betonung des Produkterlebnisses ermöglicht die erste Erweiterung. Durch die digitale Ausgestaltung der Kundenreise treten automatisch Dienstleistungen in den Vordergrund, bei denen definitionsgemäß der Kunde in die Leistungserbringung eingebunden ist. Da der Kunde die Konsequenzen nicht immer sofort durchschauen kann, ist Vertrauen wichtig.[179] Das kann so weit gehen, dass sich z. B. durch Abo-Modelle das eigentliche Produkt selbst aus Kundensicht in eine Dienstleistung wandelt. „[…] Nicht das Werk, sondern die Organisation der Gewerke schafft Wert. Durch die Digitalisierung wird die Nutzbarkeit eines Produktes wichtiger als sein Besitz: Die Mobilität wird wichtiger als der Motor, das Produkt wird zum Service.“[180]

Eine zweite Erweiterung ergibt sich durch zusätzliche Kontaktpunkte. Im Rahmen der Agilitätsdiskussion hat sich auch ein agiles Marketing herausgebildet, das auf Grundlage des Agilen Manifests seine wichtigsten Regeln in einem Agilen Marketing Manifesto adaptiert hat.[181] Während im herkömmlichen Sinne die Gestaltung der unternehmenseigenen Kundenkontaktpunkte weiterhin wichtig bleibt, müssen neue Kontaktpunkte außerhalb des Unternehmens und deren Wechselwirkungen beachtet werden.[182] Bei der notwendigen bewussten Gestaltung des Kundenerlebnisses ist der Moment der Wahrheit (Moment of Truth) wichtig, da der Kunde an diesem wichtigen Zeitpunkt entscheidet, ob seine Erwartungen von dem Leistungsversprechen des Unternehmens erfüllt werden. In diesem Zusammenhang wird zwischen dem Ersten Moment der Wahrheit (First Moment of Truth), dem Zeitpunkt der Begegnung des Kunden mit dem Produkt, und dem Zweiten Moment der Wahrheit (Second Moment of Truth), dem Zeitpunkt der erstmaligen Nutzung, unterschieden.

Neu ist der Nullte Moment der Wahrheit (Zero Moment of Truth). Dieser Moment ist der erstmaligen Konfrontation mit dem Produkt vorgelagert und entspricht dem Zeitpunkt, an dem der Kunde online Informationen über das Produkt sucht.

---

[177] Vgl. Denning (2018), S. 57–58.

[178] Vgl. Denning (2018), S. 125–127.

[179] Vgl. Pförtsch, Sponholz (2019), S. 139–141.

[180] Schrader (2017), S. 94.

[181] Vgl. Bernecker (2019), S. 120–127.

[182] Vgl. Kreutzer, Neugebauer, Pattloch (2017), S. 162–172.

Dabei sind vor allem Informationen von Dritten, also nicht dem eigentlichen Hersteller, entscheidend, die z. B. in den Sozialen Medien veröffentlicht werden.[183] Nach dem eigentlichen Kaufprozess ergibt sich ein Dritter Moment der Wahrheit (Third Moment of Truth), wenn Anwender von ihren Erfahrungen mit dem Produkt berichten, wobei hier ebenso Soziale Medien oder Bewertungsportale ins Spiel kommen.

Das ganzheitliche Management der Kundenerwartungen entlang der erweiterten Kundenreise kann aufgrund des oftmals erlebnisgeprägten Charakters in einem institutionell verankerten Kundenerfahrungs-Management (Customer Experience Management) etabliert werden.[184] Das Instrument der Kundenreise rückt zudem den Kunden in den Mittelpunkt und schafft so alternativ zur organisatorischen Verankerung die Möglichkeit, abteilungsübergreifend an Themen wie der Digitalen Transformation zu arbeiten.[185] Zusätzliche Möglichkeiten ergeben sich durch den Einsatz von Sensoren, um die Kundeneindrücke zu erfassen.[186]

6.2.3 Eingeplante Kapazität für Innovation

Innovationen sind die Erträge von morgen, aber mit den Ausgaben und Ressourcen von heute. Ein zukunftsweisendes Portfolio sollte deshalb neben den eher inkrementellen Entwicklungsprojekten auch explorative Maßnahmen enthalten. Von besonderer Bedeutung ist die an der Strategie des Unternehmens orientierte Ausgewogenheit.[187] Aus diesem Grund müssen Spielräume und Kapazitäten geschaffen werden, gerade wenn das bestehende Geschäft in Analogie zum Produktlebenszyklus Umsätze verliert, was durch neue Geschäftsfelder für die anvisierte Wachstumsentwicklung ausgeglichen werden soll (siehe Abb. 6.6). Die vertikale Entfernung der beiden Kurven im Zeitverlauf vermittelt einen Eindruck vom Umsatz bzw. der notwendigen Anstrengung der Innovationsbemühungen, der in der Regel viel zu niedrig angenommen wird. Unternehmen schätzen ihr bestehendes Geschäft oft fälschlicherweise als stabil ein (gestrichelte Linie). Aus diesem Grund wird das benötigte Wachstumspotenzial durch Innovation oft zu gering angesetzt, da die Unternehmen übersehen, dass ihre Innovationsaktivitäten zusätzlich zur an-

[183] Vgl. Hölscher (2017), S. 73–74.

[184] Vgl. Lotz, Raabe, Roggenhofer (2018), S. 2–7. Im Sinne der agilen Netzwerkorganisation (vgl. Abschn. 6.1.4) wäre diese Institution zentral als Kernfunktion anzusiedeln.

[185] Vgl. Berghaus, Back (2017), S. 13.

[186] Vgl. Miclau, Gast, Müller (2018), 383–402.

[187] Brazil (2020), S. 87–88.

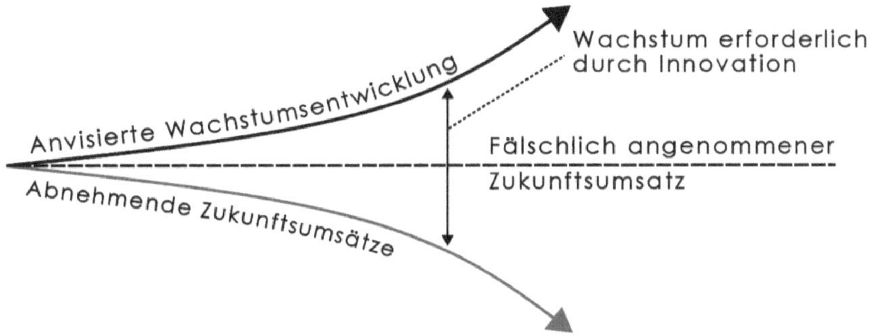

Abb. 6.6 Zusammenhang Umsatzentwicklung bestehendes Portfolio und Innovationen (vgl. Morris (2017), S. 105, eigene Darstellung)

visierten Umsatzentwicklung auch die in der Realität abnehmenden Zukunftsumsätze kompensieren müssen.[188]

Die für explorative Projekte notwendigen Handlungsspielräume und Ressourcen entstehen aus der ganzheitlichen Portfoliobetrachtung, da bei gleichbleibender Kapazität zunächst Produkte oder ganze Geschäftsfelder eingestellt oder verkauft werden müssen, um Kapazitäten für entsprechende Aktivitäten der Geschäftsentwicklung zu schaffen. Nicht genutzte Möglichkeiten müssen daher als Opportunitätskosten, also als entgangene Gewinne der nicht genutzten Gelegenheit, definiert werden. „Pruning [stutzen] the portfolio of businesses through divestment creates capacity for growth. Although a business unit may still be earning adequate profits, there must be weighed against the opportunity costs of management distraction and competition for resources.“[189]

Das Konzept der Überkapazitäten (Slack Resources) bei Personal, Margen und Kapital ist in Bezug auf Effizienz problematisch, für zusätzliche Innovationsarbeit außerhalb des Kerngeschäfts jedoch notwendig.[190] Ursprünglich stammt der Begriff aus der Organisationsforschung, wo Überkapazitäten durch Zielkonflikte in Unternehmen entstehen, aber aufgrund des niedrigeren Drucks ein wichtiges Merkmal des Zusammenhalts sind.[191] Bezogen auf die Innovationstätigkeit von Unternehmen sind demnach das richtige Maß an Überkapazität und der Einfluss auf den Innovationserfolg wichtige Fragestellungen, wobei der Zusammenhang

[188] Vgl. Morris (2017), S. 102–105.

[189] Baghai, Coley, White (1999), S. 38.

[190] Vgl. Troilo, De Luca, Atuahene-Gima (2014), S. 274–275.

[191] Vgl. Cyert, March (1963), S. 36–38.

von Überkapazität und Innovationserfolg in einer empirischen Studie bestätigt wird.[192] „Our results provide strong support for the hypothesized inverse U-shaped relationship between slack and innovation. Our arguments and results help resolve the debate between those who say that slack encourages innovation and those who suggest that slack may in fact inhibit innovation.“[193]

Kapazitäten sind demnach kritisch für Innovation und müssen unabhängig von den Fähigkeiten der Kernorganisation festgelegt werden. „No matter what parent-company assets might be available, new businesses can't start without two basic ingredients: funding and people. Executives must decide how much capital they can set aside for business building.“[194] Besser ist, wenn Kapazität explizit z. B. als Strategische Töpfe (Strategic Buckets) im Rahmen der übergreifenden Innovationsstrategie und des Aufteilens der verfügbaren Ressourcen in das Portfolio eingebaut werden.[195] Der dafür bestimmende strategische Rahmen hängt von der Umweltkomplexität ab und sollte als individueller, dynamischer Prozess gestaltet werden.[196] Bei höherem Komplexitätsgrad sind Strategische Töpfe besonders sinnvoll, während beim Agieren mit niedrigem Komplexitätsgrad Ressourcen eher vollständig für inkrementelle Innovation bereitgestellt werden sollten.[197] Normalerweise werden die zu bearbeitenden Projekte zunächst in passende Kategorien, verstanden als Töpfe, aufgeteilt und priorisiert. Diese Vorgehensweise birgt die schon aus der Anwendung des Innovationstrichters bekannte Gefahr, dass Projekte mit hohem Innovationspotenzial, aber hohen Risiken und unbestimmten Ergebnissen ganz unten in der Priorisierungsliste landen und nicht weiterverfolgt werden. Deshalb sollten im Vorhinein gemäß der Innovationsstrategie die Größen der einzelnen Töpfe und insbesondere des Strategischen Topfes bestimmt und innerhalb der Töpfe nach passenden Kategorien priorisiert werden. Die Aufteilung hängt von den Bedingungen des spezifischen Unternehmens wie z. B. der technologischen Veränderung, der Wettbewerbsintensität und dem Wachstum der Kernmärkte ab.[198] Das Konzept der Strategischen Töpfe reserviert einen passenden Anteil der Ressourcen für Projekte mit hohem Innovationsgrad. „This is an excellent method for ensuring that your new-product spending or deployment mirrors your business's strategic priorities. And it's a way to set aside resource for more strategic and

[192] Vgl. Nohria, Gulati (1996), S. 1257–1261.

[193] Nohria, Gulati (1996), S. 1259.

[194] Banholzer et al. (2019), S. 6.

[195] Vgl. Cooper (2017), S. 270–281.

[196] Vgl. Santiago, Soares (2019), S. 26–33.

[197] Vgl. Chao, Kavadias (2006), S. 26–29.

[198] Vgl. Pisano (2015), S. 9.

bolder [mutigere] innovations […].“[199] Durch die geplante Aufteilung der Kapazitäten wird auch dem Problem Rechnung getragen, dass im Rahmen der jährlichen Budgetplanung alle Gelder verteilt werden, was das spätere Verfolgen neuer innovativer Projekte unmöglich macht.[200]

6.3 Geschäftsentwicklung

6.3.1 Änderung des Geschäftsmodells

Viele Unternehmen verbinden Innovationen mit Technologien bei Beibehaltung des existierenden Geschäftsmodells. Die besondere Schwierigkeit liegt jedoch in der Kommerzialisierung von Technologien und in Änderungen bestehender Geschäftsmodelle bis hin zur völligen Neugestaltung von Geschäftsmodellen einschließlich vorrangig servicebasierter Varianten.[201] „It is a widespread misunderstanding that technology development is the source of value creation. […] Technology per se has no economic value; the economic value of technology is realized when companies develop and commercialize it through a particular business model.“[202] Gerade die Anpassung bestehender Geschäftsmodelle an die digitale Revolution stellt die meisten Unternehmen vor große Herausforderungen.[203] Zur generellen Aufnahme der Ist-Situation und Beschreibung der Soll-Situation von disruptiven Technologien und Geschäftsmodellen können zu beantwortende, checklistenartige Fragenkataloge verwendet werden.[204] In einem aufbauenden Schritt können dann die strategischen Entwicklungsrichtungen analysiert werden.[205]

Einen guten Anknüpfungspunkt sowohl für die bereits dargestellte Ergänzung des Portfolios als auch für die Ausweitung des Produktangebots bieten Schmerzpunkte (Pain Points), die z. B. anhand der Methode Design Thinking und der Analyse der Customer Journey identifiziert werden können. Im Sinne der Methode Jobs-to-be-done sind bestimmte Aufgaben, die niemand gerne erledigt, Schmerzpunkte. „I think I have as many jobs of not wanting to do something as

[199] Cooper (2017), S. 280.

[200] Vgl. Chesbrough (2020), S. 79.

[201] Vgl. Chesbrough (2020), S. 39–40.

[202] Vanhaverbeke (2017), S. 10–11.

[203] Vgl. Hölscher (2017), S. 47.

[204] Vgl. Janke, Burkhardt (2018), S. 97–122. Zum Innovationsaudit vgl. Braun (2001), S. 366–380.

[205] Vgl. Linz, Müller-Stewens, Zimmermann (2021), S. 333–342.

ones that I want positively to do. I call them ‚negative jobs‘. In my experience, negative jobs are often the best innovation opportunities.“[206] Die Identifikation von Schmerzpunkten ist demnach mehr dafür geeignet, die Leistungen in den Kernmarkten zu stärken und vor allem auszuweiten, statt völlig neue Märkte zu adressieren.[207]

Wachstum von Unternehmen zu generieren, ist eines der wichtigsten Ziele des Managements. Grundsätzlich kann Wachstum aus internen und externen Quellen kommen und lässt sich jeweils durch horizontale, vertikale oder diagonale Ausprägungen darstellen (siehe Abb. 6.7). Klassischerweise werden bei horizontalen Wachstumsstrategien Potenziale durch benachbarte Märkte oder ein erweitertes Produktprogramm in Angriff genommen. Eine vertikale Richtung bezieht sich auf vor- oder nachgelagerte Stufen der Wertschöpfung. Diagonale Wachstumsrichtungen betreffen neue Märkte durch neue Produkte. Allen gemeinsam ist eine analytisch geprägte Ausweitung mit dem klaren Bezugspunkt des Kerngeschäfts im Sinne der zielgerichteten Geschäftsentwicklung.

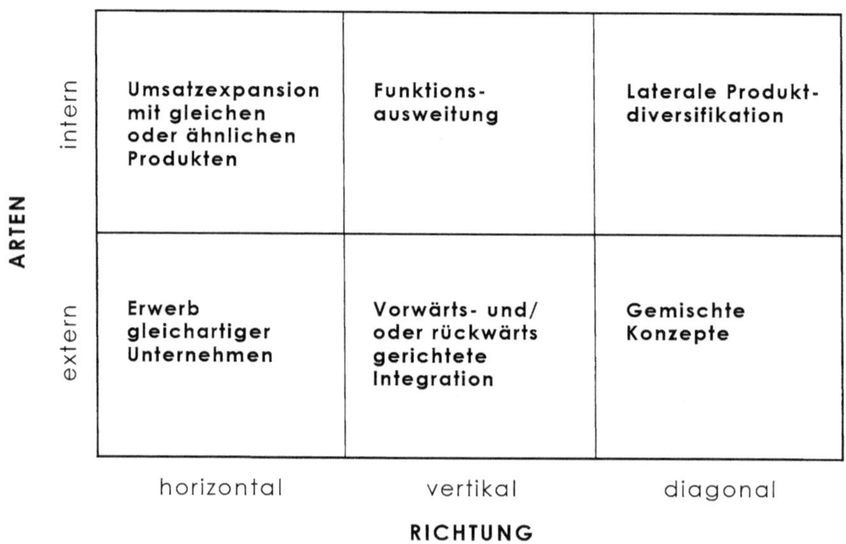

Abb. 6.7 Möglichkeiten von Wachstumsstrategien (vgl. Macharzina, Wolf (2018), S. 267, eigene Darstellung)

[206] Christensen et al. (2016), S. 81.

[207] Vgl. Ulwick (2018), S. 55.

Während die Verantwortung für das Portfolio-Management in der Regel institutionell organisatorisch verankert ist, existiert für die Geschäftsentwicklung oftmals gerade bei kleinen und mittleren Unternehmen kein eigener Funktionsbereich. Aus diesem Grund muss für die Aufnahme einer Erweiterung des Portfolios eine Initiative den notwendigen Startimpuls geben. Diese Initiative ist immer an ein Subjekt, eine natürliche Person, gebunden. Diese Personen können Beschäftigte des Unternehmens sein, eventuell ebenfalls institutionell z. B. in einem Bereich Geschäftsentwicklung organisiert, oder auch externe Personen, z. B. Kunden oder Lieferanten.[208] Dem Top-Management kommt hierbei jedoch eine besondere Verantwortung als Impulsgeber und Ermöglicher zu.[209]

Ausgehend von den Wachstumsstrategien muss sich der Fokus weg von reinen Produkten über den erweiterten Produktbegriff hin zur Betrachtung von ganzheitlichen Geschäftsmodellen verändern. „Today […] disruptive changes, driven by megatrends such as digitalization and servitization lead to new horizontal forms of collaboration and organization, new competitors and blurring [verschwommene] industry boundaries. This is putting more and more established business models under pressure."[210] Ein kundenspezifisches Geschäftsmodell kann in vier Elemente unterteilt werden, die wechselseitig abhängig, also interdependent, sind: das Leistungsversprechen (Value Proposition), die Ressourcen (Resources), die Geschäftsprozesse (Processes) sowie die Gewinnmechanik (Profit Formula).[211] Eine andere Darstellung stellt den Zielkunden ins Zentrum und bildet mit den Dimensionen Nutzenversprechen, Wertschöpfungskette und Ertragsmechanik ein „magisches Dreieck".[212]

Die Transformation ganzer Geschäftsmodelle unterscheidet sich von der digitalen Transformation, die in einzelnen Fällen auch mit bestehenden Geschäftsmodellen gelingen kann. „It is all about the systematic strategic change process from switching from one business model type to another in order to gain or regain a competitive advantage."[213] Dabei kann die Transformation das bestehende Geschäftsmodell ersetzen oder es anpassen oder ergänzen. In diesem Zusammenhang ist die Analyse des digitalen Wettbewerbsvorteils wichtig.[214] Des Weiteren können Geschäftsmodelle hierarchisch aufgebaut werden, was Bezüge der einzel-

---

[208] Vgl. Hauschildt et al. (2016), S. 283–285.

[209] Vgl. Linz, Müller-Stewens, Zimmermann (2021), S. 323–326.

[210] Linz, Müller-Stewens, Zimmermann (2021), S. 1.

[211] Vgl. Johnson, Christensen, Kagermann (2008), S. 1–11.

[212] Vgl. Gassmann, Frankenberger, Choudury (2021), S. 8–9.

[213] Linz, Müller-Stewens, Zimmermann (2021), S. 25.

[214] Vgl. Weill, Woerner (2018), S. 65–71.

nen Bestandteile zueinander erlaubt und so die Komplexität reduziert. Diese Strukturen erleichtern die Auswahl und Umsetzung ergänzender oder völlig neuer Geschäftsmodelle für die Unternehmenspraxis.[215]

Im Schaubild der Möglichkeiten von Businessmodellen (siehe Abb. 6.8) werden anhand der beiden Dimensionen Einbezogenheit der Transaktion (Inclusiveness of Transactions) und Anpassungen der Angebote (Customization of Offerings) vier verschiedene Geschäftsmodelle formuliert. Die erste Dimension der Einbezogenheit der Transaktion bezeichnet das Ausmaß, in dem Geschäftsmodelle alleinstehend oder umfassend und integrativ sind. Bei der integrativen, hohen Einbezogenheit der Transaktion sind vor allem Plattform-Geschäftsmodelle subsumiert wie Facebook, Netflix, Amazon, aber auch WeChat als besonders passendes Beispiel, da Kunden in besonderem Maße gebunden sind. „WeChat's business model represents the upper end of the inclusiveness dimension: these are highly comprehensive and integrated transactions that are continuously consumed in a long-term customer relationship constantly staying within the WeChat ecosystem and comprising numerous complementors."[216] Am anderen Ende der Einbezogen-

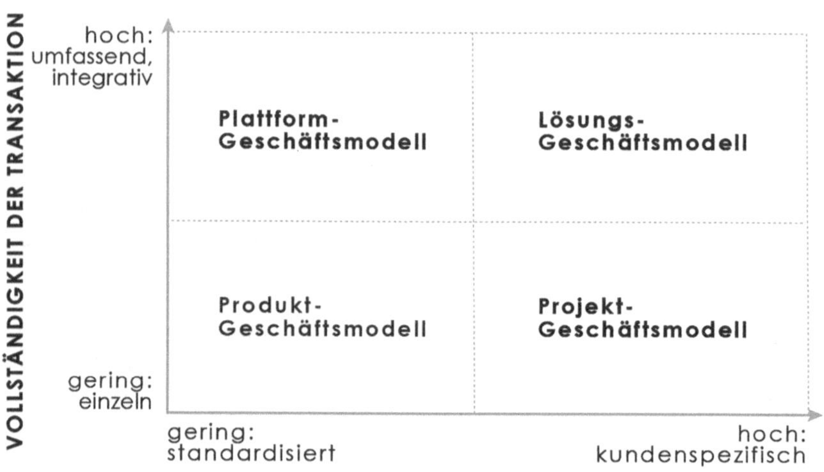

Abb. 6.8 Möglichkeiten von Geschäftsmodellen (vgl. Linz, Müller-Stewens, Zimmermann (2021), S. 48, eigene Darstellung)

[215] Vgl. Weking et al. (2020), S. 447–468.

[216] Linz, Müller-Stewens, Zimmermann (2021), S. 47.

heit der Transaktion stehen Produkte, die einmalig verkauft werden und unabhängig voneinander sind, z. B. die Haushaltsgeräte von Dyson.

Die zweite Dimension der Anpassungen der Angebote unterscheidet Produkte, die entweder standardisiert oder an einen einzelnen Kunden angepasst werden. Als Zwischenposition sind Produkte nach dem Prinzip der Mass Customization erwähnenswert, weil sie durch standardisierte Module dem Kunden ein individuelles Erlebnis ermöglichen.[217]

Anhand der Ausprägungen der beiden Dimensionen lassen sich schließlich vier Geschäftsmodelle charakterisieren.[218] Im Produkt-Geschäftsmodell (Product Business Model) werden standardisierte Produkte mit begleitenden Dienstleistungen an viele, oftmals anonyme Kunden verkauft. Die Transaktion endet nach dem Verkauf. Das Unternehmen tut alles, damit der Kunde beim nächsten Kaufanlass die Produkte erneut kauft. Das Plattform-Geschäftsmodell (Platform Business Model) setzt wiederum bei standardisierten Produkten für viele Kunden an, kombiniert aber Produkte verschiedener, sich ergänzender Hersteller. Das Projekt-Geschäftsmodell (Project Business Model) basiert auf hoch individualisierten Produkten, bei deren Entstehung der Kunde typischerweise einbezogen wird und die er in der Regel nur einmal kauft. Demgegenüber wird bei einem Lösungs-Geschäftsmodell (Solution Business Model) dem Kunden zwar wiederum ein spezifisches, auf den Kunden zugeschnittenes Produkt angeboten, das aber von umfassenden Zusatzleistungen begleitet wird. Daraus entstehen oftmals lange Partnerschaften mit einer gegenseitigen Abhängigkeit.

Mit den zwei Dimensionen und den vier dargestellten Geschäftsmodellen können verschiedene Entwicklungsrichtungen mit ihren speziellen Herausforderungen beschrieben werden. Dabei können sowohl horizontale als auch vertikale Entwicklungsrichtungen sowie bei besonderer Dringlichkeit diagonale Entwicklungsrichtungen sinnvoll sein. Diagonale Entwicklungsrichtungen, die sehr riskant sind, können entweder in einem Schritt oder in zwei Schritten als zunächst horizontal, dann vertikal oder umgekehrt auftreten. „[…] if the environment and competitive position of the firm is marked by fundamental, discontinuous changes, such a one-dimensional crossing may not be sufficient for it to survive and prosper in the longer run. […] Such moves are evidently more challenging […].“[219]

Die hohe Geschwindigkeit des Ausbaus ist gerade im Zusammenhang mit Plattform-Geschäftsmodellen entscheidend. „For successful blitzscaling, the

---

217 Vgl. Linz, Müller-Stewens, Zimmermann (2021), S. 47. Vgl. zu den Prinzipien von Mass Customization Salvador, Piller, Aggarwal (2020), S. 1–34.

218 Vgl. Linz, Müller-Stewens, Zimmermann (2021), S. 49–61.

219 Linz, Müller-Stewens, Zimmermann (2021), S. 109.

competitive advantage comes from the growth factors built in the business model, such as network effects, whereby the first company to achieve critical scale triggers a feedback loop that allows it to dominate a winner-take-all or winner-take-most-market and achieve a lasting first-scaler advantage.“[220]

Eine empirische Analyse von 500 internationalen Start-ups kommt zu dem Ergebnis, dass die Wahl des Geschäftsmodells einen wesentlichen Einfluss auf den Unternehmenserfolg hat. In diesem Zusammenhang sind die Geschäftsmodelle „Freemium“ und Abonnement (Subscription) die erfolgreichsten.[221] Besonders erfolgreiche Unternehmen kombinieren verschiedene Geschäftsmodelle.[222] Die Dynamik der Veränderung von Geschäftsmodellen wird in der unternehmerischen Praxis unterschiedlich gesehen. Eine Befragung deutscher kleiner und mittlerer Unternehmen (KMU) zeigt das Meinungsbild, dass nur 22 Prozent der Befragten die Notwendigkeit sehen, ihr Geschäftsmodell anzupassen oder neu zu entwickeln.[223] Diese Resistenz gegenüber Veränderungen passt zu dem Ergebnis derselben Studie, dass 92 Prozent der befragten Mittelständler ihr bestehendes Geschäftsmodell durch Digitalisierung nicht gefährdet sehen. Das steht in völligem Gegensatz zu einer internationalen Befragung von 1252 Führungskräften. Sie kommt zu dem Ergebnis, dass 76 Prozent der Befragten zustimmen, dass ihr aktuelles Geschäftsmodell in fünf Jahren nicht mehr erkennbar sein wird.[224] Eine empirische Studie mit 800 Führungskräften zeigt, dass 74 Prozent der Firmen, die ihr Geschäftsmodell strategisch überarbeitet haben, überdurchschnittliche Wachstumsraten aufweisen. Dabei fällt auf, dass die durch Skalierung erfolgreichen Unternehmen die Möglichkeit des schnellen Geschäftsaufbaus direkt und von Beginn an in ihr Geschäftsmodell einbauen.[225]

6.3.2 Ausweitung mit Bezugspunkt Neugeschäft

Wollen die Verantwortlichen eines Unternehmens den Umsatz durch ein Neugeschäft ausweiten, das von der aktuellen Tätigkeit weitgehend unabhängig ist,

---

[220] Hoffmann, Yeh (2018), S. 44.

[221] Vgl. Weiking et al. (2019), S. 6–7. Freemium ist zusammengesetztes Kunstwort und bezeichnet ein Geschäftsmodell, bei dem ein eingeschränkter Funktionsumfang kostenlos (free), der vollständige Funktionsumfang jedoch gegen Zahlung angeboten wird (Premium).

[222] Vgl. Giesswein (2020), S. 36–38.

[223] Vgl. Baharian, Wallisch (2018), S. 16.

[224] Vgl. Lymann, Ref, Wright (2018), S. 3.

[225] Vgl. Collins et al. (2020), S. 2–6.

müssen sie über ihre eigene Branche hinausblicken und bestehende Geschäftsmodelle hinterfragen, entflechten, erweitern und wieder neu zusammensetzen.[226] Innovationen und Geschäftsmodelle in völlig neuen Gebieten sind jedoch besonders risikoreich, weil das Wissen darüber naturgemäß gering ist. Gerade wenn Innovationsprojekte keinen Bezug zu den existierenden Geschäftseinheiten aufweisen, können diese wegen fehlender Unterstützung durch die Kernorganisation im „Tal des Todes" (Valley of Death) enden. Die Methoden der Unternehmen sind diesbezüglich nicht ausgereift, was ein schrittweises Vorgehen im Sinne des Lean-Startup-Ansatzes mit zunächst kleinen Investitionen empfehlenswert macht.[227]

Die Lean-Startup-Methode beruht, wie bereits dargestellt, wesentlich auf dem Aufbau von Hypothesen, die durch gezielte Experimente überprüft werden. Trotz der hohen Unsicherheit kann diese Methode eine wichtige Brücke zwischen der risikominimierenden Welt der Finanzexperten und der risikoreichen Umgebung der Innovationsexperten im Sinne einer gemeinsamen Sprache bilden. Von Eric Ries, dem Erfinder der Lean-Startup-Methode, selbst wird diese Vorgehensweise mit dem passenden Namen Innovationsbuchhaltung (Innovation Accounting) bezeichnet, allerdings dem Titel des Buches entsprechend auf Start-ups angewendet. „To improve entrepreneurial outcomes and hold innovators accountable, we need to focus on the boring stuff: how to measure progress, how we set up milestones, and how to prioritize work. This requires a new kind of accounting designed for startups – and the people who hold them accountable."[228] Später definiert er im Unternehmenskontext Innovationsbuchhaltung als eine Methode, um Fortschritt zu bewerten, wenn alle sonst geläufigen Kennzahlen noch null sind. „Innovation Accounting (IA) is a way of evaluating progress when all the metrics typically used in an established company (revenue, customers, ROI, market share) are effectively zero."[229] Für die praktische Umsetzung schlägt Ries drei unterschiedlich komplexe Stufen vor.[230] Zunächst können in einer einfachen Instrumententafel (Dashboard) die wichtigsten, im Team vereinbarten Kennzahlen festgehalten werden. Der zweite Schritt ist ein Geschäftsmodell (Business Case), in dem der durchdachte Geschäftsplan und die ihn stützenden Annahmen festgehalten sind. Wichtig sind die Annahmen über den Kundennutzen (Value Hypothesis) und den Wachstumspfad (Growth Hypothesis). Schließlich kann in der dritten Stufe der Nettobarwert

[226] Vgl. Gassmann, Frankenberger, Choudury (2020), S. 11–13; Sniukas, Lee, Moralsky (2016), S. 126–134.

[227] Vgl. Chesbrough (2020), S. 80–81.

[228] Ries (2011), S. 9.

[229] Ries (2017), S. 269.

[230] Vgl. Ries (2017), S. 264–299.

(Net Present Value) berechnet werden, wobei alle durchgeführten Experimente einschließlich der dafür notwendigen Annahmen den Nettobarwert als die zum aktuellen Zeitpunkt abgezinste Summe der zukünftigen Einnahmen und Ausgaben unmittelbar beeinflussen.

Gerade wenn Unternehmen in hoch innovativen oder sehr wettbewerbsintensiven Märkten aktiv sind und eine besonders große Anzahl an Ideen hervorbringen, ist die Überführung in Erfolg versprechende Geschäftsmodelle kritisch.[231] Ein kreisförmiger 360-Grad-Innovationsradar mit einem Möglichkeitsraum anhand der vier Dimensionen Angebot, Kunden, Prozesse und Verfügbarkeit zeigt einzelne neue Geschäftsfelder und deren Kombinationen auf.[232] Allerdings ist bei den daraus resultierenden Aktivitäten auf die Ressourcen zu achten. Die Mehrzahl der Unternehmen verfolgt im Vergleich zu den verfügbaren Ressourcen zu viele Projekte gleichzeitig.[233] Das führt zu Verzögerungen und zur Unzufriedenheit sowohl bei den Beteiligten als auch bei den Führungskräften.

Einen praktischen Ansatz zur Ausweitung des Geschäfts bietet das Konzept der Strategischen Experimente, welches mindestens ein Element der drei betrachteten Bestandteile Architektur der kompletten Wertschöpfungskette, Konzeption des angebotenen Kundennutzens und Identifizierung von neuen potenziellen Kunden verändern muss. Die Strategischen Experimente bieten einen Ansatz, um neue Geschäftsideen erfolgreich zu testen. „Strategic innovation involves exploring the unknown to create new knowledge and new possibilities. It proceeds with strategic experiments to test the viability of new business ideas."[234] Für die Umsetzung werden sechs Veränderungsansätze vorgeschlagen, die in eine Systematik des Teilens, Aufzeichnens und Überdenkens münden sollen:[235]

1. **Detaillierungsgrad**. Die kritischen Unbekannten sollten nicht wie bei etablierten Geschäften zu detailliert sein, sondern sich auf die drei kritischsten Größen Markt, Technologie und Kosten konzentrieren.
2. **Kommunikation der Erwartungen**. Der Schwerpunkt sollte nicht auf den Erwartungen selbst, sondern auf den zugrunde liegenden Annahmen liegen. Die Zusammenhänge können in Diagrammen als Wirkungskette dargestellt werden.

---

[231] Vgl. Baghai, Coley, White (1999), S. 25–26.

[232] Vgl. Sawhney, Wolcott, Arroniz (2006), S. 77–81.

[233] Vgl. Cooper (2017), S. 266.

[234] Govindarajan, Trimble (2011), S. 21.

[235] Vgl. Govindarajan, Trimble (2011), S. 22–26.

3. **Art der Voraussagen**. Anstatt Zahlen sollten die Trends vorausgesagt werden. Diese können wiederum in Diagrammen dargestellt und mit den Wirkungsketten kombiniert werden.
4. **Häufigkeit der Strategieüberprüfung**. Die Prüfzyklen sollten nicht jährlich, sondern zumindest monatlich oder bei Vorlage neuer Informationen sogar noch häufiger erfolgen.
5. **Zeithorizont.** Der betrachtete Zeitraum sollte sich nicht nur auf das aktuelle Experiment erstrecken. Vielmehr sollten die Trends mit den aktuellen Daten permanent verglichen und Rückschlüsse gezogen werden.
6. **Art der Maßnahmen.** Anstatt sonst üblicher finanzieller Kennzahlen sollten Schlüsselindikatoren analysiert werden, welche die Annahmen auf Gültigkeit überprüfen.

Das Innovator's Dilemma entspricht aus der Sicht des angreifenden Unternehmens durch die Betrachtung vernachlässigter oder nicht bearbeiteter Märkte in einigen Zügen dem populären Konzept der Blue Ocean Strategy, bei der das Unternehmen den Wettbewerbern nicht in direkter Konfrontation begegnet, sondern in neue Märkte ausweicht. „We argue that head-to head competition results in nothing but a bloody red ocean as rivals fight over shrinking profits. [...] The creators of blue oceans don't use the competition as their benchmark. Instead, they follow a different strategic logic that we call value innovation."[236] Dabei sind in Analogie zum Innovator's Dilemma die nach der Entfernung zum aktuellen Geschäft definierten drei Stufen der Nicht-Konsumenten (baldige Nicht-Kunden, sich verweigernde Nicht-Kunden, unentdeckte Nichtkunden) zu beachten, die durch eine neue Kombination von Nutzen, Differenzierung und niedrigeren Kosten erreicht werden können.[237] Ebenfalls in diesem Sinne sind die Konzepte der Frugalen Innovationen oder aus Entwicklungs- und Schwellenländern stammenden Umgekehrten Innovationen (Reverse Innovation) einzuordnen, bei denen in beiden Fällen im Wesentlichen robuste, aber in ihren Funktionen reduzierte Produkte neuen Kundengruppen angeboten werden.[238]

Beim Aufbau von Plattformen ist das Erreichen der kritischen Masse im Sinne der Lösung des Henne-Ei-Problems (Chicken-and-egg Problem) bedeutend.[239] Dabei ist es wichtig, entweder die Anbieter- oder Nachfragerrolle an die Plattform

[236] Kim, Mauborgne (2005), S. 22.

[237] Vgl. Kim, Mauborgne (2015), S. 105–116; Kim, Mauborgne (2007), S. 6–7.

[238] Vgl. Govindarajan, Trimble (2011), S. 14–19; Wohlfahrt, Fröhlich (2019), S. 103–117.

[239] Vgl. dazu Choudary (2015), S. 214–257. Das Henne-Ei-Problem bezeichnet eine Problematik, bei der der Ursprung einer Wirkungskette unbekannt oder schwer zu bestimmen ist.

zu binden, ohne dass die andere Seite sofort präsent sein muss. Zu diesem Zweck kann es z. B. sinnvoll sein, am Anfang selbst eigene Inhalte bereitzustellen, wie es Apple mit den ersten selbst programmierten Apps gelungen ist.

Durch die vorherrschende Überbetonung des bestehenden Geschäfts werden in der Unternehmenspraxis oftmals übliche Kennzahlen angewandt, die für die Bewertung von neuen Ideen nicht aussagekräftig sind. Der Druck ist hoch, diese gewohnten Kennzahlen des Kerngeschäfts, in Analogie zu einer Autobahn, zu früh auf neue Ideen anzuwenden und diese zu ersticken, obwohl sich die Ideen, der Analogie folgend, noch auf der Autobahn-Auffahrt befinden. „In many instances, a senior executive may get jazzed up [in Schwung gebracht] about the potential of one of the prototypes, and suggest you get a crane and lift it up onto the highway right away. They want to talk about it in an analyst call or showcase it at a trade show. Disaster usually ensues; it's not ready for that environment, and when you apply the same metrics […] comparisons to existing offerings get pretty harsh for products that are just getting rolling."[240] In einer Studie berichten zwei Drittel der Befragten, dass ein System, Innovation zu messen, entweder gar nicht existent (zwölf Prozent) oder noch im Aufbau (54 Prozent) sei.[241] Ein seit Langem bekannter Ansatz ist das Bass-Model, mit dem der s-förmige Diffusionsverlauf von innovativen Produkten prognostiziert werden kann.[242] Dabei können empirische Daten vergangener Einführungen hilfreich sein, die vor allem eine Prognose des wichtigen Scheitelpunkts der Verlaufskurve ermöglichen.[243]

6.3.3 Besondere Rolle von Start-ups

Die Betrachtung von Start-ups ist für das agile Innovationsmanagement sehr bedeutend. Dafür ist ein grundlegendes Verständnis der Potenziale die Voraussetzung einer erfolgreichen Zusammenarbeit. Start-ups sind junge Unternehmen, die sich mit innovativen Geschäftsmodellen auseinandersetzen. Der Bundesverband Deutsche Startups, in dem fast 2000 deutsche Start-ups mit durchschnittlich rund 14 Beschäftigten organisiert sind, nennt folgende Merkmale von Start-ups:[244]

---

[240] Kirsner (2021), S. 2.

[241] Vgl. Kirsner (2021), S. 2.

[242] Vgl. Bass (1969), S. 215–226.

[243] Vgl. Albers (2004), S. 245–257.

[244] Vgl. Kollmann et al. (2020), S. 12.

- Jünger als zehn Jahre
- Ein geplantes Mitarbeiter-/Umsatzwachstum und/oder
- (Hoch) innovative Produkte/Dienstleistungen, Geschäftsmodelle und/oder Technologien

Diese Beschreibung nennt zwar bestimmte Eigenschaften, ist jedoch durch die alternative Darstellung nicht ausreichend trennscharf gegenüber herkömmlichen, traditionellen Neugründungen.[245] Eine US-amerikanische Definition betont das Start-up als temporäre Organisation, die vorrangig auf zukünftiges Wachstum und Profitabilität fokussiert ist, allerdings mit dem Ziel, in eine Organisation überzugehen, sei es durch Aufgabe, Verkauf oder einen Börsengang: „A startup is a temporary organization in search for a scalable, profitable business model."[246] Bei dieser Sichtweise ist kritisch anzumerken, dass sich Start-ups zwar permanent verändern müssen, sich vor allem in Deutschland im Gegensatz zu den USA vermehrt aber nicht als temporäre Einheit verstehen, sondern als Unternehmen zum langfristigen Aufbau eines nachhaltigen Geschäftsmodells.[247] Eine weitere Definition macht wiederum auf die hohe Unsicherheit und den Innovationsgrad aufmerksam, vernachlässigt jedoch den Neuigkeitsgrad. „A startup is a human institution designed to create a new product or service under conditions of extreme uncertainty."[248] Als hier verwendete Arbeitsdefinition werden Start-ups im Sinne der Kriterien des Bundesverbands Deutsche Startups als junge, maximal zehn Jahre alte Unternehmen verstanden, die ein innovatives Geschäftsmodell schnell zum Wachstum bringen wollen.[249]

Obwohl rund drei Viertel der befragten deutschen Start-ups von negativen Beeinträchtigungen durch die Corona-Krise berichten, ist die Dynamik der Finanzierungen gerade deutscher Start-ups davon nahezu unbeeindruckt.[250] So erhielt im Corona-Jahr 2020 die Rekordzahl von 743 Unternehmen eine Finanzierung, wobei das Gesamtvolumen mit knapp 5,3 Mrd. Euro 15 Prozent unter Vorjahr

---

[245] Nach dieser Definition wäre auch ein neu gegründeter Friseursalon oder eine herkömmliche Bäckerei mit geplantem Mitarbeiter- und Umsatzwachstum ein Start-up, da hoch innovative Bestandteile durch das verbindende Wort „oder" als optional angesehen werden.

[246] Blank, Dorf (2012), S. XVII.

[247] Vgl. Benrath (2021), S. 1–10; Budras (2021), S. 1–3; Lampe (2020), S. 1–4.

[248] Ries (2011), S. 27.

[249] Allerdings müssen im Unterschied zur Definition des Bundesverbands Deutsche Startups alle drei Kriterien erfüllt sein.

[250] Vgl. Kollmann et al. (2020), S. 28–29.

war. Das ist aber immer noch der zweithöchste Wert der letzten Jahre.[251] Start-ups haben in Deutschland bisher rund 1,6 Millionen Arbeitsplätze neu geschaffen, was mit den richtigen Rahmenbedingungen wie z. B. in den USA bis 2030 auf rund 3,7 Millionen Arbeitsplätze zu steigern wäre.[252]

Während Europa in der Vergangenheit eher für Start-ups mit Privatpersonen als Kundschaft (Business-to-Consumer) bekannt war, sind in letzter Zeit einige erfolgreiche Start-ups mit Unternehmenskunden (Business-to-Business) entstanden, deren im Vergleich zu US-amerikanischen Start-ups niedrigere Bewertungen insbesondere mit Blick auf Zentren wie das Silicon Valley kostengünstigere Infrastruktur zurückzuführen ist.[253] Die deutsche Industrie ist traditionell maschinenfokussiert; zwei Drittel der deutschen Start-ups beschäftigen sich jedoch mit softwarebasierten Geschäftsmodellen.[254] Für rund 85 Prozent dieser Start-ups hat Digitalisierung einen großen bzw. sehr großen Einfluss auf das Geschäftsmodell.[255]

Aus diesen Tatsachen ergeben sich bereits nachvollziehbare komplementäre Geschäftsansätze, von denen die jeweils anderen Partner profitieren können. Im Sinne der Open Innovation lassen sich verstärkt Kooperationen zwischen Start-ups und etablierten Unternehmen beobachten.[256]

Deutsche Start-ups kooperieren im Jahre 2020 besonders häufig und im Vorjahresvergleich deutlich öfter sowohl mit anderen Start-ups (von 56,6 auf 60,2 Prozent) als auch mit etablierten Unternehmen (von 67,1 auf 71,8 Prozent), wobei die Kooperation mit wissenschaftlichen Einrichtungen mit 55,4 Prozent nahezu gleich bleibt.[257] Bei diesen Formen der Zusammenarbeit ist insbesondere die Kooperation von Start-ups mit Unternehmen in den Mittelpunkt der Diskussion gerückt. Eine Studie aus dem Kölner Raum zeigt jedoch regionale Unterschiede. Dort arbeitet erst etwa ein Drittel der Start-ups mit Familienunternehmen oder Konzernen zusammen. Bei Betrachtung des Mittelstands ergibt sich ein ähnlich verhaltenes Bild, denn hier berichten nur 37 Prozent von Kooperationen mit Start-ups.[258] „Generell gilt: Je größer die Mittelständler sind, desto mehr Partnerschaften werden von ihnen gepflegt und umso besser die Geschäftslage der Mittelständler ist, desto

[251] Vgl. Prüver (2021), S. 3.
[252] Vgl. Parsons et al. (2021), S. 7–8.
[253] Vgl. Dörner et al. (2021), S. 2–12.
[254] Vgl. Kollmann et al. (2020), S. 24.
[255] Vgl. Kollmann et al. (2020), S. 40.
[256] Vgl. Bagno et al. (2020), S. 41–44; Chesbrough (2020), S. 103–109.
[257] Vgl. Kollmann et al. (2020), S. 55; Bitkom (2019), S. 33.
[258] Vgl. Baharian, Wallisch (2018), S. 5.

wahrscheinlicher werden sie mit anderen kooperieren."[259] Eine Zusammenarbeit insbesondere mit Familienunternehmen ist für die Beteiligten sinnvoll, da auf beiden Seiten wichtige Ziele verfolgt werden können und Stärken zum Tragen kommen.[260]

Warum gehen so viele Start-ups Kooperationen mit etablierten Unternehmen ein? Interessanterweise ist es in Deutschland nicht die Notwendigkeit von Kapital. Bei einer Studie standen finanzielle Mittel mit einer Zustimmung von 58 Prozent erst an sechster Stelle.[261] Laut einer Studie stehen aus Start-up-Sicht andere Aspekte klar im Vordergrund: das Nutzen des Marktzugangs (87 Prozent), ein positives Signal an die Industrie und die Investoren (87 Prozent) sowie die Gewinnung als potenziellen Kunden (79 Prozent).[262] „Startups aim to initiate innovation partnerships with incumbents to overcome their liabilities of newness and smallness."[263] Dabei sind für die bessere Sichtbarkeit größere und bekannte Unternehmen von besonderem Interesse.[264]

Auch aus Sicht der Unternehmen gibt es wichtige Vorteile. Start-ups agieren per Definition agil, denn sie haben wenig Zeit, knappe Budgets und kleine Teams. „Die erfolgreichen Start-ups haben eine rationale, marktorientierte Vision. Fast alle Mitarbeiter verstehen diese Vision, setzen sich engagiert für ihre Verwirklichung ein und sind motiviert genug, um sehr hart zu arbeiten."[265] Etablierte Unternehmen können von dieser Dynamik z. B. beim internen Aufbau von Unternehmertum lernen.[266] Wenn Start-ups wachsen, müssen sie neue Strukturen bilden, bei denen wiederum etablierte Unternehmen Hilfestellungen geben können.

Bei Unternehmen sind Wachstumsziele in bestehenden und neuen Märkten, der Zugang zu neuen Technologien bzw. die Entwicklung neuer Produkte und Geschäftsmodelle und der Erhalt der Wettbewerbsfähigkeit insbesondere im Hinblick auf die digitale Transformation wichtige Motive.[267] Darüber hinaus sind aber auch Investmentmöglichkeiten, Marketing- und Öffentlichkeitsarbeits-Ziele sowie der

[259] Vgl. Wrobel, Schildhauer, Preiß (2017), S. 28.

[260] Vgl. zu den Zielen und Stärken einer Zusammenarbeit Leitner, Leitterstorf, Kammerlander (2019), S. 9–17.

[261] Vgl. Heider et al. (2020), S. 24.

[262] Vgl. Dörner et al. (2021), S. 11. Sehr ähnliche Ergebnisse auch in Heider et al. (2020), S. 24.

[263] Groote, Backmann (2019), S. 7.

[264] Vgl. Gustafsson, Herstedt (2019), S. 37–40.

[265] Kotter (2015), S. 49.

[266] Vgl. Rigtering, Behrens (2021), S. 21–25.

[267] Vgl. Löher et al. (2017), S. 22.

Zugang zu Talenten von Bedeutung.[268] Im Mittelstand sind die Gründe ähnlich gelagert. So geben in einer Umfrage die befragten Mittelständler die Erschließung neuer Technologien (69 Prozent), die Entwicklung einer Produktinnovation (59 Prozent) und den Einstieg in neue Märkte (56 Prozent) als Argumente für eine Zusammenarbeit an. Gerade im Mittelstand stehen Investitionsmöglichkeiten mit 14 Prozent allerdings an letzter Stelle.[269] Auf Technologien und Marktveränderungen bezogen, sind Start-ups wichtige Informationslieferanten. „A relationship with a start-up is more valuable than the best market research, because you'll be observing a real company that is making a real product and selling it to real customers, who pay real money."[270] Kleinere Unternehmen haben oftmals keine oder nur wenig Forschungs- und Entwicklungskapazität und können diese durch Kooperationen mit Start-ups in gewissem Maße kompensieren.[271]

Aus Sicht der etablierten Unternehmen gilt es jedoch auch, wachsam zu sein. Start-ups besetzen bei ihrer Suche nach Chancen und Marktineffizienzen auch direkt angrenzende Bereiche sowie direkte Wertschöpfungstätigkeiten etablierter Unternehmen, indem sie z. B. Wertschöpfungsketten verkürzen und Stufen ohne wahrgenommenen Mehrwert z. B. im Handel oder durch Vermittler überflüssig machen. „Producing disruptive innovation is something that startups are particularly well suited to provide. [...] These perspectives imply a need for large companies to move much faster than they are used to move, lest [damit nicht] they be left behind in the innovation race."[272] Aus dieser Wettbewerbssituation kann sowohl für neue Start-ups als auch für bestehende Unternehmen Energie für mehr Innovation entstehen. „Die Innovationsfähigkeit von Unternehmen erhöht sich, wenn sie in einem Umfeld agieren, in dem sie von einzelnen Pionieren ‚bedrängt' werden. Startups sind solche Innovationspioniere. Sie sind also nicht nur im Sinne ihrer eigenen Unternehmensziele innovativ, sondern stimulieren auch etablierte Unternehmen, ebenfalls noch innovativer zu sein"[273]

Ein disruptiver Angriff eines Start-ups ist jedoch mit besonderen Risiken verbunden, sodass auch nicht-konfrontative Strategien, wie z. B. die Ergänzung der bestehenden Wertschöpfungskette, in Erwägung gezogen werden können.[274] Wichtig ist aus Sicht der etablierten Unternehmen neben einer sorgfältigen Beobachtung

[268] Vgl. Jung (2018), S. 293.

[269] Vgl. Baharian, Wallisch (2018), S. 8.

[270] Chesbrough (2003), S. 184.

[271] Vgl. Krause (2021), S. 221–229.

[272] Chesbrough (2020), S. 104.

[273] Parsons (2021), S. 10.

[274] Vgl. Gans (2020), S. 41–45.

und der ersten Interaktion bei einer grundsätzlichen Zusammenarbeit, vor allem mögliche Disruptionen frühzeitig zu erkennen und entsprechend zu handeln.[275] „Producing disruptive innovation is something that startups are particularly well suited to provide. Whether it is Facebook or Tesla Motors, it is often startups, not established corporations, who come up with the ‚next big thing' to create new markets and unseat [absetzen] longstanding incumbent firms in various industries."[276]

Größere Unternehmen können aufgrund ihrer Finanzkraft Start-ups zunächst beobachten, ohne auf sie zu reagieren. Erst wenn sich die verwendete Technologie als durchsetzungsstark oder gar disruptiv erweist, kaufen diese die Start-ups wenn möglich auf. „When faced with a potentially disruptive event, waiting allows an established firm to learn and possibly reassess whether that event is truly disruptive and then take action. […] Moreover, acquisition is a particularly powerful solution as a reaction to disruption, as it avoids the need to pay for developing products to compete with the myriad [Unzahl] of potentially disruptive entrants and to integrate those entrants products and technologies into the incumbent's own mainline business."[277] Während diese Akquisitionsstrategie bei Produkten aufgehen kann, ist eine Integration von Prozessen oder gar Werten der Start-ups nicht möglich. „If the acquired company's processes and values are the real drivers of its success, then the last thing the acquiring manager wants to do is to integrate the company into the new parent organization. […] If, on the other hand, the company's resources were the primary rationale for the acquisition, then integrating the firm into the parent makes a lot of sense […]."[278]

Kooperationen sind in der Praxis für beide Seiten nützlich. Verschiedene Studien kommen zu dem ähnlich beeindruckenden Ergebnis, dass rund 80 Prozent der kooperierenden Start-ups mit ihrer Kooperation vollkommen zufrieden bzw. ziemlich zufrieden sind.[279] Dabei sind das Engagement (Commitment) und der aktive Einbezug (Involvement) des Top-Managements auch hierbei entscheidende Erfolgsfaktoren.[280] Die hohe Zufriedenheit kann auf Unternehmensseite bestätigt werden. Eine auf den Mittelstand fokussierte Studie berichtet, dass 95 Prozent der befragten Unternehmen wieder mit einem Start-up zusammenarbeiten würden.[281]

---

[275] Vgl. Gans (2016), S. 53–58.

[276] Chesbrough (2020), S. 104.

[277] Gans (2016), S. 76–77.

[278] Christensen, Raynor (2003), S. 199–200.

[279] Vgl. Bitkom (2019), S. 36; Henz, Wang, Sibanda (2020), S. 5; Dörner et al. (2021), S. 13.

[280] Vgl. Henz, Wang, Sibanda (2020), S. 8–10.

[281] Vgl. Baharian, Wallisch (2018), S. 14.

Aber es gibt auch Herausforderungen bei die Zusammenarbeit zwischen Start-ups und etablierten Unternehmen.[282] Aufgrund der unterschiedlichen Strukturen von Start-ups und Familienunternehmen bestehen am Anfang Berührungsängste, denen durch ein Bündel an Maßnahmen zum besseren gegenseitigen Kennenlernen begegnet werden kann.[283] Start-ups bemängeln bei etablierten Unternehmen am häufigsten eine unzureichende Geschwindigkeit, eine aus ihrer Wahrnehmung fehlende Zeitdisziplin (Missing Drumbeat) und intransparente Entscheidungsprozesse.[284] Außerdem sind uneinheitliche Vorstellungen über eine Kapitalbeteiligung und die Erwartungen der Zusammenarbeit problematisch.[285] Darüber hinaus müssen auf beiden Seiten unterschiedliche Unternehmenskulturen bedacht werden. „[…] the often very different cultures of startups and large companies need to be bridged. Collaboration partners need to actively work on establishing a shared language and understanding of how to design processes to ensure project success."[286]

Unternehmensübergreifend setzen folgende praktischen Hinweise einen Handlungsrahmen für eine erfolgreiche Zusammenarbeit:[287]

- Hoher und andauernder Einbezug des Top-Managements sowie klare Ansprechpartner und Priorisierung in den Geschäftseinheiten
- Thematisierung und aktives Management der kulturellen und technologischen Unterschiede
- Vereinbarung von Zielen und zur Art der Kooperation passende Kennzahlen
- Passender, aber skalierungsfähiger Umfang der Pilotprojekte („Sweet Spot")
- Individuelle, fokussierte Partnerschaften anstatt institutioneller Programme

Zur erfolgreichen praktischen Umsetzung müssen verschiedene Themenkomplexe beachtet werden. Aus organisatorischer Sicht stellt sich die Frage der Ambidextrie, nämlich ob Kooperationen mit Start-ups innerhalb der Kernorganisation oder von dafür speziell zuständigen Managern bzw. einer eigenen Einheit betreut und koordiniert werden. So haben 41 der 50 größten börsennotierten Unternehmen eigene Start-up-bezogene Organisationen wie Akzeleratoren, Inkubatoren und/oder unternehmenseigene Investitionsgesellschaften (Corporate Ven-

[282] Vgl. Halecker (2020), S. 109–173.

[283] Vgl. Leitner, Leitterstorf, Kammerlander (2019), S. 18–21.

[284] Vgl. Dörner et al. (2021), S. 12.

[285] Vgl. Heider et al. (2020), S. 28.

[286] Groote, Backmann (2019), S. 28.

[287] Vgl. Dörner et al. (2021), S. 17–20.

ture Capital Fonds).[288] In der Praxis gründen größere Unternehmen oftmals eine eigene Einheit aus, die sich mit Beteiligungen an Start-ups oder der Gründung von Start-ups aus dem Unternehmen beschäftigt.[289] Da diese Einheiten auch Ressourcen und Fähigkeiten der Mutterorganisation nutzen können und wiederum Wissen an diese zurückgeben, können sie auch als in sich ambidextrische Organisationseinheit angesehen werden.[290] Ebenso etablieren Unternehmen spezielle Programme oder Plattformen, um mit Start-ups zu kooperieren.[291] Diese Vorgehensweise bringt wiederum Herausforderungen bei der späteren Integration mit sich. „In general, programmatic forms would tend to run the innovation process separated from the internal informal networks which are needed to adapt and support innovation – a conflict well consolidated in the organizational ambidexterity strand [Konzept]. In this way, innovations are developed outside the organization's social ecosystem and can be weakened when facing integration challenges."[292]

Kooperationsformen können sich von der Projektebene bis hin zu Kapitalbeteiligungen oder kompletten Übernahmen der Start-ups erstrecken. Ist dabei eine Nähe zum bestehenden Geschäft gegeben und wird gleichzeitig ein für das etablierte Unternehmen relevanter Megatrend abgedeckt, kann von einer strategischen im Gegensatz zu einer opportunistischen Herangehensweise gesprochen werden.[293] Anhand der Bewegung Von-außen-nach-innen (Outside-in) und Von-innen-nach-außen (Inside-out) sowie der Option einer Kapitalbeteiligung können vier verschiedene Formen der Zusammenarbeit unterschieden werden.[294] Bei den eher traditionellen Formen soll über Anteile Einfluss gewonnen werden. Beim klassischen Weg des Corporate Venture Capitals (CVC) beteiligen sich Unternehmen an Start-ups. Der Zweck des unternehmenseigenen Inkubators als zweite Form ist es, Ideen, die nicht zum Kerngeschäft passen, in einer Start-up-ähnlichen Struktur einen Marktzugang zu verschaffen. Teilweise sollen diese dann bei entsprechender Erfolgswahrscheinlichkeit wieder in die Kernorganisation überführt werden. Neuere Formen der Zusammenarbeit verlassen die Kapitalperspektive und erlauben die gleichzeitige Zusammenarbeit mit mehreren interessanten Start-ups. Mit Start-up-Programmen als dritte Möglichkeit suchen Unternehmen anhand bestimmter relevanter Themen eine Anzahl interessanter Start-ups, die Lösungen

[288] Vgl. Hillenbrand et al. (2021), S. 2. Vgl. auch Herger (2017), S. 75–93.

[289] Vgl. Jung (2018), S. 289–291.

[290] Vgl. Gold (2018), S. 35–36.

[291] Vgl. Weiblen, Chesbrough (2015), S. 70–88.

[292] Bagno et al. (2020), S. 46.

[293] Vgl. Leitner, Leitterstorf, Kammerlander (2019), S. 22–28.

[294] Vgl. Chesbrough (2020), S. 105–109.

beitragen können, und evaluieren die weitere Zusammenarbeit. Bei den Plattform-Programmen schließlich werden Start-ups eingeladen, auf Basis der Technologie des etablierten Herstellers wie etwa einer bestimmten Software, eigene Produkte zu entwickeln.

Unter dem Sammelbegriff Corporate Venturing im weiteren Sinne werden nicht nur unternehmensinterne Aktivitäten zur Realisierung einer Initiative, sondern vor allem externe Aktivitäten der eigenen Gründung oder der Akquisition von Start-ups bezeichnet. „[…] corporate venturing is normally used to describe activities involved in entering a new business by expanding operations in existing or new markets. This can be done internally […] or externally."[295]

Start-ups sind demnach nicht nur Kooperationspartner oder Akquisitionsziele, sondern eine Möglichkeit, Ideen aus der eigenen Organisation durch die Ausgründung eines Start-ups in den Markt zu bringen.[296] Das ist dann besonders sinnvoll, wenn die zu bearbeitenden Märkte nicht zum Kerngeschäft des Unternehmens passen, was sich auch in einer eigenen Markenidentität manifestieren kann. Darüber hinaus können Risiken von der Muttergesellschaft ferngehalten werden (vgl. dazu auch entsprechende Ausführungen in Abschn. 6.1.5). In Analogie zu einem Investoren-Panel können Wachstumsgremien (Growth Boards) über die zu finanzierenden Initiativen entscheiden.[297] So haben etablierte Unternehmen in einigen Fällen eigene Start-ups als neues, vom Kernunternehmen weitgehend unabhängig operierendes Unternehmen gegründet.[298] Dafür stehen auch Möglichkeiten von weiteren Beteiligungen zur Wachstumsfinanzierung zur Verfügung. „These start-ups function as a series of small laboratories that can guide the technological strategies and the market directions of large firms."[299] Start-ups als Ausgründungen haben demnach auch Zugang zum Kapitalmarkt durch Business Angels und Venture-Capital-Geber und sind nicht so sehr auf die Finanzierungsmöglichkeiten der etablierten Unternehmen angewiesen bzw. können bei entsprechendem Potenzial schneller wachsen.[300] Darüber hinaus gewinnen unternehmenseigene Ausgründungen eine höhere Glaubwürdigkeit.[301]

[295] Gold (2018), S. 14.

[296] Vgl. Fischer (2020), S. 26–33.

[297] Vgl. Kidder, Geraci (2018), S. 5.

[298] Vgl. Baghai, Coley, White (1999), S. 144–146.

[299] Chesbrough (2003), S. 55.

[300] Vgl. Nohria, Taneja (2021), S. 1–6.

[301] Vgl. Hillenbrand et al. (2021), S. 3.

Eine neue Idee hat im Stammunternehmen oftmals gerade anfangs nicht die Bedeutung, um die notwendigen Ressourcen für deren Weiterverfolgung zu bekommen. Auch aus diesem Grund ist die Ausgründung in eine Organisation, die ähnlich einem Start-up an das kleine, noch wachsende Geschäft angepasst ist, eine passende Option.[302] „Rather than continually working to convince and remind everyone that the small, disruptive technology might someday be significant or that it is at least strategically important, large companies should seek to embed the project in an organization that is small enough to be motivated by the opportunity offered by a disruptive technology in its early years."[303] Entsprechend den sich noch entwickelnden Märkten müssen begrenzte Ressourcen kein Hinderungsgrund für das erhoffte Wachstum sein. „Though start-ups lack resources, it doesn't matter. Their values can embrace small markets, and their cost structures can accommodate lower margins."[304]

Trotz des Aufbaus weitgehend unabhängiger Einheiten sollten die Fähigkeiten der Stammorganisation, wie z. B. wichtige Ressourcen und Branchenwissen, weiter genutzt werden, damit die eigenen Fähigkeiten mit der Flexibilität und Innovationskraft der eigenen Einheiten und insbesondere ihre gegenseitige Verknüpfung bestmöglich zur Geltung kommen.[305] Der Aufbau von Geschäftseinheiten und ihre Anbindung muss als Prozess in der Organisation verankert werden und darf nicht ausschließlich von den Aktionen einzelner Personen abhängen.[306] Ebenso ist dem Controlling und den besonderen Anforderungen von Start-ups und der Zusammenarbeit Rechnung zu tragen. Dieser Controlling-Begriff ist weit auszulegen, sodass auch die Motive der Zusammenarbeit und die dauernde Erfolgsmessung im Prozess in ein Controlling-System einfließen sollten.[307] Aber auch die Kosten sind zu beachten. Bei der Zusammenarbeit mit Start-ups sind neben der möglichen Kapitalbeteiligung Such-, Informations- und Verhandlungskosten sowie Kontrollkosten z. B. durch Sitzungen und Gespräche zu beachten.[308]

---

[302] Vgl. Hillenbrand et al. (2021), S. 4–6.

[303] Christensen (2016), S. 134–135.

[304] Christensen (2016), S. 167.

[305] Vgl. Fischer (2020), S. 32–33; Kreutzer, Neugebauer, Pattloch (2017), S. 88–89.

[306] Vgl. O'Reilly, Tushman (2016), S. 139–140.

[307] Vgl. Pampel (2019), S. 509–532.

[308] Vgl. Chesbrough (2020), S. 114–116.

6.4 Ideenmanagement

6.4.1 Methoden der Ideenfindung

Quellen für passende Ideen als möglicher Innovationsauslöser finden sich innerhalb oder außerhalb eines Unternehmens.[309] Unternehmensintern sind als Ideengeber für Produkte und Dienstleistungen zunächst die unmittelbar damit zusammenhängenden Funktionseinheiten, wie z. B. Produktmanagement oder F&E, zu nennen. Extern kommen prinzipiell alle Parteien des Unternehmensumfelds infrage. Ideen können als Information im Sinne einer Informationsnachfrage und Informationslieferung betrachtet werden, wobei diese auf einer Verbindung von Kreativität und Wissen basieren.[310]

Ideenfindung hinsichtlich der Effizienz sollte nicht völlig isoliert stattfinden, sondern sich am jeweiligen Bezugsrahmen ausrichten, insbesondere an der Strategie sowie an den Aufgaben Portfolio-Management und Geschäftsentwicklung. „By clearly defining strategic intent we automatically steer towards development of new possibilities that could plausibly add value at the strategic level. But this step is omitted if we jump headlong into gathering ideas, and this is why most of the ideas that come from unstructured idea collection efforts aren't very interesting, and therefore why the results are disappointing."[311]

Durch verschiedene Kreativitätstechniken und thematisch ausgerichtete Veranstaltungen können die Anzahl und gegebenenfalls die Qualität der Ideen gefördert werden.[312] Ebenso können Ideen gemeinschaftlich erarbeitet werden. Eine Untersuchung zur Wirksamkeit eines Hackathons bei der Ideenfindung zur Bekämpfung der Corona-Pandemie zeigt einen positiven Zusammenhang zwischen Ideenfindung und kollaborativer Zusammenarbeit. Hier waren aber nur Privatpersonen und keine Unternehmen einbezogen.[313] Auch in Unternehmen lassen sich durch ähnliche Veranstaltungen zahlreiche Ideen gewinnen.[314] Darüber hinaus sind Netzwerke und Gemeinschaften zur interaktiven Ideenfindung sehr wichtig. In diesem Zusammenhang muss dem ganzheitlichen Ideenmanagement eine besondere

[309] Vgl. Vahs, Brem (2015), S. 247–250.

[310] Vgl. Hauschildt et al. (2016), S. 348–350.

[311] Morris (2017), S. 153.

[312] Vgl. Müller-Prothmann, Dürr (2011), S. 88–101; Hauschildt et al. (2016), S. 372–388; Lercher (2019), S. 146–159; Vahs, Brem (2015), S. 283–303.

[313] Vgl. Bertello, Bogers, De Bernardi (2021), S. 10–13.

[314] Vgl. Guttenberger, Vatter (2020), S. 381–386.

Bedeutung zukommen.[315] Zu empfehlen ist auch die zielgerichtete Konfrontation mit bereits bestehenden erfolgreichen Geschäftsmodellen.[316]

Von extern sind Kunden neben weiteren Quellen, wie z. B. Lieferanten oder wissenschaftliche Institutionen, die mit Abstand wichtigste Ideenquelle.[317] Dabei ist auch hier eine strukturierte Vorgehensweise erfolgskritisch. Eine empirische Studie bestätigte erwartungsgemäß den positiven Zusammenhang von Anwendern im Innovationsprozess und dem Innovationserfolg bis auf die Phase der Ideengenerierung. Die Autorin vermutet aufgrund der wenig eingesetzten Methoden „[…], dass dieser Prozessschritt nur wenig professionell bewältigt wird".[318]

Durch seine empirische Arbeit identifiziert Cooper aus der Kundenperspektive unter dem Begriff der Kundenstimmen (Voice of Customer) acht wichtige Methoden:[319]

- **Feldforschung** (Ethnographic Research). Darunter wird das aktive Mitwirken und Beobachten von Kunden vor Ort (Camping Out) verstanden. Diese aufwendige Vorgehensweise, für die gut ausgebildete Personen notwendig sind, eignet sich besonders, um unbefriedigte Bedürfnisse der Kunden herauszufinden.
- **Kunden-Besuchsteams** (Customer Visit Teams). Durch gut strukturierte Tiefeninterviews sollen Erkenntnisse über ungelöste Anwenderprobleme, Bedürfnisse und Wünsche hinsichtlich neuer Produkte gewonnen werden. Bezüglich Beliebtheit und Wirksamkeit sind Kunden-Besuchsteams die am höchsten bewertete Methode.
- **Lead-User-Analyse** (Lead-User/Innovative User Analysis). Basierend auf der von Eric von Hippel postulierten Annahme, dass besonders innovative Kunden bereits wertvolle Ideen für neue Produkte bis hin zu ersten Prototypen haben, müssen diese in einem mehrstufigen Prozess zur aktiven Mitarbeit motiviert werden.
- **Kundendesigns** (Customer or User Designs). Kunden und Anwender werden eingeladen, mithilfe von Softwarewerkzeugen zusammen mit den Produktentwicklern an der nächsten Produktgeneration zu arbeiten. Diese Methode ist besonders in früheren Phasen und bei bestimmten Branchen, in denen Anwender ausreichende Kenntnisse haben, geeignet.

---

[315] Vgl. Chesbrough (2020), S. 29.

[316] Vgl. zur Vorgehensweise Gassmann, Frankenberger, Choudury (2021), S. 49–82.

[317] Vgl. Globocnik, Faullant (2020), S. 1–12.

[318] Reichart (2002), S. 282.

[319] Vgl. Cooper (2017), S. 229–243.

- **Fangemeinde in Sozialen Medien** (Community of Enthusiasts, Social Media). Durch das Verfolgen von Sozialen Medien und Blogs können wertvollen Ideen aufgespürt werden. Außerdem können aktiv eigene Fragen und Ideen publiziert sowie kostengünstig eine eigene Fangemeinde etabliert werden, um Unterstützung zu bekommen.
- **Design Thinking**. Neben der Ideenentwicklung kann die integrierte Design-Thinking-Methode, gerade in der frühen Entdeckungsphase des Stage-Gate-Prozesses, ausgehend von den Strategischen Bühnen zu testfähigen Prototypen führen.

Konkret auf die Ideenfindung bezogen schlägt Cooper verschiedene Methoden vor, die schließlich in einer Integrationsveranstaltung zusammengefasst und interpretiert werden sollen. Dabei sind die Einschätzung des zukünftigen Einflusses auf das eigene Geschäft und die daraus möglicherweise entstehenden Produkte oder Geschäftsmodelle besonders wichtig.[320]

Der Begriff Crowdsourcing wurde erstmals im Jahr 2006 in einem Zeitschriftenartikel erwähnt, in dem als plakatives Beispiel eine Museumsmitarbeiterin Bilder von einer Amateurbilderplattform denen einer professionellen Bilddatenbank vorzieht.[321] Die heute in iStock aufgegangene Bilddatenbank iStockphoto ist, neben eBay und dem früher populären Musiknetzwerk MySpace, ein frühes Beispiel für Geschäfte, die ohne die Beiträge der Nutzer nicht existieren könnten. „All these companies grew up in the Internet age and were designed to take advantage of the networked world. […] The labor isn't always free, but it costs a lot less than paying traditional employees. It's not outsourcing, it's crowdsourcing."[322] Das heutige Verständnis von Crowdsourcing setzt bereits früher an, nämlich schon bei einer Idee, nicht erst bei der Bereitstellung von Inhalten. Grundsätzlich werden Menschen aufgefordert, sich mit Ideen und Vorschlägen an eine Institution zu wenden. Ideen-Quellen können extern z. B. Kunden, aber auch die eigene Belegschaft sein.[323] Dabei ist es wichtig, dass z. B. nicht nur die profitierenden Unternehmen, sondern auch die Ideengeber ihren Beitrag als nutzenstiftend empfinden. Im positiven Fall wird durch externes Crowdsourcing sogar die Kundenbindung erhöht.[324] Bei der Ideenfindung sollten insbesondere bei der eigenen Belegschaft monetäre Interessen der Ideengeber in der Regel nicht im Vordergrund stehen. „Rewarding

[320] Vgl. Cooper (2017), S. 243–251.

[321] Vgl. Howe (2006), S. 1–5.

[322] Howe (2006), S. 2.

[323] Vgl. Pohlisch (2021), S. 15–49.

[324] Vgl. Kreutzer, Neugebauer, Pattloch (2017), 145–147.

people for their innovation efforts misses the point. The process of innovating – of taking the initiative to come up with new solutions – is its own reward. Smart companies emphasize the social and personal drivers of discretionary effort, rather than the material drivers.“[325]

Wenn Unternehmen die Aktivitäten nicht selbst durchführen möchten, können sie Dienstleistungsunternehmen beauftragen.[326] Hier sieht die Bedeutung der Belohnungssysteme jedoch differenzierter aus. Eine empirische Studie mit Nutzern der Ideenplattform Quirky zeigt, dass gerade in der Phase der Ideenfindung extrinsische, von außen wirkende Motive in der Tat eine wichtige Rolle spielen.[327] Diese können materiell z. B. durch Prämien entstehen, aber auch immateriell als verinnerlichte extrinsische Ziele (Internalized Extrinsic Goals), z. B. die persönliche Weiterbildung durch die Teilnahme. Zu ausgeprägte monetäre Anreize können der gewünschten Teamarbeit sogar entgegenstehen. Wird eine Zusammenarbeit gewünscht, sind verinnerlichte extrinsische Ziele weiterhin geeignet, müssen jedoch verstärkt durch intrinsische, von innen wirkende Ziele unterstützt werden. Für das Entstehen einer Gemeinschaft (Socialization) sind dann ausnahmslos intrinsische Ziele wirkungsvoll. Eine weitere Studie anhand von Projekten der Crowdsourcing-Plattform Eÿeka zeigte die Bedeutung einer sorgfältig erstellten Problembeschreibung (Problem Statement) für eine hohe Anzahl eingereichter Ideen.[328]

Neben dem Aufruf an Personengruppen, sich an eine Institution zu wenden, können inspirierende Menschen auch eigenständig identifiziert und eventuell aufgesucht werden. So führte die Begegnung eines Herstellers von Insektenvernichtungsmitteln mit zwei Künstlern schließlich dazu, dass dieser sein Geschäft komplett umstellte und auf das Töten von Ungeziefer verzichtete. Darüber hinaus nutzte er eine spektakuläre Kunstaktion, um auf sein Anliegen aufmerksam zu machen.[329]

Ideen können darüber hinaus durch das Monitoring von Start-up-Aktivitäten generiert werden. Diese müssen sich nicht direkt durch das Tätigkeitsfeld ergeben, sondern können auch Querverbindungen und Folgeideen sein. „You might scout the activities of young start-up companies working in areas of interest to you. You could learn about their efforts in a number of ways, ranging from occasional business development discussions to strategic alliances, to giving money to interested

[325] Birkinshaw, Bouquet, Barsoux (2011), S. 7.

[326] Vgl. Brunswicker, van de Vrande (2014), S. 146; Roijakkers, Zynga, Bishop (2014), S. 242–255.

[327] Vgl. Abhari, Davidson, Xiao (2021), S. 35–43.

[328] Vgl. Malhotra, Malhotra, Bayus (2021), S. 2–3.

[329] Vgl. zu diesem eindrucksvollen Praxisbeispiel Reckhaus (2020), S. 15–33.

venture capitalists to invest in areas of value for you, to investing directly yourself in promising start-up companies.“[330]

Schließlich sind Trendanalysen im Rahmen einer Unternehmensvorausschau (Corporate Foresight) wichtige Suchfelder für Ideen.[331] Ausgelöst durch die Corona-Krise werden in einer Trendstudie die zunehmenden Innovationen durch Anwender durch besondere, vorher nicht da gewesene Situationen in dem identifizierten Trend „Do-it-yourself Innovation“ betont. „For years, innovation has been driven by technology and devices. It still is, but now, it's also driven by people's ingenuity [Einfallsreichtum] in challenging circumstances. There's a pressing need for organizations to rebalance their innovation approach in response – to offer tools rather than prescribe solutions, and to enable people to get more creative with how they live.“[332]

6.4.2 Ganzheitliches Ideenmanagement

Innovation lebt von Ideen aus verschiedenen, möglichst vielseitigen internen und externen Quellen, die für eine effiziente Verwertung durch ein systematisches Ideenmanagement gesammelt und bewertet werden sollten. Die Studie von Cooper sagt aus, dass ein effektives Ideenmanagement als wichtigster von insgesamt fünf untersuchten Einflussfaktoren zusätzliche 7,2 Prozent Verkäufe neuer Produkte mit sich bringt.[333]

Für ein zielgerichtetes Ideenmanagement ist eine Produktinnovationsstrategie sehr wichtig.[334] Cooper betont in seiner überarbeiteten, agilen Version des Stage-Gate-Prozesses die Wichtigkeit einer übergeordneten Innovationsstrategie, die sowohl bei der Beurteilung der zu durchschreitenden Tore (Gates) als auch bei der Definition von Suchfeldern (Search Fields oder Strategic Arenas) eine wichtige Rolle einnimmt. In diesem Kontext erwähnt er nicht nur die Wichtigkeit externer Ideenquellen, sondern stellt Möglichkeiten der internen Ideenfindung, der nach seinen umfassenden Studien beliebtesten Methode, vor.

Ideenfindungsprogramme von Unternehmen einschließlich spezieller Ideenwettbewerbe wie Hackathons leiden aber regelmäßig an der hohen Anzahl eingebrachter Ideen. „[…] the authors have never found a company short of ideas. On

---

330 Chesbrough (2003), S. 50.

331 Vgl. Future Today Institute (2021), S. 22–25.

332 Curtis et al. (2020), S. 17.

333 Vgl. Cooper (2017), S. 225–251.

334 Vgl. Cooper (2017), S. 260–264.

the contrary, company employees invariably complain that they have far too many initiatives in the pipeline. Struggling with prioritizing and balancing a portfolio is instead their main problem.“[335] Die weitverbreitete Methode des Innovationstrichters hat über die bereits geschilderten Fallstricke (siehe Abschn. 2.3) hinaus weitere Limitationen. So werden die Ideen einzeln voneinander unabhängig bewertet, wobei eine Nebeneinanderansicht zum Portfoliovergleich und die Beurteilung durch ein Steuerungsgremium die bessere Methode wären.[336]

Obwohl eine sorgfältige Abwägung der Ideen eine gewisse Transparenz bietet, bleibt doch die Subjektivität des Steuerungsgremiums ein Risiko bzw. hängen Entscheidungen stark von dessen Qualität ab. Sich lohnen würden die Betrachtung des Ideenmanagements als eigenständige Wertschöpfungskette und die Identifikation der unternehmensspezifischen Schwachstellen. „To improve innovation, executives need to view the process of transforming ideas into commercial outputs as an integrated flow […]. The first of the three phases in the chain is to generate ideas […]. The second phase is to convert ideas, or, more specifically, select ideas for funding and developing them into products or practices. The third is to diffuse those products and practises.“[337] Defizite können in der Ideenfindung (Idea Generation), der Ideenumsetzung (Idea Conversion) sowie bei der Ideenverbreitung (Idea Diffusion) entstehen.[338] Für eine bessere Ideenfindung können Unternehmen zum einen externe Netzwerke aufbauen, die Lösungen im Sinne von Antworten auf spezifische Probleme erarbeiten oder zum anderen die interne Ideenfindung fördern, um z. B. neue Produktideen zu generieren. „External innovation forums have access to a broad range of expertise that makes them effective for solving narrow technological problems; internal innovation forums have less breadth [Umfang, Breite] but more understanding of the context. Smart companies use their external and internal experts for very different types of problems.“[339] Zur Evaluierung und Weiterentwicklung der Ideen muss neues Wissen einbezogen werden. Dieses lässt sich vereinfacht unterscheiden in Offenbartes Wissen (Explicit Knowledge) und Verstecktes Wissen (Tacit Knowledge), das sich hauptsächlich auf das Verhalten von Kunden bezieht.[340]

---

[335] Hakkarainen, Talonen (2014), S. 65. Vgl. auch Birkinshaw, Bouquet, Barsoux (2011), S. 2–3.

[336] Vgl. Hakkarainen, Talonen (2014), S. 65–66.

[337] Hansen, Birkinshaw (2007), S. 3.

[338] Vgl. Hansen, Birkinshaw (2007), S. 5–12.

[339] Birkinshaw, Bouquet, Barsoux (2011), S. 6.

[340] Vgl. Morris (2017), S. 156–165.

Des Weiteren ist die interne Vernetzung verschiedener Funktionseinheiten z. B. durch übergreifende Expertenzirkel vielversprechend. Bei Herausforderungen der Ideenumsetzung kann eine Finanzierung über mehrere Kanäle die Abhängigkeit von einzelnen Beeinflussern verringern. Eigene, in separate Einheiten abgestellte Expertenteams beschäftigen sich intensiv mit den Ideen, investieren definierte Budgets und motivieren Mitarbeiter der Kernorganisation zum Mitmachen. Dabei muss zwar Autonomie der Expertenteams gegeben sein, durch gemeinsame Vorgesetzte sollten aber die Verbindung zur Kernorganisation und die Unterstützung bei benötigten Ressourcen sichergestellt werden. Erfahrene, gut vernetzte Manager können bei Problemen der Ideenverbreitung die Rolle eines internen Risikofinanziers (Internal Venture Capitalist) einnehmen.

Gerade bei erfolgreichen Programmen mit vielen eingereichten Ideen müssen aufgrund der Ressourceneffizienz viele Ideen abgelehnt werden. Die Art und Weise des Vorgehens, die Transparenz des Prozesses und vor allem die Kommunikation mit dem Ideengeber sind kritische Elemente für das Funktionieren des gesamten Ideenmanagements. „How their contribution is acknowledged, the transparency of the decision-making process and how the news is communicated are crucial factors in keeping the ideas coming.“[341] Zeitlich begrenzte Zeiträume ähnlich einem Sprint haben gute Erfolge gezeigt.[342]

Ein Ansatz des Ideenmanagements namens „Tracktion“ verzichtet auf das Filtern, sondern lenkt Ideen unmittelbar auf aktuell 20 verschiedene Innovationsgleise als an den geeigneten Orten der Verantwortung im Unternehmen (siehe Abb. 6.9).[343] Diese Vorgehensweise geht von einem sehr umfassenden Innovationsverständnis aus. So können Ideen nicht nur Produkte oder Dienstleistungen innerhalb oder

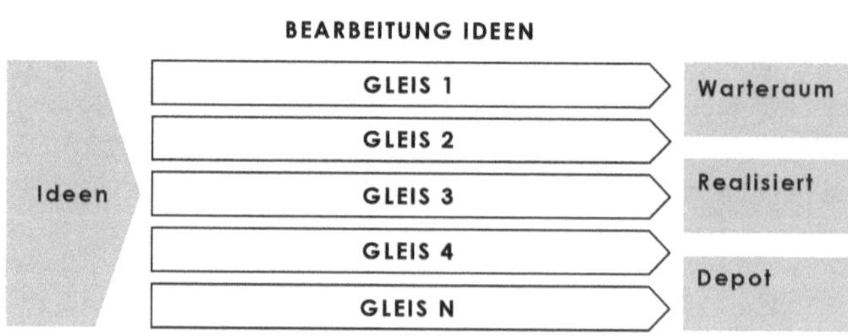

Abb. 6.9 Gleisansatz bei Ideenumsetzung im Unternehmen (eigene Darstellung)

[341] Birkinshaw, Bouquet, Barsoux (2011), S. 7.
[342] Vgl. Knapp, Zeratsky, Kowitz (2016), S. 7–17.
[343] Vgl. Wobser (2020), S. 116–124.

außerhalb des Kerngeschäfts, sondern z. B. auch Verbesserungen in der Produktion oder Ideen zur Erhöhung der Mitarbeiterzufriedenheit umfassen. Im Prinzip können Innovationen, auch großen Ausmaßes, aus jeder, oft unerwarteten Ecke des internen und externen Unternehmensumfelds kommen. Oftmals werden Ideen gerade dort geboren, konnten sich aber wegen der unerwarteten Quelle nicht durchsetzen.[344]

Auf den einzelnen Innovationsgleisen werden anhand von drei speziellen, dem Ausmaß der Idee angepassten Canvases die Ideen durch die Gleiseigner ausgearbeitet und bei Eignung umgesetzt. Die meisten Ideen können direkt innerhalb der Gleise umgesetzt werden und werden durch einen einfachen Quick Canvas oder einem etwas umfangreichern Business Canvas dokumentiert. Aufwendige Ideen, die besondere Investitionen erfordern, werden mit einem Pitch Canvas vor einem Gremium in Analogie zu einem Start-up zur Entscheidungsfindung präsentiert. Nicht sofort umsetzbare Ideen kommen entweder in einen Warteraum, wo sie nach einer definierten Zeit erneut betrachtet werden, oder in ein Depot, das nur in größeren, regelmäßigen Abständen nach zur späteren Zeit eventuell relevant gewordenen Ideen durchsucht wird.

Die sofortige Verteilung auf viele Innovationsgleise mit den verschiedenen Zuständigkeiten verhindert den häufigen Flaschenhals durch zu viele Ideen zur selben Zeit. So sollen gleich zu Beginn eine Überlastung und ein damit häufig verbundenes zu frühes Aussieben verhindert werden. In der Regel gehen bekanntermaßen durch frühes Filtern gerade die großen, vielversprechenden Ideen verloren, für die keine Kapazität und keine klare Verantwortung vorhanden sind. Für diese Ideen, die häufig weit vom Kerngeschäft entfernt sind, wird als ein wichtiges Innovationsgleis eine separate Innovationseinheit etabliert. Damit die Engpässe dann nicht nachgelagert auf den einzelnen Innovationsgleisen entstehen, müssen die Werkzeuge einfach zu nutzen sein und die für die Innovationsgleise verantwortlichen Personen den Mehrwert der Idee für ihre Arbeit und die durch sie verantwortete Organisationseinheit erkennen. Außerdem ist gerade in der Anfangsphase eine Priorisierung durch das Top-Management notwendig.

6.4.3 Herausforderungen der Markteinführung

Völlig neuartige Ideen müssen ihren Markt im Gegensatz zu Innovationen im Kerngeschäft durch neue Wege erreichen. Dabei stehen im Sinne der Offenen Innovation grundsätzlich verschiedene Möglichkeiten zur Verfügung, wie

[344] Vgl. Denning (2018), S. 65.

z. B. Lizenzierungen, Gemeinschaftsunternehmen (Joint Ventures) oder eigene Ausgründungen.[345]

Bei sehr innovativen Produkten bzw. Geschäftsmodellen ist die Markteinführung besonders risikoreich.[346] Darüber hinaus ist das Timing der Markteinführung bedeutend. Gerade bei technologischen Neuerungen, die nicht oder unzureichend geschützt werden können, ist ein schneller Marktaufbau für das Erlangen von Wettbewerbsvorteilen wichtig.[347] Ein Blick auf die Geschichte der Innovation zeigt, dass bahnbrechende Erfindungen oftmals nahezu zeitgleich von mehreren, unabhängig voneinander operierenden Erfindern hervorgebracht wurden.[348]

Beim Entscheidungsprozess der Umsetzung von Innovationen können fünf Phasen unterschieden werden.[349] In der Wissensphase (Knowledge) wird die Innovation wahrgenommen und in Grundzügen verstanden. Danach schließt sich die Überzeugungsphase (Persuasion) an, in der eine positive oder negative Einstellung gebildet wird. In der Entscheidungsphase (Decision) wählt die Person zwischen Zustimmung oder Ablehnung. Schließlich wird in der Umsetzungsphase (Implementation) das Produkt genutzt, um in der abschließenden Bestätigungsphase (Confirmation) die Entscheidung zu überprüfen und gegebenenfalls zu revidieren.

Die heute noch dominante Systematik der Anwenderkategorisierung wurde bereits im Jahre 1958 vorgestellt und immer weiter verfeinert (siehe Abb. 6.10). Sie teilt die Anwender in fünf idealtypische Gruppen ein, die nacheinander Innovationen nutzen.[350] Zunächst gibt es die kleine Gruppe der internationalen Innovatoren (Innovators), die gerne riskante Entscheidungen treffen. Frühe Anwender (Early Adopters) sind in ihrem lokalen Umfeld wichtige Meinungsführer und Visionäre. Nun kommen die beiden größten Gruppen mit jeweils rund einem Drittel der Gesamtheit. Die Frühe Mehrheit (Early Majority) wendet Innovationen zwar vor der Mehrheit an, beeinflusst aber weniger andere. Die Späte Mehrheit (Late Majority) spürt entweder wirtschaftliche Notwendigkeiten oder den Druck ihrer Gleichgesinnten und muss sich in ausreichender Sicherheit wiegen. Schließlich runden die Nachzügler (Laggards), die sich in ihrer Produktverwendung eher an der Vergangenheit orientieren und Innovationen gegenüber grundsätzlich skeptisch eingestellt sind, das Bild ab.

[345] Vgl. Chesbrough (2020), S. 30–32.

[346] Vgl. Vahs, Brem (2015),S. 402–423.

[347] Vgl. Hoffman, Yeh (2018), S. 40–48.

[348] Vgl. Ridely (2020), S. 257–261.

[349] Vgl. Rogers (2003), S. 169–194.

[350] Vgl. Rogers (2003), S. 279–285.

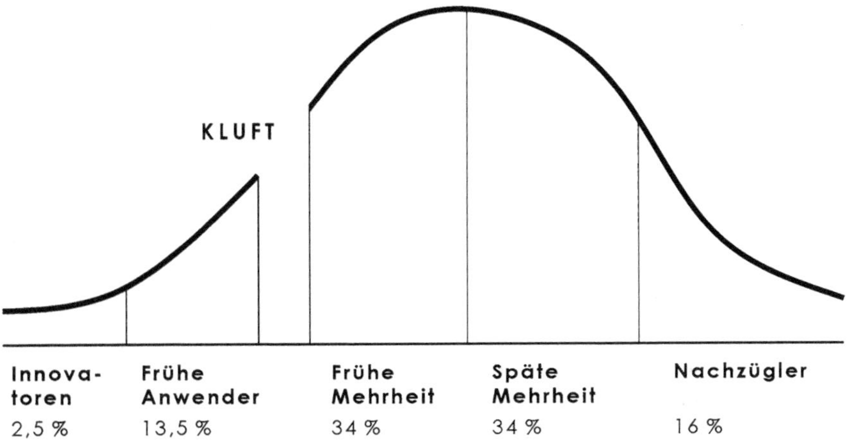

Abb. 6.10 Der revidierte Technologieübernahmeprozess (vgl. Moore (2014), S. 21, eigene Darstellung)

Der glockenförmige, im Zeitverlauf ursprünglich durchgängige Kurvenverlauf suggeriert einen gleichförmigen und nahtlosen Übergang von der einen Personengruppe zur anderen. Aber gerade bei Innovationen kann laut Moore je nach Neuheitsgrad zwischen den einzelnen Phasen eine unterschiedlich große Kluft (Chasm) auftreten, die es zu überwinden gilt.[351] Dabei ist die große Kluft zwischen den Frühen Anwendern und der Frühen Mehrheit besonders kritisch. „[...] the real news is the deep and dividing chasm that separates the early adopters from the early majority. This is by far the most formidable und unforgiving transition in the Technology Adoption Life Cycle, and it is all the more dangerous because it typically goes unrecognized.“[352]

Während Innovationen oftmals die frühen Anwendergruppen erreichen, ist für den kommerziellen Durchbruch die Anwendung in den Massenmärkten (Mainstream Markets) entscheidend. „Once you have found success with early adopters, you want to sell to mainstream customers. Mainstream customers have different requirements and are much more demanding.“[353] Als ein plakatives Negativbeispiel wird das Personenbeförderungssystem Segway genannt, das nur in einer kleinen Nische eingesetzt wurde, was schließlich am 15. Juli 2020 trotz eines hoch

351 Vgl. dazu Moore (2014), S. 21–31. Vgl. auch Interpretation von Blank (2013), S. 18–20.

352 Moore (2014), S. 25.

353 Ries (2011), S. 170.

innovativen, in der Nische populären Produktes zur Einstellung der Produktion geführt hat.[354]

Das größte Problem des Phasenverlaufs ist, dass bei Innovationen in der folgenden Anwendergruppe anfangs keine Referenzkunden genannt werden können, was in Hightech-Märkten jedoch gerade bei den späteren, eher konservativen Käufergruppen sehr wichtig ist. Das Überqueren der dadurch entstehenden Kluft zwischen den Frühen Anwendern und der Frühen Mehrheit ist eine große Herausforderung, weil gerade in dieser Übergangsphase Umsätze ausbleiben, was bei Managern, Gesellschaftern und Investoren für Unruhe sorgen kann. Entsprechend aggressiv müssen etablierte Unternehmen auch vorgehen, da beim Eintreten in den Massenmarkt die bisherigen „Platzhirsche" Gegenmaßnahmen entwickeln werden. Diese Situation vergleicht der Autor mit der Invasion der Alliierten im Zweiten Weltkrieg in der Normandie. „That's the strategy. Replicate D-Day and win entry to the mainstream. Cross the chasm by targeting a very specific niche market where you can dominate from the outset, drive your competitors out of that market niche, and then use it as a base for broader operations."[355] Ziel hierbei ist, in einem oder zwei benachbarten Nischenmärkten, in denen die eigene Lösung besonders relevant ist, eine dominante Position im Sinne einer Marktführerschaft aufzubauen. Diese Vorgehensweise bildet den im Sprachgebrauch von Start-ups legendär gewordenen Brückenkopf (Beach Head), über den der Eintritt in den Massenmarkt gelingen soll. „First, we will look at how to select the point of attack, the place to cross, the beachhead, the head of bowling pin. Then we will look at what kind of offer it will take to secure that initial target market, and how we as a fledging enterprise [erwachsen werdendes Unternehmen] with limited resources can go about fielding such an offer."[356] Ein sehr erfolgreiches Beispiel ist das Software-Unternehmen Salesforce, das sich mit seiner innovativen Abonnement-Cloud-Technologie auf die Bedürfnisse von Verkäufern in mittelgroßen Technologie-Unternehmen ausschließlich in den USA konzentrierte. „Unlike the incumbent sales automation packages, which were sold to enterprise executives to help them with budgeting and forecasting, Salesforce was designed first and foremost to help the salespeople themselves […]."[357]

---

[354] Vgl. Moore (2014), S. 27, 174–175. Vgl. zur Geschichte von Segway auch Breustedt (2020), S. 1–3.

[355] Moore (2014), S. 79.

[356] Moore (2014), S. 102.

[357] Auch bekannt unter dem Begriff Software-as-a-Service (SaaS), der eine Nutzung von Software als Dienstleistung i. d. R. mit Hilfe der Cloud-Technologie beschreibt.

Für die erfolgreiche Marktentwicklung wird das seit den frühen 1980er-Jahren bekannte Konzept des Gesamtproduktes (Whole Product) im Zeitverlauf immer wichtiger. Bei diesem erweiterten Produktbegriff legen sich wie bei einer Zwiebel um den Kern des generischen Produktes die Schalen des erwarteten Produktes (Expected Product), des vergrößerten Produktes (Augmented Product) und schließlich ganz außen des potenziellen Produktes (Potential Product). „If we look at the Technology Adoption Life Cycle as a whole, we can generalize that the outer circles of the whole product increase in importance as one moves from left to right."[358] In einem späteren Schritt wird die Idee des Gesamtproduktes als Konzept strukturiert in den Produktkern und weitere begleitende Produkte und Dienstleistungen.

Darauf aufbauend wird der Wettbewerb von Moore in einem Wettbewerbspositionierungs-Kompass (Competitive Positioning Compass) veranschaulicht (siehe Abb. 6.11), an dem sich neben der Entwicklung des Frühen Marktes

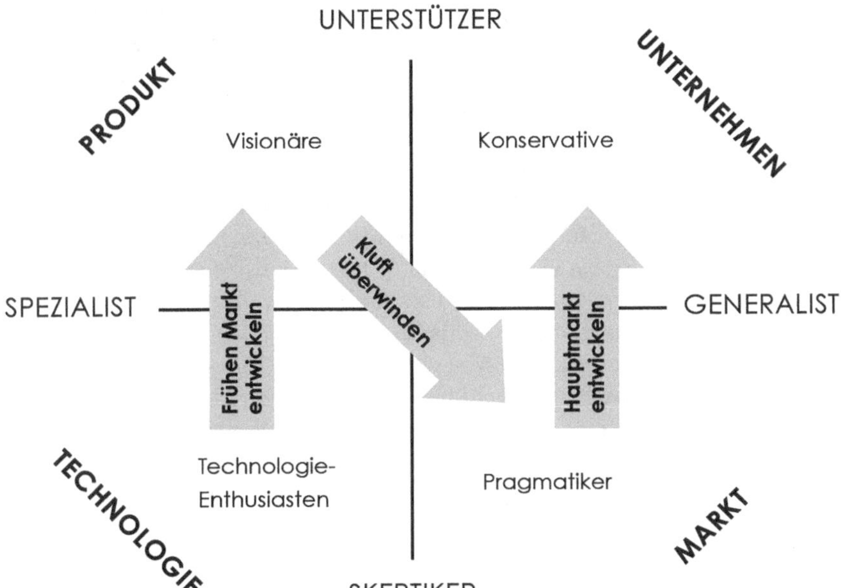

Abb. 6.11 Der Wettbewerbspositionierungs-Kompass (vgl. Moore (2014), S. 167, eigene Darstellung)

[358] Moore (2014), S. 133.

(Early Market) und des Hauptmarktes (Mainstream Market) auch der unnatürliche Rhythmus des „Sprungs über die Kluft“ vom Produkt zum Markt darstellen lässt.[359] „These are the two ‚natural‘ marketing rhythms in high tech – developing the early market and developing the mainstream market. [...] By contrast, the ‚chasm transition‘ represents an unnatural rhythm. Crossing the chasm requires moving from an environment of support among the visionaries back into one of skepticism among the pragmatists.“[360]

Im Wettbewerbspositionierungs-Kompass sind auf der horizontalen Achse das Käuferinteresse und das Verständnis von Hightech-Innovationen abgetragen. Im Allgemeinen werden frühe Märkte von Spezialisten dominiert, welche mehr an Technologie und den Produkteigenschaften interessiert sind, während im Hauptmarkt Generalisten vorherrschen, die Marktführerschaft und Stabilität bevorzugen. Die vertikale Achse überlagert die erste Dimension durch die Käufereinstellung gegenüber dem Wertversprechen und reicht von Skeptikern zu Unterstützern. Unterstützer sind an dem Produkt und dem Unternehmen interessiert, während Skeptiker im Gegensatz dazu kein Interesse zeigen. Gerade am Anfang wäre eine Betonung von Produkt und Unternehmen ein Fehler, weil die Marktteilnehmer dies aufgrund der jungen Unternehmensgeschichte als unglaubwürdig empfinden. Im Gegensatz dazu lassen sich am Anfang Technologie-Enthusiasten durch eine neue Technologie aktivieren. In ähnlicher Weise können skeptische Generalisten durch neue Marktentwicklungen überzeugt werden, über die diese dann auch später vom Unternehmen insgesamt überzeugt werden können. Diese zwei parallelen Bewegungen werden als natürliche Marketingrhythmen bezeichnet. Ganz anders ist der eigentliche Übergang über die Kluft (Chasm Transition) als unnatürlicher Rhythmus, denn er startet von einem Zustand der Zustimmung bei den Visionären hin zu einem neuen Zustand der Skepsis bei den Pragmatikern.

Um den Übergang über die Kluft zu schaffen und das Vertrauen der Pragmatiker zu gewinnen, muss eine genaue Einordnung in die Wettbewerbslandschaft erfolgen (siehe Abb. 6.12). Dafür müssen die Werteversprechen zunächst von einer produktzentrierten Argumentation (z. B. einfache Bedienbarkeit) in eine marktorientierte Argumentation (z. B. zuverlässige Anwendererfahrung) überführt werden. Dann erfolgt die Einordnung in die Wettbewerbslandschaft. Dazu werden in der Produktpositionierungsmatrix zwei Wettbewerber definiert, wovon einer – die Marktalternative – den heutigen Zielmarkt mit einem alten Angebot bedient und der andere –

[359] Vgl. zum Folgendem Moore (2014), S. 167–173.

[360] Moore (2014), S. 169.

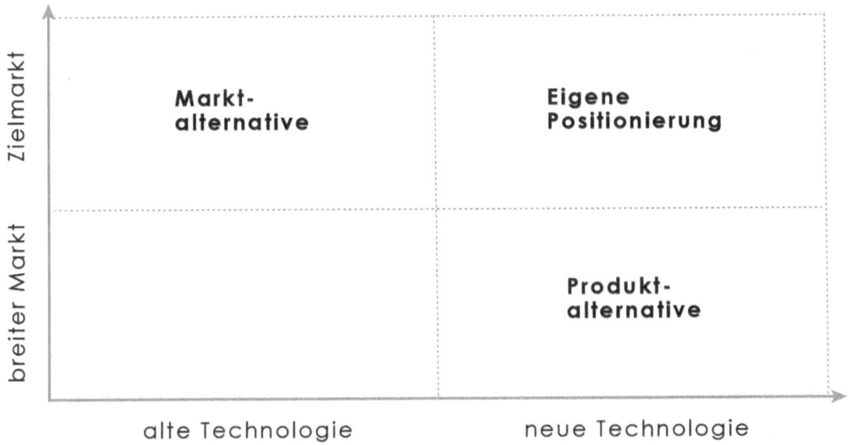

Abb. 6.12 Produktpositionierungsmatrix mit Markt- und Produktalternative (vgl. Moore (2014), S. 172, eigene Darstellung)

die Produktalternative – mit einem ähnlichen Angebot einen breiteren Markt bedient und somit indirekt die Relevanz des neuen technologischen Ansatzes bestätigt.

Im Anschluss sind nach der geeigneten Produktpositionierung in der finalen Markteinführungsphase die Auswahl der Vertriebswege und die Preisgestaltung entscheidend.[361] Für die Markteinführung innovativer Produkte ist der Aufbau einer Marke besonders wichtig, die sich klar an der Problemlösung ausrichtet und zum Geschäftskonzept passt. „To build a brand today, you have to start with you customer and the problem you are solving for the brands that people love most are embedded within the business idea itself."[362] Diese Marke darf nicht nur für die Frühen Anwender (Early Adopters) geeignet sein, sondern auch für spätere Kundengruppen, für die ein hoher Neuigkeitsgrad eher unangenehm ist.[363] Dabei ist es wichtig, eine Gemeinschaft aufzubauen, die auf gemeinsamer Leidenschaft und Wertvorstellungen fußt und sich so von anderen abgrenzt. „Communities form not around a logo, or a clever social media strategy, but a shared set of passions and

[361] Vgl. Moore (2014), S. 197–212.

[362] Heyward (2020), S. 5.

[363] Vgl. Heyward (2020), S. 9.

ideals."[364] Bezüglich des Produktprogramms wird empfohlen, zunächst mit wenigen Varianten zu starten und erst später das Programm behutsam aufzubauen.[365]

6.4.4 Erreichen des kritischen Hauptmarktes

Das Erreichen des attraktiven Hauptmarktes ist für Unternehmen mit innovativen Geschäftsmodellen nach der erfolgreichen Markteinführung die nächste Herausforderung. Eine Studie zeigt, dass nur rund 22 Prozent der Start-ups, die eine Serie-B-Finanzierungsrunde erhielten und ein verkaufsfähiges Produkt vorweisen konnten, überhaupt die Phase der Skalierung erreichen. Rund 27 Prozent werden aufgekauft und rund 51 Prozent können sich gerade so halten oder stellen die Geschäfte ein.[366]

In seinem auf dem Grundgedanken der Kluft aufbauenden Werk unterteilt Moore den Technologieübernahmeprozess in insgesamt sechs Phasen:[367]

- **Der Frühe Markt** (The Early Market). Technologie-Enthusiasten und Visionäre wollen als Erste das neue Paradigma ausprobieren.
- **Die Kluft** (The Chasm). Die Zeit der Verzweiflung, wenn das Interesse des Frühen Marktes abflaut, aber der Massenmarkt wegen der Unreife der Lösung skeptisch ist.
- **Die Kegelbahn** (The Bowling Alley). Nischenbezogene Einführung vor dem Hauptmarkt, getrieben von unwiderstehlichen Kundenbedürfnissen und dem Willen der Anbieter, nischenspezifische Gesamtprodukte anzufertigen.
- **Der Wirbelsturm** (The Tornado). Die Phase der Einführung in den Hauptmarkt, wenn der allgemeine Marktplatz zu dem völlig neuen, grundlegenden Infrastruktur-Paradigma (Infrastructure Paradigm) wechselt.
- **Die Hauptstraße** (Main Street). Die Phase der Entwicklung des Anschlussmarktes, wenn die Basis-Infrastruktur ausgerollt wurde und das Ziel ist, dessen Potenzial auszuarbeiten.
- **Das Lebensende** (End of Life). Die Phase des Sterbens des Produktes. Diese kann gerade bei Hightech früh kommen, denn die Halbleiterindustrie treibt das Preis-Leistungs-Verhältnis in ungeahnte Höhen, sodass völlig neue grundlegende Produkte (Paradigms) auf den Markt kommen können und führende Anbieter, die selbst erst angekommen sind, verdrängen können.

---

[364] Heyward (2020), S. 97.

[365] Vgl. Heyward (2020), S. 117–122.

[366] Vgl. Barquin et al. (2020), S. 2–3.

[367] Vgl. Moore (2005), S. 25.

Setzt sich das Produkt schließlich durch, folgt in der Hauptphase nach dem spezifischen Technologieübernahmeprozess ein neuer, teilweise überlappender Lebenszyklus der eigentlichen Produktkategorie.

In der Phase der Kegelbahn entspricht der vorderste Kegel im amerikanischen Bowling oder dem deutschen Kegeln gleichermaßen dem Brückenkopf (Beachhead), dem ersten Segment des Markteintritts. Über die nachgelagerte Bearbeitung anschließender Segmente erreicht das Unternehmen die nächste Phase des Massenmarktes, den titelgebenden Wirbelsturm, bevor es in den Massenmarkt, die Hauptstraße, eintritt. Die kritischen Erfolgsfaktoren in den wichtigen Phasen Kegelbahn und Wirbelsturm sind vollkommen unterschiedlich. So sollten sich Hersteller in der Kegelbahnphase auf den kostenbewussten Käufer und die Verwender konzentrieren, während im Wirbelsturm beide ignoriert werden sollten und die Käufer der Infrastruktur, z. B. IT-Leiter bei neuartiger Software, wichtig sind. „[...] the critical success factors for tornado strategy are diametrically opposed to those for the bowling alley. As a consequence, companies who have won great victories in the bowling alley and persist in their to-date successful mode of operation doom themselves to become second-tier players in the tornado and play increasingly marginalized roles as the market goes forward.“[368]

Zusammenfassend können die Phasen des Technologielebenszyklus mit ihren besonderen Herausforderungen in einem Diagramm dargestellt werden (siehe Abb. 6.13), was als Hilfestellung für die Einordnung einer Technologie dienen kann.[369] Der Lebenszyklus startet im oberen linken Quadranten. Der grundlegende Paradigmenschock (Paradigm Shock) durch die Innovation ist hoch, der Nutzen aber gering, weil sich die neue Technologie noch im Wissenschafts- oder Prototypenstatus befindet. In dieser frühen Phase des niedrigen Applikationsdurchbruchs sind ausschließlich Technologie-Enthusiasten begeistert. Im zweiten Quadranten rechts oben werden die Visionäre auf das Produkt aufmerksam und sorgen für den ersten Durchbruch bei den Applikationen. Die Pragmatiker bemerken das Produkt ebenfalls, wollen jedoch nicht das Risiko des grundlegenden Paradigmenschocks tragen, was die berühmte Kluft ausmacht.

Um schließlich in den dritten Quadranten unten rechts zu gelangen, müssen Unternehmen den speziellen Brückenkopf auswählen, um den Paradigmenschock mit der begrenzten, nischenspezifischen Lösung zu reduzieren. Das ist die Kegelbahnphase, in der intelligentes Marketing den Übergang beschleunigen kann. Da immer mehr Segmente bedient werden, treten die Bedingungen für eine allgemeingültige Infrastruktur hervor, welche die Mehrheit der Pragmatiker annimmt. Da die

368 Moore (2005), S. 99.

369 Vgl. Moore (2005), S. 136–138.

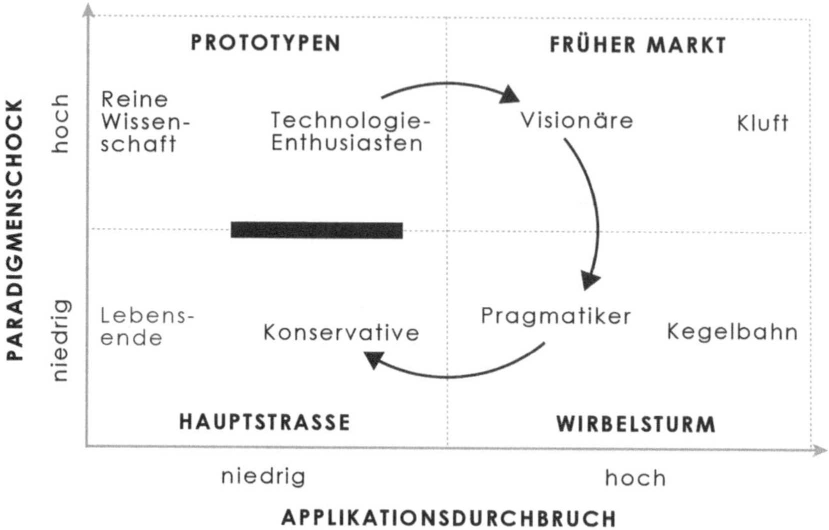

Abb. 6.13 Diagramm Unstetigkeit und Technologielebenszyklus (vgl. Moore (2005), S. 136, eigene Darstellung)

Pragmatiker einem Herdentrieb folgen, werden so Standards gesetzt, welche die notwendige Herstellerbasis anregen, den Paradigmenschock gemeinsam zu beseitigen, während sie immer noch bahnbrechende Applikationen ausliefern – das ist die Dynamik des Wirbelsturms.

Wenn der Wirbelsturm abklingt, kaufen Konservative zum ersten Mal, da der Paradigmenschock vollständig absorbiert wurde und die Durchbrüche bei den Applikationen inzwischen Standard geworden sind. Der Markt bewegt sich Richtung Massenmarkt mit einem Fokus auf zusätzliche Werteversprechen. Wenn Kunden sich zu lange an ihre gewohnten Lösungen klammern, könnten sie dem Paradigmenschock zum Opfer fallen, weil die weltweite Infrastruktur auf den neuen Standard wechselt und die Unterstützung für den bisherigen Standard zurückgeht. Schließlich ist es keinem Hersteller möglich, von dem vierten Quadranten direkt wieder in den Ausgangsquadranten zu gelangen. Die Konservativen, symbolisiert durch die angedeutete Mauer, tolerieren keine Paradigmenschocks und wollen deshalb nicht mit Herstellern zusammenarbeiten, welche diesen Schock deshalb über die Zeit wieder reduzieren müssen. Es entsteht kein Kreislauf.

Literatur

Abhari, K., Davidson, E., & Xiao, B. (2021). Inventing together: The role of actor goals and platform affordances in Open Innovation. *Journal of the Association of Information Systems*, https://www.researchgate.net/profile/Kaveh_Abhari/publication/350579591_Inventing_Together_The_Role_of_Actor_Goals_and_Platform_Affordances_in_Open_Innovation/links/6066b6a592851c91b19889a2/Inventing-Together-The-Role-of-Actor-Goals-and-Platform-Affordances-in-Open-Innovation.pdf. Zugegriffen: 11. Juli 2021.

Abrell, A. (2021). Die Rolle der Hierarchie in weniger hierarchischen Organisationen. In Bodemann, M., Fellner, W., & Just, V. (Hrsg.), *Zukunftsfähigkeit durch Innovation, Digitalisierung und Technologien, Organisationskompetenz Zukunftsfähigkeit* (S. 101–129). Berlin: Springer Gabler.

Aghina, W., De Smet, A., & Weerda, K. (2015). Agility: it rhymes with stability. *McKinsey Quartely.* https://www.mckinsey.com/business-functions/organization/our-insights/agility-it-rhymes-with-stability. Zugegriffen: 29. Mai 2021.

Ahuja, S. B. (2019). *Disrupt it yourself. Eight ways to hack a better business – before the competition does.* (o. O.): HarperCollins Leadership.

Albers, S. (2004). Forecasting the diffusion of an innovation prior to launch. In Albers, S. (Hrsg.), *Cross-functional innovation management* (S. 243–258). Wiesbaden: Gabler.

Albrecht, A., & Albrecht, E. (2021). Hybrides Projektmanagement. Gruppe. Interaktion. Organisation. *Zeitschrift für Angewandte Organisationspsychologie.* https://link.springer.com/article/10.1007%2Fs11612-021-00563-z. Zugegriffen: 29. Mai 2021.

Alqudah, M., & Razali, R. (2016). A review of scaling agile methods in large software development. *International Journal on Advanced Science Engineering Information Technology*, 6(6), S. 828–837.

Baghai, M., Coley, S., & White, D. (1999). *The alchemy of growth. Kickstarting and sustaining growth in your company.* London: Orion Business.

Bagno R. B., Salerno, M. S., de Souza Junior, W. C., & O'Connor, G. C. (2020). Corporate engagements with startups: antecedents, models, and open questions for innovation management. *Product: Management and Development.* https://doi.org/10.4322/pmd.2019.019. Zugegriffen: 29. Mai 2021.

Baharian, A., & Wallisch, M. (2018). *Mittelstand meets Startup. Potenziale der Zusammenarbeit.* Eschborn: RKW Rationalisierungs- und Innovationszentrum der Deutschen Wirtschaft e. V.

Banholzer, M., Berger-de Leon, M., Dreischmeier, R., Libarikian, A., & Roth, E. (2019). Building new businesses: How incumbents use their advantages to accelerate growth. *Leap by McKinsey.* https://www.mckinsey.com/business-functions/mckinsey-digital/our-insights/building-new-businesses-how-incumbents-use-their-advantages-to-accelerate-growth. Zugegriffen: 30. Mai 2021.

Barquin, S., Dreischmeier, R., Hertli, S., Königsfeld, J., & Roth, A. (2020). The big boost: How incumbents successfully scale their new businesses. *McKinsey Digital.* https://www.mckinsey.com/business-functions/mckinsey-digital/our-insights/the-big-boost-how-incumbents-successfully-scale-their-new-businesses. Zugegriffen: 30. Mai 2021.

Bass, F. M. (1969). A new product growth for model consumer durables. *Management Science*, 15(5), S. 215–227.

Bauer, C., Hohl, E., & Zirkler, M. (2019). Der lange Weg zur Holakratie. Vom Betriebssystem zum Unternehmensalltag. *OrganisationsEntwicklung*, 38(2), S. 37–44.

Bauer, W., Stiefel, K.-P., & Rief, S. (2019). *Corporate Innovation Labs. Eine explorative Studie*. Stuttgart: Fraunhofer Verlag.

Benrath, B. (2021). Warum hat Europa keine großen Tech-Konzerne? *Frankfurter Allgemeine Zeitung*. https://www.faz.net/aktuell/wirtschaft/schneller-schlau/schneller-schlau-warum-hat-europa-keine-tech-konzerne-17160222.html. Zugegriffen: 30. Mai 2021.

Berg, M., Nowotny, V., & Weissmann, K. (2021). *Corporate Innovation Mindset. Das Redesign Ihrer Unternehmens-DNA*. Stuttgart: Schaeffer-Poeschel.

Berghaus, S., & Back, A. (2017). *Disentangling the fuzzy front end of digital transformation: activities and approaches. ICIS 2017 Proceedings 4*.https://aisel.aisnet.org/icis2017/PracticeOriented/Presentations/4/?utm_source=aisel.aisnet.org%2Ficis2017%2FPracticeOriented%2FPresentations%2F4&utm_medium=PDF&utm_campaign=PDFCoverPages. Zugegriffen: 30. Mai 2021.

Bernecker, M. (2019). Umsetzung und Durchsetzung von Agilität. In Thomaschewski, D., & Völker, R. (Hrsg), *Agiles Management* (S. 120–153). Stuttgart: W. Kohlhammer.

Bertello, A., Bogers, M. L. A. M., & De Bernardi, P. (2021). *Open innovation in the face of the COVID-19 grand challenge: insights from the Pan-European hackathon 'EUvsVirus'*. https://doi.org/10.1111/radm.12456. Zugegriffen: 30. Mai 2021.

Birkinshaw, J., Bouquet, C., & Barsoux, J.-L. (2011). The 5 myths of innovation. *MIT Sloan Management Review*, 4, S. 1–8.

Bitkom (2019). *Bitkom Startup Report 2019. Ergebnisse einer Online-Befragung unter Gründern von IT-Startups in Deutschland*. Berlin: Bitkom.

Blank, S. (2013). *The four steps to the epiphany. Successful strategies for products that win* (5. Aufl.). o. O.: Steve Blank.

Blank, S., & Dorf, B. (2012). *The startup owner's manual. The step-by-step guide for building a great company*. Pescadero: K&S Ranch Press.

Braun, M. (2001). Testen Sie Ihre Innovationskraft! In Braun, M., Feige, A., & Sommerlatte, T. (Hrsg.), *Business Innovation. Quantensprünge statt „Innovationiönchen". Ein Wegweiser zur zielgerichteten Geschäftserneuerung* (S. 366–380). Frankfurt: Arthur D. Little.

Brazil, T. (2020). *Agile innovation management system. Using the agile innovation master plan framework*. o. O.: Thomas Brazil.

Breustedt, H. (2020). Segway am Ende: von der Revolution zum Superflop. *Absatzwirtschaft*. https://www.absatzwirtschaft.de/segway-am-ende-von-der-revolution-zum-superflop-173379/. Zugegriffen: 30. Mai 2021.

Brockhoff, K. (1999). *Produktpolitik* (4. Aufl.). Stuttgart: Lucius und Lucius.

Brunswicker, S., & van de Vrande, V. (2014). Exploring open innovation in small and medium-sized enterprises. In Chesbrough, H., Vanhaverbeke, W., & West, J. (Hrsg.), *New frontiers in Open Innovation* (S. 135–168). Oxford: Oxford University Press.

Budras, C. (2021). Erleichterungen für Start-ups in neuer Rechtsform. *Frankfurter Allgemeine Zeitung*. https://www.faz.net/aktuell/wirtschaft/unternehmen/gesetzentwurf-erleichterungen-fuer-start-ups-in-neuer-rechtsform-17209409.html. Zugegriffen: 30. Mai 2021.

Bürkin, B. (2021). *Organisation der Servicetransformation*. Wiesbaden: Springer Gabler.

Chao, R. O., & Kavadias, S. (2006). A theoretical framework for managing the NPD portfolio: When and how to use strategic buckets. *Management Science*, 54(5), S. 907–921.

Chesbrough, H. (2003). *Open innovation. The new imperative for creating and profiting from technology*. Boston: Harvard Business School Publishing.

Chesbrough, H. (2020). *Open innovation results. Going beyond the hype & getting down to business*. Oxford: Oxford University Press.

Choudary, S. P. (2015). *Platform Scale. How a new breed of startups is building large empires with minimum investment*. o. O.: Platform Thinking Labs.

Christensen, C. M., Hall, T., Dillon, K, & Duncan, D. S. (2016). *Competing against luck. The story of innovation and customer choice*. New York: HarperCollins.

Christensen, C. M., & Raynor M. E. (2003). *The innovator's solution. Creating and sustaining successful growth*. Boston: Harvard Business Review Press.

Collins, J., & Lazier, B. (2020). *Be 2.0. Turning your business into an enduring great company*. New York: Penguin Random House.

Collins, S., Dreischmeier, R., Libarikian, A., & Unni, A. (2020). Why business building is the new priority for growth. *McKinsey & Company*. https://www.mckinsey.com/business-functions/mckinsey-digital/our-insights/why-business-building-is-the-new-priority-for-growth. Zugegriffen: 3. Juni 2021.

Cooper R. G. (2017). *Winning at new products. Creating value through innovation* (5. Aufl.). New York: Basic Books.

Cox, P. L., & Khan R. H. (2017). Country culture and national innovation. *Archives of Business Research*, 5(2), S. 85–101.

Curtis, M, Cotton, M., Mare, N. de la, Fisher, T., Sergio, F., & Edlund, J. (2020). *Fjord Trends 2021*. https://www.accenture.com/us-en/insights/interactive/fjord-trends. Zugegriffen: 3. Juni 2021.

Cyert, R. M., & March J. G. (1963). A behavioral theory of the firm. Englewood Cliffs: Prentice-Hall. Nachdruck: Mansfield Centre, 2013.

Dahm, M. H., Holst, C., & Schmitz, L.-M. (2020). Die digitale Transformation von Unternehmen – Unternehmenskultur im Fokus. Ein Konzept zur strukturierten und zielgerichteten Kulturtransformation für deutsche Traditionsunternehmen. In Dahm, M. H., & Thode, S. (Hrsg.), *Digitale Transformation in der Unternehmenspraxis* (S. 127–150). Wiesbaden: Springer Gabler.

Denning, S. (2018). *The age of agile. How smart companies are transforming the way work gets done*. New York: AMACOM.

Dhingra, N., Samo, A., Schaninger, B., & Schrimper, M. (2021). Help your employees find purpose – or watch them leave. *McKinsey & Company*. https://www.mckinsey.com/business-functions/organization/our-insights/help-your-employees-find-purpose-or-watch-them-leave. Zugegriffen: 3. Juni 2021.

Doerr, J. (2017). *Measure what matters. OKRs – The simple idea that drives 10x growth*. New York: Penguin Business.

Dörner, K., Henz, T., Flötotto, M., & Strålin, T. (2021). Europe's innovation wunderkinds: The rising B2B start-up ecosystem. *McKinsey & Company*. https://www.mckinsey.com/industries/technology-media-and-telecommunications/our-insights/europes-innovation-wunderkinds-the-rising-b2b-startup-ecosystem. Zugegriffen: 3. Juni 2021.

Duran, P., Kammerlander, N., van Essen, M., & Zellweger, T. (2016). *Doing more with less: Innovation input and output in family firms*. Academy of Management Journal, 59(4), S. 1224–1264.

Duwe, J. (2018). *Beidhändige Führung. Wie Sie als Führungskraft in großen Organisationen Innovationssprünge ermöglichen.* Wiesbaden: Springer Gabler.

Duwe, J., & Schumacher, T. (2020). Die Vernetzung der Welten. Beidhändigkeit der Führung. *OrganisationsEntwicklung*, 39(4), S. 28–29.

Ebers, M. (2017). Organisationsmodelle für Innovation. *Schmalenbachs Zeitschrift für betriebswirtschaftliche Forschung*, 69(1), S. 81–109.

Engelsberger, A., Halvorsen, B., Cavanagh, J., & Bartram T. (2021). Human resources management and Open Innovation: the role of Open Innovation mindset. *Asia Pacific Journal of Human Resources*. https://doi.org/10.1111/1744-7941.12281. Zugegriffen: 3. Juni 2021.

Fischer, F. J. (2020). Die Rolle des Company Builder in der Digitalen Transformation. In Fortmann, H. R. (Hrsg.), *Digitalisierung im Mittelstand. Trends, Impulse und Herausforderungen der digitalen Transformation* (S. 23–33). Wiesbaden: Springer Gabler.

Fojcik, T. M. (2015). *Ambidextrie und Unternehmenserfolg bei einem diskontinuierlichen Wandel. Eine empirische Analyse unter besonderer Berücksichtigung der Anpassung von Veränderung von Organisationsarchitekturen im Zeitablauf.* Wiesbaden: Springer Gabler.

Følstad, A., & Kvale, K. (2019). Customer journeys: a systematic literature review. *Journal of Service Theory and Practise*, 28(2), S. 196–227.

Friedmann, D. P. (2019). Agile Zusammenarbeit zwischen Teams und Führungskräften. In Thomaschewski, D., & Völker R. (Hrsg.), *Agiles Management* (S. 97–114). Stuttgart: W. Kohlhammer.

Fuhrmann, B. (2019). Agile Teams brauchen starke Führung – das eine bedingt das andere! In Thomaschewski, D., & Völker R. (Hrsg.), *Agiles Management* (S. 114–119). Stuttgart. W. Kohlhammer.

Future Today Institute (2021). *2021 Tech Trends Report*. New York: Future Today Institute.

Gans, J. (2016). *The disruption dilemma*. Cambridge: The MIT press.

Gans, J. (2020). To disrupt or not to disrupt? Disruption isn't always the right strategy for startups. It's a choice. *MIT Sloan Management Review*, 61(3), S. 40–45.

Gassmann, O., Frankenberger, K., & Choudury, M. (2020). *The Business Model Navigator. The strategies behind the most successful companies* (2. Aufl.). Harlow: Pearson.

Gassmann, O., Frankenberger, K., & Choudury, M. (2021). *Geschäftsmodelle entwickeln. 55+ innovative Konzepte mit dem St. Galler Business Model Navigator* (3. Aufl.). München: Hanser.

Georgi, R. (2021). Das Hütchenspiel der New Work. *Zeitschrift für Angewandte Organisationspsychologie*. https://doi.org/10.1007/s11612-021-00568-8. Zugegriffen: 3. Juni 2021.

Gerster, D., Dremel, C., Brenner, W., & Kelker, P. (2020). Adopt agile forms of organizational design: a multiple-case study. *The DATA BASE for Advances in Information Systems*, 51(1), S. 84–103.

Giesswein, M. (2020). *Digital Game Changer. Maßgeschneiderte Digitalkompetenz für Führungskräfte*. Wien: WU Executive Academy.

Globocnik, D., & Faullant, R. (2020). Do Lead Users cooperate with manufacturers in innovation? Investigating the missing link between lead userness and cooperation initiation with manufacturers. *Technovation*, 100, S. 102–187.

Gold, B. (2018). *Silicon Valley Start-ups and Corporate Innovation. Approaches to resolve the innovator's dilemma*. Wiesbaden: Springer Gabler.

Govindarajan, V., & Trimble, C. (2011). *Reverse innovation. Create far from home, win everywhere*. Boston: Harvard Business School Publishing.

Goyk, R., & Grote, S. (2018). Holakratie – Ein neuer Stern am Himmel der Organisationsentwicklung? In Grote, S., & Goyk, R. (Hrsg.), *Führungsinstrumente aus dem Silicon Valley* (S. 79–97). Wiesbaden: Springer Gabler.

Grab, B., & Olaru, M. (2021). Selbststeuernde Teams als Werkzeug zum erfolgreichen Umgang mit der digitalen Transformation. In Bodemann, M., Fellner, W., & Just, V. (Hrsg.), *Zukunftsfähigkeit durch Innovation, Digitalisierung und Technologien. Organisationskompetenz Zukunftsfähigkeit* (S. 135–170). Berlin: Springer Gabler.

Greve, H. R. (2007). Exploration and exploitation in product innovation. *Industrial and Corporate Change*, 16(5), S. 1–31.

Griesbach, D., & Schlüchter J. (2020). Werkzeug (65), Three Horizon Modell – Denkrahmen für Wachstum. *OrganisationsEntwicklung*, 39(4), S. 101–105.

de Groote, J. K., & Backmann, J. (2019). Initiating Open Innovation collaborations between incumbents and startups: How can David and Goliath get along? *International Journal of Innovation Management*, 24(2), S. 1–33.

Gudergan, G., Feige, B. A., & Krechting, D. (2017). Ordnungsrahmen für den Prozess der Business-Transformation. In Blaeser-Benfer, A., & Pollety, W. (Hrsg.), *Digitalisierung. Betriebliche Handlungsfelder der Unternehmensentwicklung* (S. 155–172). Frankfurt: Frankfurter Allgemeine Buch.

Gustafsson, D., & Herstedt, J. (2019). *'The future of innovative partnerships' – How can large global companies and startups form successful collaborations?*. Gothenburg: University of Gothenburg.

Guttenberger, M., & Vatter, P. (2020). Innovate like Start-ups – Das Innovationsformat Makeathon als Basis für die Entwicklung disruptiver Innovationen. In Dahm, M. H., & Thode, S. (Hrsg.), *Digitale Transformation in der Unternehmenspraxis* (S. 379–396). Wiesbaden: Springer Gabler.

Hakkarainen, K., & Talonen, T. (2014). The innovation funnel fallacy. *International Journal of Innovation Science*, 6(2), S. 63–71.

Halecker, B. (2020). *Dino trifft Einhorn. 55 Dinge, die Unternehmen & Startups voneinander lernen müssen, um erfolgreich zu sein*. Berlin: Bastian Halecker.

Hall, D. J., & Saias, M. A. (1980). Strategy follows structure! *Strategic Management Journal*, 1(2), S. 149–163.

Hansen, M. T., & Birkinshaw, J. (2007). The innovation value chain. *Harvard Business Review*, 85(6), S. 1–13.

Hauschildt, J., Salomo, S., Schultz, C., & Kock, A. (2016). *Innovationsmanagement*. München: Verlag Franz Vahlen.

Häusling, A., & Kahl, M. (2018). Das TRAFO-Modell zur agilen Organisationsentwicklung. In Häusling, A. (Hrsg.), *Agile Organisationen. Transformationen erfolgreich gestalten – Beispiele agiler Pioniere* (S. 47–95). Freiburg: Haufe-Lexware.

Heider, A. K.; Rüsen, T. A., Hülsbeck, M., Dethleffsen, C. H., & Orenstrat, R. (2020). *Kooperationen zwischen Start-ups und Familienunternehmen. Motive, Erwartungen und Erfolgsfaktoren bei der Zusammenarbeit etablierter und junger Unternehmen*. Witten: Wittener Institut für Familienunternehmen (WIFU).

Hellge, V., Osranek, R., Schröder, D., & Zink, K. J. (2019). Gestaltungsansätze für den digitalen Transformationsprozess. In Zink, K. J. (Hrsg.), *Arbeit und Organisation im digitalen Wandel* (S. 187–232). Baden-Baden: Nomos.

Henderson, R. M., & Clark K. B. (1990). Architectural innovation: The reconfiguration of existing product technologies and the failure of established firms. *Administrative Science Quarterly*, 35(1), S. 9–30.

Henz, T., Wang, M., & Sibanda, T. (2020). *Alumni Webcast: Flipping the odds on corporate-startup collaboration*. o. O.: Fuel, a McKinsey company.

Herger, M. (2017). *Das Silicon Valley Mindset. Was wir vom Innovationsweltmeister lernen und mit unseren Stärken verbinden können*. Kulmbach: Plassen.

Hermann, S., & Pfläging, N. (2018). *OpenSpace Beta. A handbook for organizational transformation in just 90 days*. Wiesbaden: BetaCodex Publishing.

Heyward, E. (2020). *Obsessed. Building a brand people love from day one*. New York: Portfolio Pengiun.

Hillenbrand, P., Kiewell, D., Ostojic, I., & Springer, G. (2021). Scale or fail: How incumbents can industrialize new-business building. *McKinsey Digital*. https://www.mckinsey.com/business-functions/mckinsey-digital/our-insights/scale-or-fail-how-incumbents-can-industrialize-new-business-building. Zugegriffen: 3. Juni 2021.

Höbig, M., & Kubsch, C. (2020). Die Entwicklung eines agilen Mindsets in Unternehmen als Basis für organisatorische Agilität. In Dahm, M. H., & Thode, S. (Hrsg.), *Digitale Transformation in der Unternehmenspraxis* (S. 3–25). Wiesbaden: Springer Gabler.

Hofert, S. (2018). *Das agile Mindset. Mitarbeiter entwickeln, Zukunft der Arbeit gestalten*. Wiesbaden: Springer.

Hoffman, R., & Yeh, C. (2018). *Blitzscaling. The lightning-fast path to building massively valuable companies*. New York: Currency.

Hofstede, G. (2011). Dimensionalizing cultures: The Hofstede model in context. *Online Readings in Psychology and Culture*. http://scholarworks.gvsu.edu/orpc/vol2/iss1/8. Zugegriffen: 3. Juni 2021.

Hölscher, B. F. (2017). *Digitales Dilemma. Unternehmen im Spannungsfeld zwischen Effizienz und Innovation*. Hamburg: tredition.

Howe, J. (2006). The rise of Crowdsourcing. *Wired*. https://www.wired.com/2006/06/crowds/. Zugegriffen: 3. Juni 2021.

Hungenberg, H. (2014). *Strategisches Management in Unternehmen. Ziele – Prozesse – Verfahren* (8. Aufl.). Wiesbaden: Springer Gabler.

Hunsaker, B. T., & Knowles, J. (2021). Most businesses should neither 'pivot' nor 'double down'. *MIT Sloan Management Review*. https://sloanreview.mit.edu/article/most-businesses-should-neither-pivot-nor-double-down/. Zugegriffen: 3. Juni 2021.

Illner, K. (2021). *Purpose, Sinn und Werte. Das „Warum" als Leuchtturm in der digitalen Transformation*. Freiburg: Haufe-Lexware.

Janke, A., & Burkhardt, N. (2018). *Disruptive Technologien im Mittelstand. Prozessreifegradmanagement der Produktentwicklung*. Wiesbaden: Springer Gabler.

Johnson, M. W., Christensen, C., & Kagermann, H. (2008). Reinventing your business model. *Harvard Business Review*. https://hbr.org/2008/12/reinventing-your-business-model. Zugegriffen: 3. Juni 2021.

Jung, S. (2018). Cooperating with Start-ups as a strategy: Towards corporate entrepreneurship and innovation. In Presse, A., & Terzidis O. (Hrsg.), *Technology Entrepreneurship. FGF Studies in Small Business and Entrepreneurship* (S. 283–298). Cham: Springer.

Kammerlander, N., Bird, M., Dessi, C., & Floris, M. (2015). The impact of shared stories on family firm innovation: A multi-case study. *Family Business Review*, 28(4), S. 332–354.

Kammerlander, N., Burger, D., Fust, A., & Fueglistaller, U. (2015). Exploration and exploitation in the established small and medium-sized enterprises: The effect of CEOs' regulatory focus. *Journal of Business Venturing,* 30(4), S. 582–602.

Kavale, S. (2012). The connection between strategy and structure. *International Journal of Business and Commerce*, 1(6), S. 60–70.

Kearney, N. (2013). *Die Effekte ambidextrer Führung auf die Ideengenerierung und Ideenimplementierung, die Team-Innovation und die allgemeine Teamleistung*. Dissertation. Berlin: Technische Universität Berlin.

Kidder, D., & Geraci, J. (2018). To innovate like a startup, make decisions like VCs do. *Harvard Business Manager*. https://hbr.org/2018/05/to-innovate-like-a-startup-make-decisions-like-vcs-do. Zugegriffen: 4. Juni 2021.

Kim, W. C., & Mauborgne, R. (2005). Value innovation: a leap into the blue ocean. *Journal of Business Strategy*, 26(4), S. 22–28.

Kim, W. C., & Mauborgne, R. (2007). Blue Ocean strategy. *Harvard Business Review*. https://hbr.org/2004/10/blue-ocean-strategy. Zugegriffen: 4. Juni 2021.

Kim, W. C., & Mauborgne, R. (2015). *Blue Ocean strategy. How to create uncontested market space and make the competition irrelevant*. Boston: Harvard Business School Publishing Corporation.

Kim, W. C., & Mauborgne, R. (2021). *How to turn your customers' pain points into opportunities*. https://www.blueoceanstrategy.com/blog/how-to-turn-your-customers-pain-points-into-opportunities/. Zugegriffen: 3. Juli 2021.

Kirsner, S. (2021). Don't let financial metrics prematurely stifle innovation. *Harvard Business Review*. https://hbr.org/2021/03/dont-let-financial-metrics-prematurely-stifle-innovation. Zugegriffen: 4. Juni 2021.

Klonek, F. E., Gerpott, F. H., & Parker, S. K. (2020). A conceptual replication of ambidextrous leadership theory: An experimental approach. *The Leadership Quarterly*. https://doi.org/10.1016/j.leaqua.2020.101473. Zugegriffen: 4. Juni 2021.

Knapp, J., Zeratsky, J., & Kowitz, B. (2016). *SPRINT. How to solve big problems and test new ideas in just five days*. New York: Simon & Schuster.

Kohnke, O., & Wieser, D. (2019). Agiles Change Management. Revolution der Change Beratung? *OrganisationsEntwicklung*, 38(1), S. 80–85.

Kollmann, T., Jung, P. B., Kleine-Stegemann, L., Ataee, J., & Cruppe, K. de (2020). *Deutscher Startup Monitor 2020. Innovation statt Krise*. o. O.: Bundesverband Deutsche Startups e. V.

König, A., Kammerlander, N., & Enders, A. (2013). The family Innovator's Dilemma: How family influence affects the adoption of discontinuous technologies by incumbent firms. *Academy of Management Review*, 38(3), S. 418–441.

Kotter, J. P. (2015). *Accelerate. Strategischen Herausforderungen schnell, agil und kreativ begegnen*. München: Verlag Franz Vahlen.

Kranert, F. (2021). *Die Formel für Innovation. Fünf Elemente, die Unternehmen innovativ machen*. o. O.: Felix Kranert.

Krause, M. (2021). Start-Ups meet SMEs. In Nestle, V., Glauner, P., & Plugmann, P. (Hrsg.), *Creating innovation spaces. Management for professionals* (S. 221–233). Cham: Springer.

Kreutzer, R. T., Neugebauer, T., & Pattloch, A. (2017). *Digital Business Leadership. Digitale Transformation – Geschäftsmodell-Innovation – agile Organisation – Change-Management*. Wiesbaden: Springer Gabler.

Krohn, P. (2021). Wie sieht ein Leben in Freiheit aus? *Frankfurter Allgemeine Zeitung*. https://www.faz.net/aktuell/wirtschaft/neue-arbeit-zum-tode-von-frithjof-bergmann-17357466.html. Zugegriffen: 12. Juni 2021.

Lahtinen, N., Mustonen, E., & Harkonen, J. (2019). *Commercial and technical productization for fact-based product portfolio management over lifecycle. IEEE Transactions on Engineering Management*. https://ieeexplore.ieee.org/document/8811623. Zugegriffen: 4. Juni 2021.

Laloux, F. (2015). *Reinventing Organizations. Ein Leitfaden zur Gestaltung sinnstiftender Formen der Zusammenarbeit*. München: Verlag Franz Vahlen.

Laloux, F. (2017). *Reinventing Organizations. Ein illustrierter Leitfaden sinnstiftender Formen der Zusammenarbeit*. München: Verlag Franz Vahlen.

Lampe, T. (2020). *Nachhaltiger Erfolg für Startups: So funktioniert die Zebra-Ausbildung*.https://campusfounders.de/de/nachhaltiger-erfolg-fuer-startups-so-funktioniert-die-startup-ausbildung/. Zugegriffen: 4. Juni 2021.

Leitner, L., Leitterstorf, M., & Kammerlander, N. (2019). *Startups und Familienunternehmen. Ein Leitfaden für Unternehmerfamilien und Startup-Gründer*. Vallendar: WHU – Otto Beisheim School of Management, Institut für Familienunternehmen.

Lercher, H. (2019). *Big Picture. Das Grazer Innovationsmodell*. Graz: Kleine Zeitung.

Lietzke-Prinz, I., & Gimbel, R. (2020). Working out Loud bei Evonik. Ein neuer Ansatz für die Wissensarbeit. *OrganisationsEntwicklung*, 39(2), S. 70–73.

Lima, M. (2020). *Entrepreneurship and innovation education: Frameworks and tools*. o. O.: John Wiley & Sons.

Linz, C., Müller-Stewens, G., & Zimmermann, A. (2021). *Radical business model transformation. How leading organizations have successfully adapted to disruption* (2. Aufl.). London: Kogan Page.

Löher, J., Paschke, M., Schröder, C., & Norkina, A. (2017). *Kooperationen zwischen etabliertem Mittelstand und Start-ups. IfM-Materialien*. Bonn: Institut für Mittelstandsforschung.

Lotz, S., Raabe, J., & Roggenhofer, S. (2018). The role of customer care in a customer experience transformation. *McKinsey & Company*. https://www.mckinsey.com/business-functions/operations/our-insights/the-role-of-customer-care-in-a-customer-experience-transformation. Zugegriffen: 4. Juni 2021.

Loucks, J., Macaulay, J., Noronha, A., & Wade, M. (2016). *Digital Vortex. How today's market leaders can beat disruptive competitors at their own game*. Lausanne: IMD.

Lymann, M., Ref, R., & Wright, O. (2018). *Cornerstone of future growth. Ecosystems. Accenture Strategy*. o. O.: Accenture.

Macharzina, K., & Wolf, J. (2018). *Unternehmensführung. Das internationale Managementwissen Konzepte – Methoden – Praxis* (10. Aufl.). Wiesbaden: Springer Gabler.

Malhotra, C. K., Malhotra, A., & Bayus, B. L. (2021). Get more ideas from the crowd. *MIT Sloan Management Review*. https://sloanreview.mit.edu/article/get-more-ideas-from-the-crowd/. Zugegriffen: 4. Juni 2021.

Mankins, M. (2017). 5 ways the best companies close the strategy-execution gap. *Harvard Business Review*. https://hbr.org/2017/11/5-ways-the-best-companies-close-the-strategy-execution-gap. Zugegriffen: 4. Juni 2021.

Markides, C. C., & Oyon, D. (2011). What to do against disruptive business models (when and how to play two games at once). *MIT Sloan Management Review. Top 10 lessons on the new business of innovation*, Winter, S. 42–49.

Miclau, C., Gast, O., & Müller, A. (2018). Wenn der Kunde auf Reise geht: Die kanalübergreifende Customer Journey inszenieren. In Keuper, F., Schomann, M., Sikora, L. I., & Wassef, R. (Hrsg.), *Disruption und Transformation Management. Digital Leadership – Digitales Mindset – Digitale Strategie* (S. 381–403). Wiesbaden: Springer Gabler.

Moore, G. A. (2005). *Inside the tornado. Strategies for developing, leveraging, and surviving hypergrowth markets*. New York: HarperCollins.

Moore, G. A. (2011). *Escape velocity. Free your company's future from the pull of the past*. New York: HarperCollins.

Moore, G. A. (2014). *Crossing the chasm. Marketing and selling disruptive products to mainstream customers* (3. Aufl.). New York: HarperCollins.

Morris, L. (2017). *The agile innovation master plan*. o. O.: Futurelab Press.

Müller-Prothmann, T., & Dürr, N. (2011). *Innovationsmanagement. Strategien, Methoden und Werkzeuge für systematische Innovationsprozesse* (2. Aufl.). München: Hanser.

Nicolai, A. (2020). Aufbruch in das Ungewisse. Die Logik des iterativen Innovierens als zeitloser Kern agiler Innovationsansätze. *OrganisationsEntwicklung*, 39(4), S. 46–51.

Nohria, N., & Gulati, R. (1996). Is slack good or bad for innovation? *Academy of Management Journal*, 39(5), S. 1245–1264.

Nohria, N., & Taneja, H. (2021). A new model to spark innovation inside big companies. *Harvard Business Review*. https://hbr.org/2021/05/a-new-model-to-spark-innovation-inside-big-companies. Zugegriffen: 4. Juni 2021.

Northrup, K. (2021). How to plan your like when the future is foggy at best. *Harvard Business Review*. https://hbr.org/2021/02/how-to-plan-your-life-when-the-future-is-foggy-at-best. Zugegriffen: 5. Juni 2021.

O'Reilly, C. A., & Tushman, M. L. (2007). Ambidexterity as a dynamic capability: Resolving the Innovator's Dilemma. *Research Paper Series. Stanford Graduate School of Business*.https://doi.org/10.1016/j.riob.2008.06.002. Zugegriffen: 5. Juni 2021.

O'Reilly, C. A., & Tushman, M. L. (2016). *Lead and disrupt. How to solve the innovator's dilemma*. Stanford: Stanford University Press.

Ortmann, G. (2020). Kolumne: Agilität und Ambidextrie. *OrganisationsEntwicklung*, 39(4), S. 128.

Pampel, J. R. (2019). Controlling der Wertschöpfung von Start-ups. In Ulrich, P., & Baltzer, B. (Hrsg.), *Wertschöpfung in der Betriebswirtschaftslehre. Festschrift für Prof. Dr. habil. Wolfgang Becker zum 65. Geburtstag* (S. 509–534). Wiesbaden: Springer Gabler.

Parsons, C., Bode, J., Born, D., Vogt, P., Gschwendtner, C., Tomm, N., Fricke, P., Huth, C., Stresing, C. J., Ortloff, A., & Hirschfeld, A. (2021). *Für ein Wirtschaftswunder 2.0. Wie Startups und Scaleups den deutschen Arbeitsmarkt beflügeln*. Berlin: Internet Economy Foundation.

Pfläging, N. (2015). *Organisation für Komplexität. Wie Arbeit wieder lebendig wird – und Höchstleistung entsteht* (2. Aufl.). München: Redline Verlag.

Pfläging, N. (2020). *Essays on Beta, Vol. 1. What's now & next in organizational leadership, transformation and learning.* Wiesbaden: BetaCodex Publishing.

Pfläging, N., & Hermann. S. (2016). *Komplexithoden. Clevere Wege zur (Wieder)Belebung von Unternehmen und Arbeit in Komplexität.* München: Redline Verlag.

Pförtsch, W., & Sponholz, U. (2019). *Das neue Marketing-Mindset. Management, Methoden und Prozesse für ein Marketing von Mensch zu Mensch.* Wiesbaden: Springer Gabler.

Piller F. T., Gülpen C., & Lüttgens D. (2016) Systematische Geschäftsmodellinnovation. Die Geschäftsidee von morgen muss kein Zufallsprodukt sein. In Granig P., Hartlieb E., & Lingenhel, D. (Hrsg.), *Geschäftsmodellinnovationen* (S. 146–152). Wiesbaden: Springer Gabler.

Pisano, G. P. (2015). You need an innovation strategy. It's the only way to make sound trade-off decisions and choose the right practices. *Harvard Business Review.* https://hbr.org/2015/06/you-need-an-innovation-strategy. Zugegriffen: 5. Juni 2021.

Pohlisch, J. (2021). An introduction to internal Crowdsourcing. In Ulbrich, H., Wedel, M., & Dienel, H.-L. (Hrsg.), *Internal Crowdsourcing in companies. Theoretical foundations and practical applications* (S. 15–52). Cham: Springer.

Porter, M. E. (1996). What is strategy? *Harvard Business Review.* https://hbr.org/1996/11/what-is-strategy. Zugegriffen: 5. Juni 2021.

Prüver, T. (2021). *Startup-Barometer Deutschland.* Berlin: Ernst & Young.

Raisch, S. (2008). Balanced structures: Designing organizations for profitable growth. *Long Range Planning.* https://doi.org/10.1016/j.lrp.2008.06.004. Zugegriffen: 5. Juni 2021.

Reckhaus, H.-D. (2020). *Fliegen lassen. Wie man radikal und konsequent neu wirtschaftet.* Hamburg: Murmann.

Reeves, M., & Deimler, M. (2011). Adaptability: The new competitive advantage. *Harvard Business Review.* https://hbr.org/2011/07/adaptability-the-new-competitive-advantage. Zugegriffen: 5. Juni 2021.

Reichart, S. V. (2002). *Kundenorientierung im Innovationsprozess. Die erfolgreiche Integration von Kunden in den frühen Phasen der Produktentwicklung.* Wiesbaden: Deutscher Universitäts-Verlag.

Ridely, M. (2020). *How innovation works.* London: 4th Estate.

Ries, E. (2011). *The lean startup. How today's entrepreneurs use continuous innovation to create radically successful businesses.* New York: Currency.

Ries, E. (2017). *The startup way. How entrepreneurial management transforms culture and drives growth.* New York: Portfolio Penguin.

Rigby, D. K., Sutherland, J., & Noble, A. (2018). Agile at scale. How to go from a few teams to hundreds. *Harvard Business Review.* https://hbr.org/2018/05/agile-at-scale. Zugegriffen: 5. Juni 2021.

Rigtering, J. P. C., & Behrens, M. A. (2021). The effect of corporate-Start-up collaborations on corporate entrepreneurship. *Review of Managerial Science.* https://doi.org/10.1007/s11846-021-00443-2. Zugegriffen: 5. Juni 2021.

Robertson, B. J. (2016). *Holacracy. Ein revolutionäres Management-System für eine volatile Welt.* München: Verlag Franz Vahlen.

Rogers, E. M. (2003). *Diffusion of innovations* (5. Aufl.). New York: Free Press

Roijakkers, N., Zynga, A., & Bishop, C. (2014). Getting help from infomediaries-what can innovators do to increase value in external knowledge searches. In Chesbrough, H., Vanhaverbeke, W., & West, J. (Hrsg.), *New frontiers in Open Innovation* (S. 242–255). Oxford: Oxford University Press.

Rosenbaum, M. S., Otalora, M. L., & Ramirez, G. C. (2017). How to create a realistic customer journey map. *Business Horizons*, 60(1), S. 143–150.

Rosing, K., Frese, M., & Bausch, A. (2011). Explaining the heterogeneity of the leadership-innovation relationship: Ambidextrous leadership. *The Leadership Quarterly*, 22(5), S. 956–974.

Salvador, F., Piller, F. T., & Aggarwal, S. (2020). Surviving on the long tail: An empirical investigation of business model elements for mass customization. *Long Range Planning*. https://doi.org/10.1016/j.lrp.2019.05.006. Zugegriffen: 5. Juni 2021.

Santiago, L., & Soares, V. M. O. (2019). Strategic alignment of an R&D portfolio by crafting the set of buckets. *IEEE Transactions on Engineering Management*, 67(2), S. 309–321.

Sawhney, M., Wolcott, R. C., & Arroniz, I. (2006). Ways for companies to innovate. *MIT Sloan Management Review*, 47(3), S. 75–81.

Schein, E. H. (1984). Coming to a new awareness of organizational culture. *Sloan Management Review*, 25(2), S. 3–16.

Scheller, T. (2017). *Auf dem Weg zur agilen Organisation. Wie Sie Ihr Unternehmen dynamischer, flexibler und leistungsfähiger gestalten.* München: Verlag Franz Vahlen.

Schmidt, S. (2019). Unternehmen und Führungskultur. In Thomaschewski, D., & Völker, R. (Hrsg.), *Agiles Management* (S. 79–119). Stuttgart: W. Kohlhammer.

Schrader, M. (2017). *Transformationale Produkte. Der Code von digitalen Produkten, die unseren Alltag erobern und die Wirtschaft revolutionieren* (2. Aufl.). Hamburg: Next Factory.

Schreyögg, G., & Koch, J. (2020). *Management. Grundlagen der Unternehmensführung* (8. Aufl.). Wiesbaden: Springer Gabler.

Schumacher, T., & Wimmer, R. (2019). Der Trend zur hierarchiearmen Organisation. Zur Selbstorganisationsdebatte in einem radikal veränderten Umfeld. *OrganisationsEntwicklung*, 38(2), S. 12–18.

Schumacher, T., & Wimmer, R. (2020). Widersprüchlichkeit gestalten. Zum Management von Kern- und Innovationsgeschäft in der ambidextren Organisation. *OrganisationsEntwicklung*, 39(4), S. 10–15.

Sinek, S. (2009). *Start with why. How great leaders inspire everyone with action.* London: Penguin.

Sniukas, M., Lee, P., & Morasky, M. (2016). *The art of opportunity. How to build growth and ventures through strategic innovation and visual thinking.* Hoboken: Wiley.

Stepper, J. (2020). *Working out loud.* o. O.: Page two books.

Sutherland, J., & Sutherland, J. J. (2014). *Scrum. The art of doing twice the work in half the time.* New York: Currency.

Troilo, G., De Luca, L. M., & Atuahene-Gima, K. (2014). More innovation with less? A strategic contingency view of slack resources, information search, and radical innovation. *Journal of Product Management*, 31(2), S. 259–277.

Tushman, M. L., & Schumacher, T. (2020). Ambidextrie gestern und heute. Ein Interview mit Michael Tushman. *OrganisationsEntwicklung*, 39(4), S. 4–9.

Ulwick, A. W. (2018). *Jobs tob e done. Theory to practice.* o. O.: Idea Bite Press.

Vahs, D., & Brem, A. (2015). *Innovationsmanagement. Von der Idee zur erfolgreichen Vermarktung* (5. Aufl.). Stuttgart: Schäffer-Poeschel.

Vanhaverbeke, W. (2017). *Managing open innovation in SMEs*. Cambridge: Cambridge University Press.

Vanhaverbeke, W., & Cloodt, M. (2014). Theories of the firm and Open Innovation. In Chesbrough, H., Vanhaverbeke, W., & West, J. (Hrsg.), *New frontiers in Open Innovation* (S. 256–278). Oxford: Oxford University Press.

Vernon, R. (1966). International investment and international trade in the product cycle. *The Quarterly Journal of Economics*, 80(2), S. 190–207.

Weiblen, T., & Chesbrough, H. W. (2015). Engaging with startups enhance corporate innovation. *California Management Review*, 57(2), S. 66–90.

Weiking, J., Böttcher, T., Hermes, S., & Hein, A. (2019). *Does business model matter for startup success? A quantitative analysis.* Conference: Twenty-Seventh European Conference on Information Systems (ECIS 2019) Stockholm-Uppsala, Sweden.

Weill, P., & Woerner, S. L. (2018). *What's your digital business model? Six questions to help to build the next-generation enterprise.* Boston: Harvard Business Review Press.

Weil, P., Woerner, S. L., & Shah, A. M. (2021). Does your C-Suite have enough digital smarts? *MIT Sloan Management Review*, 62(3), S. 63–67.

Weking, J., Hein, A., Böhm, M., & Krcmar, H. (2020). A hierarchical taxonomy of business model patterns. *Electronic Markets*, 30, S. 447–468.

Wimmer, R. (2020). Auf neuen Pfaden. Beidhändigkeit in familiengeführten KMO. *OrganisationsEntwicklung*, 39(4), S. 35–38.

Wobser, G. (2020). *Neu erfinden. Was der Mittelstand vom Silicon Valley lernen kann.* Berlin: Beshu Books.

Wohlfahrt, L., & Fröhlich, F. (2019). Vermarktung frugaler Innovationen: Strategien und Erfolgsfaktoren. In Gausemeier, J., Bauer, W., & Dumitrescu, R. (Hrsg.), *Vorausschau und Technologieplanung. 15. Symposium für Vorausschau und Technologieplanung Berlin* (S. 101–119). Paderborn: Heinz Nixdorf Institut.

Wöhe, G., Döring, U., & Brösel, G. (2020). *Einführung in die Allgemeine Betriebswirtschaftslehre* (27. Aufl.). München: Verlag Franz Vahlen.

Wrobel, M., Schildhauer, T., & Preiß K. (2017). *Kooperationen zwischen Startups und Mittelstand. Learn. Match. Partner.* Berlin: Alexander von Humboldt Institut für Internet und Gesellschaft gGmbH.

Yun, J. J., Liu, Z., & Zhao, X. (2021). Introduction: Ambidextrous Open Innovation in the 4th industrial revolution. *Science, Technology & Society*. https://doi.org/10.1177/09717218211006969. Zugegriffen: 6. Juni 2021.

7 Mutiger Blick in die Zukunft

Während vor einigen Jahren das Kerngeschäft der Unternehmen „kerngesund" war, ist aktuell, insbesondere durch die verstärkte Transformation, z. B. in der Automobilindustrie, im Bankensektor und in den Handelsstrukturen, ein intensives Interesse an Innovation und Agilität feststellbar. Dieses Buch soll im Sinne eines agilen Innovationsmanagements einen ganzheitlichen Überblick für die Praxis geben. Es will aber auch Ansätze aufzeigen, wie Innovation in der eigenen Organisation ein neuer Stellenwert beigemessen werden kann. Damit können die eingangs beschriebenen Dilemmata weitgehend überwunden werden. Das schrittweise iterative Vorgehen mit der Zielgruppe ist, wie in diesem Buch beschrieben, essenziell für den Erfolg. Demzufolge ist auch die Umsetzung zu gestalten. Zielgruppen sind der Markt, aber auch die Leistungsträger im eigenen Umfeld.

Als Einstieg bietet sich das Ausprobieren der beschriebenen agilen Ansätze an, wobei im darauffolgenden Schritt Ansätze auf die Belange des spezifischen Unternehmens adaptiert und kombiniert werden können, allerdings ohne die wesentlichen Bestandteile und Prinzipien zu verwässern. Wichtig sind Impulse aus einem neuen und inspirierenden Umfeld, z. B. der Start-up-Community oder geografischen Ballungszentren der Innovation wie das Silicon Valley. Doch bald stößt man naturgemäß an seine Grenzen, wird enttäuscht und sucht einen strukturierten Ansatz.

Beim nächsten Schritt kommt man sehr schnell auf die hier als Bezugsrahmen geschilderten Fragestellungen, insbesondere auf die Formulierung der Vision, Mission und vor allem der klaren, aber agil gestalteten Strategie. Die postulierte ganzheitliche Vorgehensweise erfordert deshalb einen Bezugsrahmen, der auf der einen Seite Orientierung gibt, auf der anderen Seite aber nicht zu sehr einschränkt und Innovation zu eng an die Kernorganisation und das bestehende Kerngeschäft bindet.

G. Wobser, *Agiles Innovationsmanagement*,
https://doi.org/10.1007/978-3-662-64515-4_7

Die Verortung der Innovationsaktivitäten wird in der Praxis kontrovers diskutiert. Die hier beschriebenen Modelle geben einen Überblick zur Einordnung anhand der speziellen Unternehmenssituation. Grundsätzlich wird im Sinne dieses Buches für eine Eigenständigkeit der Innovationseinheit plädiert, die, weitgehend unabhängig und mit erheblichen Ressourcen ausgestattet, ihre eigene anwendbare Methodik auf Basis der hier vorgestellten und in der umfassenden Literatur ständig weiterentwickelten Wissensbasis finden muss. Die Unternehmensstrategie zeigt den Weg auf. Wenn allerdings ganze Produktarchitekturen auf dem Prüfstand stehen, wie etwa bei der Elektromobilität, ist das gesamte Unternehmen gefordert. Dann ist Alarmstufe Rot.

Dem Prozess des Divergierens folgt die Phase des Konvergierens. Aus den gebotenen Effizienzgründen und im Sinne des Lean-Gedankens muss dieser schwierige Prozess einem klaren Zeitplan folgen. Dass Innovation mit Effizienz einhergeht, ist eine wichtige Lektion. Geeignete Innovations-Kennzahlen machen den Fortschritt transparent und zwingen zum Aufarbeiten der dazugehörigen Fehlschläge, die zwar früh erfolgen sollen, aber trotzdem ungewohnt sind und schmerzen.

Neben der unbestritten wichtigen Transformation müssen sich Unternehmen, ähnlich den von einer Vergangenheit unbelasteten Start-ups, völlig neuen und eigenständigen Geschäftsmodellen widmen, die in der Regel von den Möglichkeiten der digitalen Revolution bestimmt sind. Denn wer garantiert, dass nicht die eigene Branche das nächste Disruptionsopfer ist? Die rasanten Veränderungen des Unternehmensumfelds betreffen zweifellos alle Akteure. Das ist vielleicht das wichtigste Fazit: Industrie 4.0 ist nicht nur auf Deutschland zu beschränken und das Anknüpfen an die digitale Welt durch Verheiratung von Maschinen und Daten. Die deutsche Wirtschaft muss weltweit führend bei rein digitalen Geschäftsmodellen werden und entsprechende Plattformen etablieren. Unsere glorreiche industrielle Vergangenheit, verbunden mit den vielfältigen Erfahrungen und Fähigkeiten, ist Problem und Lösung zugleich.

Agilität fängt bei den Menschen an. Mit einem neuen Gründergeist, mutigen Intrapreneuren innerhalb der Unternehmen und aufgeklärten, auf die Zukunft ausgerichteten Führungskräften und Eigentümern kann es gelingen, Unternehmen mit agilen Innovationen in die Zukunft zu führen. Dieser Wille zur Agilität muss in Gesellschaft und Politik gleichermaßen entstehen, erst dann wird er systemändernd und nachhaltig sein. Unternehmertum gehört nicht in Sonntagsreden, sondern ganz oben in die Regierungsprogramme und nicht zuletzt in die Lehrpläne unserer Schulen. Erst wenn alle relevanten Kräfte auf ein gemeinsam vereinbartes Ziel ausgerichtet sind, kann sich Kultur ändern, erreicht Veränderung den wichtigen Kipppunkt. Erst dann kann Deutschland die nächste Epoche der Weltwirtschaft in einer weiterhin führenden Rolle gestalten – und erst dann kann der heutige Wohlstand für die Generationen von morgen gesichert werden.